"十三五"军队重点学科专业

装备工程(动力)专业课程实战化教学改革与研究

U0292862

工 程 力 学

编著　张明宇　陈海龙　赵慧娟　魏　维

主审　俞伟强　吴晓阳

哈尔滨工程大学出版社

Harbin Engineering University Press

内 容 简 介

本书着眼于高等教育改革和高校"工程力学"课程教学设计的调整,围绕"图文直观教学、内容归类精简"的宗旨进行编写。本书主要特色为结合工程实例和三维简图集中讲解基础概念,陈述精简直观;内容由浅入深,循序渐进,例题设计贯穿对应章节所有知识点;全书以三维建模和有限元强度仿真为依托配备素材,图文结合,学生可直接透视应力分布情况,效果近似于工程试验,可有效提高教学质量。全书共 13 章,主要包含刚体静力学和材料力学两个模块:刚体静力学部分主要内容包含静力学基础概念、基础计算、力系的简化与平衡、平衡方程的应用;材料力学部分主要内容包含材料力学基础概念、轴向拉伸与压缩、剪切与挤压、扭转、弯曲、复杂应力状态和强度理论、组合变形的强度计算、压杆稳定与压杆设计、交变应力与疲劳失效等。

本书适合作为专科、成人教育等相关专业的工程力学教材,也可以作为高等学校本科工科专业教材使用。

图书在版编目(CIP)数据

工程力学/张明宇等编著. —哈尔滨:
哈尔滨工程大学出版社, 2022.7
ISBN 978 - 7 - 5661 - 3637 - 4

Ⅰ. ①工… Ⅱ. ①张… Ⅲ. ①工程力学 – 高等学校 –
教材 Ⅳ. ①TB12

中国版本图书馆 CIP 数据核字(2022)第 132755 号

工程力学
GONGCHENG LIXUE

选题策划　史大伟　薛力
责任编辑　薛　力
封面设计　李海波

出版发行　哈尔滨工程大学出版社
社　　址　哈尔滨市南岗区南通大街 145 号
邮政编码　150001
发行电话　0451 – 82519328
传　　真　0451 – 82519699
经　　销　新华书店
印　　刷　黑龙江天宇印务有限公司
开　　本　787 mm × 1 092 mm　1/16
印　　张　16.5
字　　数　436 千字
版　　次　2022 年 7 月第 1 版
印　　次　2022 年 7 月第 1 次印刷
定　　价　69.00 元
http://www.hrbeupress.com
E-mail:heupress@ hrbeu.edu.cn

Preface
前　言

随着高等教育改革的不断深化,培养学生创新精神要求的不断提高,针对不同层次的教学对象,各高校对"工程力学"课程的教学内容、学时及教学目标进行了不同程度的调整。本书是在充分考虑教学形式变化的基础上,围绕"图文直观教学、内容归类精简"的宗旨进行编写的。张明宇副教授编写第5、6、8、9、11章内容及附录A部分,陈海龙副教授编写第10、13章内容,赵慧娟副教授编写第1~3章内容,魏维讲师编写第4、7、12章内容及附录B部分,全书的统稿及审稿后的修改定稿由张明宇完成。

武警海警学院俞伟强教授、吴晓阳副教授担任本书主审,为本书提出了很多宝贵的意见和建议。

本书主要有以下几个特色:

(1)借助工程实例,融合三维简化作图技术强化基础概念,基础概念集中讲解,陈述精简直观,学生易于理解掌握。

(2)内容由浅入深,循序渐进,例题简洁明了,解题步骤清晰,贯穿对应章节知识点;习题精简编排,涵盖对应章节所有知识点。

(3)全书图文结合,以三维建模和有限元强度仿真为依托配备教学素材。全书配图进行彩色渲染,学生可直接透视构件应力分布,效果近似于工程试验,极大程度地方便空间想象能力较差的学生学习。

由于编者水平有限,书中难免有不足之处,恳请读者批评指正。

编著者

2022年5月

Contents
目 录

模块 2　材料力学

工程力学模块

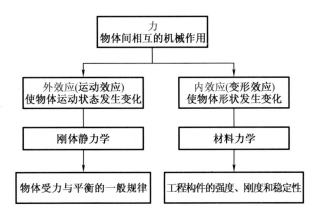

模块1 刚体静力学

第1章 静力学基础概念

静力学是研究刚体在力系作用下平衡规律的科学。静力学的基本概念、定理及物体的受力分析，是研究静力学的基础。尤其是静力学公理的应用，为解决具体问题，特别是工程中的实际问题提供了方便；也是学习机电知识、提高技能、科学掌握分析问题、解决问题能力的关键所在。

1.1 力

1.1.1 力的定义

力是物体间的相互机械作用。物体间相互作用的形式有很多种，可以是直接接触，比如物体间的拉、压；也可以是以"场"的形式相互作用，例如电场与电荷间的作用。这种相互作用对物体产生两种效应：一是力的运动效应，也称为力的外效应，即引起物体机械运动状态的变化。例如给静止在地面上的物体一个力，它便开始运动。二是力的变形效应，也称为力的内效应，即使物体发生变形。例如钢管在受到较大的力作用时会弯曲，橡皮筋在受到拉力的作用时会被拉长。

1.1.2 力的三要素

实践证明，力对物体的作用效应取决于力的大小、方向和作用点的位置。这 3 个因素称为力的三要素，见表 1-1。力的三要素可用一个矢量来表示。物理量分为标量和矢量，标量是只考虑大小的物理量，如时间、长度；矢量是既考虑大小又考虑方向才能完全确定的物理量，如力、速度。

表 1-1 力的三要素

$\boldsymbol{F}$ 或 $\vec{F}$		
(1)大小：矢长，→长度	单位：N、kN	10 N
(2)方向：→指向	力作用线的方位和指向	$\vec{F}$
(3)作用点：→首尾	物体相互作用位置的抽象	作用线端点（箭头或箭尾）

1.1.3 力的表示与单位

力是矢量，一般用箭头的图形表示，印刷用粗体字，如 $\boldsymbol{F}$，手写形式可写为 $\vec{F}$，其中斜体表示该量为变量。矢量长度按照一定比例表示力的大小；矢量方向为力的作用方向，即通过力的作用点沿力的方向所引的直线；矢量的起始端或末端为力的作用点（图 1 – 1 中的 *A*、*B* 点）。

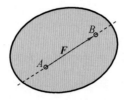

图 1 – 1　力的图示

当这 3 个要素中任何一个发生改变时，力的作用效应也将发生改变。例如，用扳手拧螺母时，如图 1 – 2 所示，作用在扳手上的力，因大小不同，或方向不同，或作用点位置不同，产生的效果也不同。

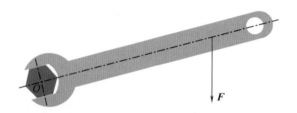

图 1 – 2　扳手 – 螺母受力示意图

两物体接触并产生相互作用力时，力总是分布作用于一定面积上：如果作用面积很小，可将其抽象为一个作用点，此时的力称为集中力。

如图 1 – 3（a）所示，轮胎对桥面的力可视为集中力，在国际单位制中，集中力的单位是"牛顿"（N）或"千牛顿"（kN），1 N = 1 kg · m/s²；如果作用面积比较大，这种作用力称为分布力，如图 1 – 3（b）所示，桥面作用于桥梁上的力为分布力，在国际单位制中，集中力的单位有"帕"（Pa）、"千帕"（kPa）和"兆帕"（MPa），1 Pa = 1 N/m²。

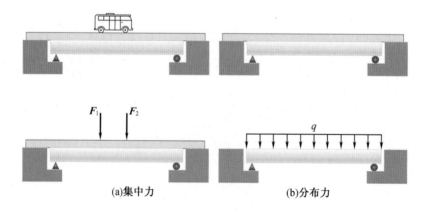

(a)集中力　　　　　　　　　　(b)分布力

图 1 – 3　集中力与分布力图

1.2　刚体、质点与力效应

1.2.1　刚体

刚体是指在力的作用下不发生变形的物体,与变形体相对应。

静力学的研究对象是刚体,事实上,刚体是不存在的,只是一个理想化的力学模型。因为任何物体在受力后都会或大或小地发生形变,如果形变量不大或对所研究的问题影响较小时,变形可以忽略,此时就可将物体抽象为刚体。引入刚体力学模型可将问题大为简化,且分析结果也足够精确。

1.2.2　质点

物体机械运动的真实情况是比较复杂的。例如物体的落体运动:一方面物体受到重力作用,另一方面它还受到空气的阻力,而空气阻力又与落体的几何形状、大小及下降速度有关。但是在许多情况下,阻力所起的作用很小,物体的运动情况主要取决于重力,因而可以忽略空气阻力,这样物体的运动就可看作与几何形状、大小等无关。类似的例子有很多,概括这些事实,我们可以看到,在某些问题中,物体的形状和大小与研究的问题无关或者起的作用很小,是次要因素。为了首先抓住主要的因素和掌握它的基本运动规律,我们有必要忽略物体的形状和大小。这样在研究问题时,不计物体形状、大小,只考虑质量并将物体视为一个点,即质点。质点在空间占有确定的位置,常用直角坐标系中的 x、y、z 值表示。

1.2.3　力的可传性与运动效应

力的可传性:作用于刚体上的力可沿其作用线移动到刚体内任一点,而不改变力对刚体的作用效果,如图 1-4 所示。

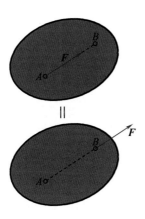

图 1-4　只改变作用点不改变刚体运动效应

力的运动效应:若力的作用线通过物体的质心,则力将使物体沿力的方向平移,如图 1-5(a)所示;若力的作用线不通过物体的质心,则力将使物体既发生平移又发生转动,如图 1-5(b)所示。

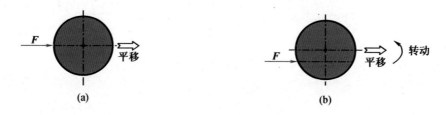

图 1-5 力的运动效应

力的可传性不适用于变形体(非刚体),如图 1-6 所示,对同一杆件施加大小相等、方向相反、沿同一作用线的两个力 F_1、F_2 时,随着力作用点的变化,杆件会分别产生拉伸变形和压缩变形,这也是力的变形效应:受力物体产生应力和变形。可见,力的可传性只能研究力的运动效应,不能研究力的变形效应。

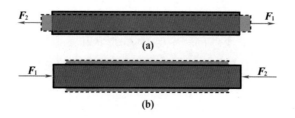

图 1-6 非刚体受力变形效应

1.3 力系与力矩

1.3.1 力系

力系:作用于物体上的一组力,主要有如下几种形式。

(1)等效力系:作用于刚体后产生运动效应相同的两个力系。

(2)平衡力系(零力系):刚体在一力系作用下保持平衡,则该力系为平衡力系。(平衡是指物体相对于惯性参考系处于静止或匀速直线运动的状态。)

(3)合力:若力系与一个力等效,则称此力为该力系的合力。

(4)平面力系:所有力的作用线都处于同一平面内的力系。

(5)汇交力系(共点力系):力系中各力作用线汇交于一点。如果一汇交力系的各力的作用线都位于同一平面内,则该汇交力系称为平面汇交力系,否则称为空间汇交力系。

(6)平面平行力系:作用线相互平行且位于同一平面内的力系。

（7）力偶系：由两个或两个以上的力偶所组成的系统。力偶为大小相等、方向相反、作用线平行但不重合的两个力，记为 $\boldsymbol{F}$、$\boldsymbol{F}'$，其中 $\boldsymbol{F} = -\boldsymbol{F}'$。

（8）任意力系：力作用线既不平行又不相交于一点且各力不处于同一平面内的力系。

如图 1-7 所示，假设 $\boldsymbol{F}_1 \cdots\cdots \boldsymbol{F}_9$ 为大小相等且作用在同一立方体平面的一组力系，则图 1-7（a）和图 1-7（b）力系互为等效力系，且二者同时又属于平衡力系和平面汇交力系，其中，$\boldsymbol{F}_4$ 为 $\boldsymbol{F}_2$、$\boldsymbol{F}_3$ 的合力；在图 1-7（c）中，三个力组成一个平面平行力系，其中 $\boldsymbol{F}_1$ 与 $\boldsymbol{F}_5$、$\boldsymbol{F}_6$ 两个力互为力偶；在图 1-7（d）中，$\boldsymbol{F}_7$、$\boldsymbol{F}_9$、$\boldsymbol{F}_{10}$ 组成空间汇交力系，类似 $\boldsymbol{F}_7$、$\boldsymbol{F}_8$、$\boldsymbol{F}_{10}$ 的力系则为任意力系。

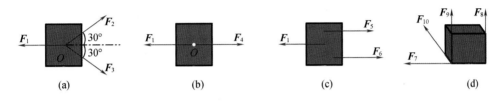

图 1-7　力系分类图

1.3.2　力矩

作用在物体上的力使物体产生绕某一点转动的趋势，该点不在力的作用线上，量度这种转动趋势的量称为力对点之矩，简称力矩，为矢量。常用机械案例有杠杆、扳手。力矩的大小与力 $\boldsymbol{F}$ 以及点到力作用点的垂直距离成正比，力矩越大，转动效果越大。

1. 力矩的大小

如图 1-8 所示，用扳手拧螺母时，螺母几何中心 O 为矩心，矩心 O 到力 $\boldsymbol{F}$ 作用线的垂直距离 h 为力臂，力 $\boldsymbol{F}$ 对点 O 之矩记为 $M_O(\boldsymbol{F})$，$M_O(\boldsymbol{F}) = \pm Fh$，在国际单位制中力矩常用的单位为 N·m 或 kN·m。

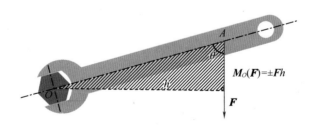

图 1-8　扳手力矩

记为矢量表述形式时，$\boldsymbol{M}_O(\boldsymbol{F}) = \boldsymbol{r} \times \boldsymbol{F}$，其中 $\boldsymbol{r}$ 为矢径，是矩心 O 至力作用点 A 的矢量。力矩矢量的模表示力矩值的大小，如式（1-1）所示，其中 $\theta(0° \leqslant \theta \leqslant 180°)$ 为矢径 $\boldsymbol{r}$ 与力 $\boldsymbol{F}$ 的夹角，方向待定。

$$|\boldsymbol{M}_O(\boldsymbol{F})| = Fr\sin\theta = Fh \tag{1-1}$$

通常规定：若力 $\boldsymbol{F}$ 使物体绕矩心 O 转动趋势沿逆时针方向，力矩值取正号；若力 $\boldsymbol{F}$ 使

物体绕矩心 O 转动趋势沿顺时针方向,力矩值取负号,见表1-2。

表1-2　力矩的三要素

$M_O(\boldsymbol{F}) = \pm F \times h$		
力 $\boldsymbol{F}$	使物体发生转动的力	物体逆时针转动:取正号
矩心 O	物体转动绕点	物体顺时针转动:取负号
力臂 h	点 O 到力作用线的垂直距离	单位:N·m、kN·m

2. 力矩的方向

力矩的方向与力矩轴重合,力矩轴通过矩心,垂直于力 $\boldsymbol{F}$ 和矩心 O 所确定的平面。采用右手法则来确定力矩的指向:如图1-9所示,右手握住力矩轴,四指握拳,四指指向掌心与力矩产生转动趋势的方向保持一致,拇指伸直,拇指所指方向即为力矩 $\boldsymbol{M}_O(\boldsymbol{F})$ 的指向。

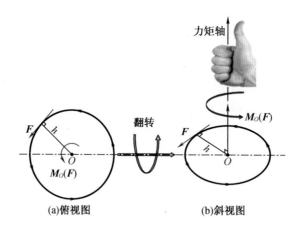

图1-9　力矩指向

3. 合力矩

如图1-10所示,假设某一平面存在两个或两个以上的力,对于平面内任一点的合力矩等于所有力对该点之矩的代数和。

$$\sum M_O(F) = F_1h_1 - F_2h_2 + F_3h_3 + \cdots - F_nh_n$$

如果上述数值结果为正,则 $\boldsymbol{M}_O(\boldsymbol{F})$ 将是逆时针力矩,垂直页面并指向页面外;如果上述数值结果为负,则 $\boldsymbol{M}_O(\boldsymbol{F})$ 将是顺时针力矩,垂直页面并指向页面内。

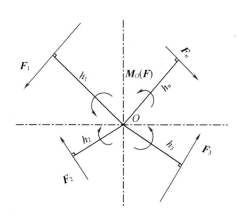

图 1-10 合力矩

4. 力偶矩

如图 1-11 所示,两个力的作用线所确定的平面称为力偶作用面,两个力作用线的垂直距离称为力偶臂。力偶只产生转动效应,不产生移动效应。

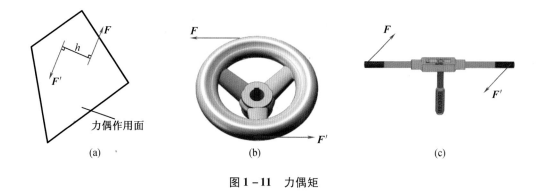

  (a)   (b)   (c)

图 1-11 力偶矩

组成力偶的两个力对力偶作用面内任一点之矩的代数和,称为这一力偶的力偶矩。

$$M = \pm Fh$$

力偶矩的大小和转向与矩心 O 的位置无关,即力偶对力偶作用面内任一点之矩均相等,等于力偶中的一个力与力偶臂的乘积。因此,在考虑力偶对物体的转动效应时不需要指明矩心。

1.4 约束与约束力

在机械或工程实际中,有些物体,如飞行的炮弹、飞机和火箭,它们在空间的位移不受任何限制。这类物体称为自由体。相反,有些构件在空间的位移要受到与它相联系的其他构件的限制,比如飞轮受到轴承的限制,只能绕轴转动;高速铁路上的列车受铁轨的限制只能沿轨道方向运动;起重机起吊重物时,重物由钢索吊住,不能下落。这类运动受到限制的物体称为非自由体。

凡是对非自由体的某些运动或运动趋势起限制作用的其他物体称为约束。如轴承对于飞轮,轨道对于列车,钢索对于重物等都是约束。

据前所述,力的作用是使刚体的运动状态发生变化,而约束的存在是限制了物体的运动或运动趋势,所以约束一定有力作用于被约束的物体上。约束作用于物体上限制其运动的力称为约束力。

下面介绍几种工程上常见的约束类型及其约束力表示的方法。

1.4.1 柔索约束

工程中钢丝绳、皮带、链条、尼龙绳等都可以简化为柔软的绳索,简称柔索。柔索的特点是柔软、易变形,只能承受拉力,不能承受压力。作为约束,柔索只能限制被约束物体沿其中心线伸长方向的运动,所以柔索约束物体产生的约束反力作用于接触点,方向沿着柔索中心线而背离物体,如图 1-12(a)所示。由于柔软的绳索本身只能承受拉力,如图1-12(b)所示,因此它给物体的约束反力也只能是拉力,如图 1-12(c)所示。所以,柔索对物体的约束反力,作用在接触点,方向沿着柔索背离物体(即柔索承受拉力)。

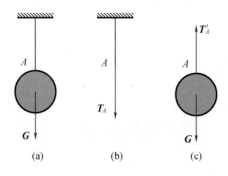

图 1-12　柔索约束

图 1-13(a)所示为铁链吊起减速箱盖。箱盖所受重力为 G。将铁链视为柔索,其只能承受拉力。根据约束反力的性质,铁链作用于箱盖的力为 F_{TB}、F_{TC},铁链作用于圆环 A 的力为 F_{TA}、F'_{TB}、F'_{TC},其方向如图 1-13(b)所示。皮带同样只能承受拉力。当绕过皮带轮时,约束反力沿轮缘的切线方向,如图 1-14 所示。

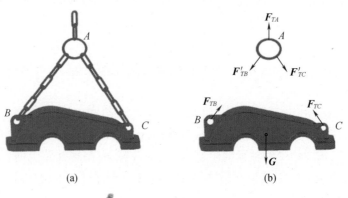

图 1-13　减速器盖吊装

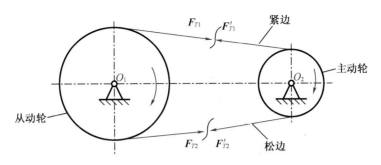

图 1-14 皮带柔性约束

1.4.2 光滑接触面约束

光滑接触面是指两个物体之间接触的摩擦力很小,与它们的相互作用力相比可以忽略不计时,则认为接触面为理想光滑面。当两物体直接接触,并忽略接触处的摩擦时就可视为光滑面约束。

这种约束只能限制物体沿着接触点公法线方向的运动,因此光滑面约束的约束力必过接触点,沿接触面的公法线并指向被约束的物体,称为法向约束力或正压力,用 F_N 表示。

如图 1-15(a)所示,支撑小球的固定平面对小球的约束反力可简化为 F_{NA}。如图 1-15(b)所示,两个互相啮合齿轮的轮齿,不计齿面之间的摩擦,右齿对左齿的约束反力为 F_{NB}。如图 1-15(c)所示,直杆搁置在凹槽中,C 点、D 点、E 点对直杆的约束反力分别为 F_{NC}、F_{ND}、F_{NE}。

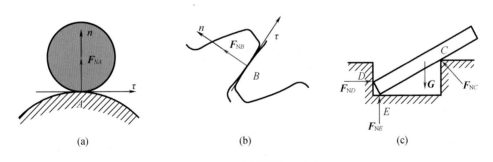

(a)　　　　　　　　(b)　　　　　　　　(c)

图 1-15 光滑接触面约束

1.4.3 光滑铰链约束

铰链约束是机械上或工程上连接两个构件的常见约束方式,是由销钉连接两个钻有相同大小孔径的构件构成的,如图 1-16(a)所示。如门、窗用的合页,起重机悬臂与机座间的连接等,都是铰链约束的实例。

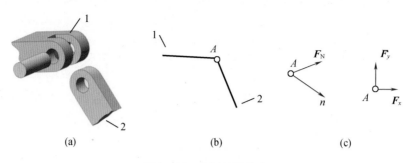

图 1 - 16　光滑铰链约束

铰链约束中,一般认为销钉与物体、支座间光滑接触,所以其也是一种光滑接触面约束,约束反力应通过接触点沿公法线方向(通过销钉中心)指向构件。但实际上很难确定接触点的位置,因此约束反力 F_N 的方向无法确定。

铰链约束根据被连接构件的形状、位置及作用,可分为以下几种形式。

1. 中间铰链约束

如图 1 - 16(a)所示,1,2 分别是两个带圆孔的构件,将圆柱形销钉穿入构件 1 和构件 2 的圆孔中,便构成中间铰链,通常采用如图 1 - 16(b)所示简图表示。

中间铰链对物体的约束力因主动力的方向不能预先确定,所以约束反力方向也不能预先确定,通常用通过铰链中心的两个正交分力 F_x、F_y 来表示,如图 1 - 16(c)所示。

2. 固定铰链支座约束

铰链结构中的两个构件,若其中一个固定于基础或静止的支承面上,此时称铰链约束为固定铰链支座,如图 1 - 17(a)所示。固定铰链支座的结构简图如图 1 - 17(b)所示。此外,工程中的轴承也可视为固定铰链支座约束。

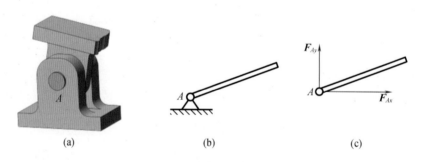

图 1 - 17　固定铰链支座约束

固定铰链支座对构件的约束力特点与中间铰链相同,也应通过铰链中心而方向不定,常用两个正交分力来表示,如图 1 - 17(c)所示。

3. 活动铰链支座约束

如图 1 - 18 所示,将固定铰链支座底部安装若干滚子,并与支承面接触,则构成活动铰链支座,又称辊轴支座。这类支座常见于桥梁、屋架等结构中,通常与固定铰链支座配对使用,分别装在梁的两端。与固定铰链支座不同的是,它不限制被约束端沿支承面切线方向的位移。这样当桥梁由于温度变化而产生伸缩变形时,梁端仍可以自由移动,不会在梁内引起温度应力。由于这种约束只限制垂直于支承面方向的运动,因此其约束反力沿滚轮与支承面接触处的公法线方向,指向被约束构件。其结构与受力简图如图 1 – 18(b)、图 1 – 18(c)所示。

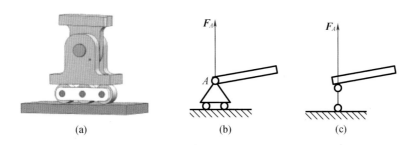

图 1 – 18　活动铰链支座约束

4.轴承约束

轴承是机器中常见的一种约束,它的性质与铰链约束相同,它的约束反力的分析方法与铰链约束相同,只是在这里轴本身是被约束的物体。常见的轴承约束有向心轴承约束和推力轴承约束。

向心轴承包括向心滑动轴承(图 1 – 19)和向心滚动轴承(图 1 – 20)。向心轴承在受力分析上与光滑圆柱销钉连接相同。对于向心滑动轴承,转轴的轴颈受到约束反力 F_R 的作用,反力 F_R 的作用线在垂直于轴线的对称平面内,其方向不能预先确定,故采用两个正交分力 F_{Rx}、F_{Ry} 表示。同样,对于向心滚动轴承,在垂直于轴线的平面内,轴承只限制轴的移动而不限制轴的转动,所受约束性质与光滑圆柱销钉连接相同,约束反力可用两个正交分力 F_{Rx}、F_{Ry} 表示。

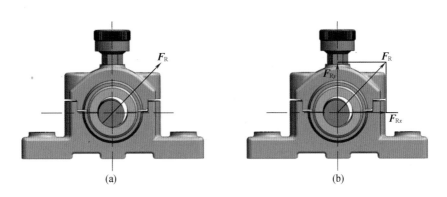

图 1 – 19　向心滑动轴承

5.球形铰链支座约束

球形铰链支座结构如图 1 – 21(a)所示,杆端为球形,它被约束在一个固定的球窝中,球和球窝半径近似相等,球转动时球心是固定不动的,杆可以绕球心在空间任意转动。球铰链应用于空间问题,例如电视机室内天线与基座的连接,机床上照明灯具的固定,汽车上变速操纵杆的固定以及照相机与三脚架之间的接头等。对于光滑球铰链约束,由于不计摩擦,并且球只能绕球心相对转动,所以约束反力必通过球心并且垂直于球面,即沿半径方向。因为预先不能确定球与球窝接触点的位置,所以约束反力在空间的方位不能确定,约束反力以三个正交分量 F_{Rx}、F_{Ry}、F_{Rz} 表示,如图 1 – 21(b)所示。图 1 – 21(c)所示为球铰链支座简图的表示方法。

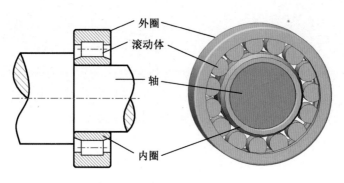

图 1 – 20　向心滚动轴承

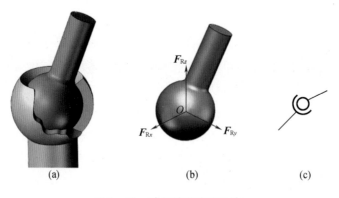

(a)　　　　　　　　(b)　　　　　　　　(c)

图 1 – 21　球形铰链支座约束

1.4.4　固定端约束

物体的一部分固定嵌于另一物体中所构成的约束,称为固定端约束。

在工程实际中,图 1 – 22 所示的车床的刀具、建筑物的阳台、电线杆的塔杆等均不能沿任何方向移动和转动,构件受到的这种约束称为固定端约束。平面问题约束作用如图 1 – 23 所示。两个正交约束力 F_{Ox} 和 F_{Oy} 表示限制构件的移动作用,一个约束力矩 M_O 表示限制构件的转动作用。

以上介绍的几种约束是比较常见的类型,在实际机械工程中应用的约束有时不完全是上述各种典型的约束形式,这时我们应该对实际约束的构造及其性质进行全面考虑,抓住主要矛盾,忽略次要因素,将其近似地简化为相应的典型约束形式,以便计算分析。

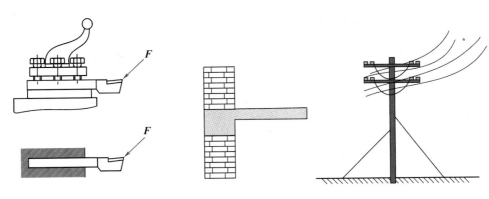

图 1 – 22 固定端约束示例

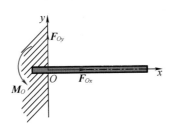

图 1 – 23 固定端约束力

习　　题

1 – 1　判断题

1. 刚体是指在力的作用下不变形的物体。　　　　　　　　　　　　　　　（　　）

2. 平衡指物体相对于惯性参考系静止或做匀速直线运动的状态。　　　　（　　）

3. 固定约束既限制构件的移动,也限制构件的转动。　　　　　　　　　（　　）

1 – 2　填空题

1. 力是物体间相互的机械作用,这种作用对物体的效应包括_____和_____。

2. 作用在物体上的一群力称为_____,对同一物体的作用效应相同的两个力系称为_____。

3. 力偶只产生_____效应,不产生_____效应。

1 – 3　计算作图题

1. 试计算图 1 – 24 各分图中力 F 对于点 O 之矩。

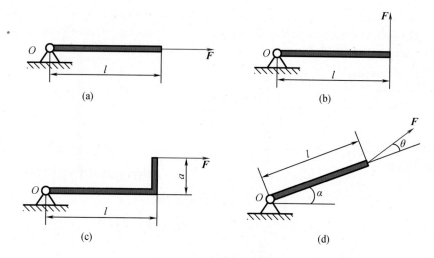

图 1 − 24   计算作图题 1

第 2 章　静力学基础计算

静力学的理论和计算方法是机器零件和结构静力设计的基础,在综合考虑形状、尺寸、材料对器件进行最优设计前往往需要进行静力学分析计算,然后对它们进行强度、刚度和稳定性计算,而静力学公理、力的分解与物体受力分析方法是进行静力学计算的基础和关键。

2.1　静力学公理

人们在生活实践中总结出了力所遵循的许多规律,其中最基本的规律可归纳为以下5条。

2.1.1　二力平衡公理

受两力作用的刚体,其平衡的充分必要条件是:这两个力大小相等,方向相反,并且作用在同一直线上(图 2-1)。简称这两个力等值、反向、共线,即:

$$F_1 = -F_2$$

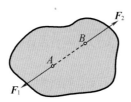

图 2-1　二力平衡公理

在两个力的作用下处于平衡的刚体称为二力体。如果物体是某种杆件或构件,有时也称其为二力杆或二力构件。

在机械或结构中凡只受到两个力作用而处于平衡的构件称为二力构件或二力杆。二力杆的自重可以忽略不计,形状可以是任意的,因其只有两个受力点,根据平衡条件,二力杆可以是直杆,也可以是曲杆,其所受的两个力大小相等、方向相反,作用线沿两个力作用点的连线,如图 2-2 所示。

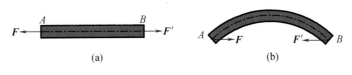

图 2-2　二力杆

2.1.2　加减平衡力系原理

在作用于刚体上的任何一个力系上,加上或减去任意的平衡力系,并不改变原力系对刚体的作用效果。

这一公理是研究力系等效替换与简化的重要依据。由此可以得到一个重要的推论,即力的可传性。作用于刚体上某点的力,可沿其作用线移到刚体上任意一点,而不改变该力对刚体的作用效果。

力的可传性只在研究力对物体的运动效应时适用,在研究力对非刚体内部的变形效应时就不适用了。

2.1.3　力的平行四边形法则

作用在物体上同一点的两个力可以合成为一个合力,合力也作用于该点,其大小和方向由以两个分力为邻边所构成的平行四边形的对角线表示。图 2 - 3(a)中 F 表示合力, F_1、F_2 表示分力。这种求合力的方法,称为矢量加法,用公式表示为

$$F = F_1 + F_2$$

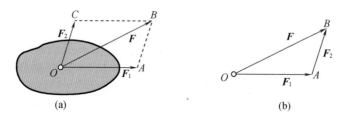

图 2 - 3　力的平行四边形法则

上述求合力的方法,称为力的平行四边形法则。

为了方便起见,在用矢量加法求合力时,可不必画出整个平行四边形,而是如图 2 - 3(b)所示,从任意一点 O 作矢量 F_1,再由 F_1 的末端 A 作矢量 F_2,则矢量 $\overrightarrow{OB}$ 即为合力矢量 F。这种求合力的方法,称为力三角形法则。

推论(三力平衡汇交定理)　当刚体受三个力作用(其中两个力的作用线相交于一点)而处于平衡时,则此三力必在同一平面内,并且它们的作用线汇交于一点。

证明　图 2 - 4 中,刚体上有 A、B、C 三点,分别作用着互成平衡的三个力 F_1、F_2、F_3,它们的作用线都在平面 ABC 内但不平行。F_1 与 F_2 的作用线交于 O 点,根据力的可传性原理,将此两个力分别移至 O 点,则此两个力的合力 F_{12} 必定在此平面内且通过 O 点。而 F_{12} 必须和 F_3 平衡。由力的平衡条件可知 F_3 与 F_{12} 必共线,所以 F_3 的作用线亦必通过力 F_1、F_2 的交点 O,即三个力的作用线汇交于一点。

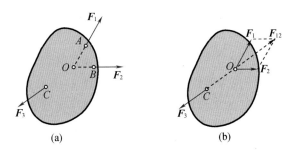

图 2 − 4 三力平衡汇交

2.1.4 牛顿第三定律(作用力和反作用力定律)

两个物体之间的相互作用力一定大小相等、方向相反,沿同一作用线。

若用 **F** 表示作用力,**F′** 表示反作用力,则有:

$$F = -F'$$

如图 2 − 5(a)所示,钢丝绳上悬挂一重物,其重力为 **G**,钢丝绳对重物的拉力为 **T**。它们都作用在重物上,是一对平衡力。

如图 2 − 5(b)所示,钢丝绳给重物拉力 **T** 的同时,重物必给钢丝绳以反作用力 **T′**,**T** 作用在重物上,**T′** 作用在钢绳上,它们分别作用在相互作用的物体上,因此 **T** 和 **T′** 是作用力和反作用力。同理,**G** 与重物吸引地球的力 **G′** 也是分别作用在重物与地球上,是一对作用力和反作用力。

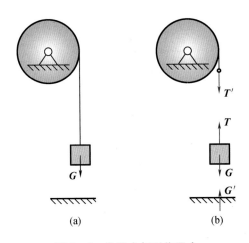

图 2 − 5 作用力与反作用力

机械中力的传递,都是通过机器零件之间的作用与反作用的关系来实现的。借助这个定律,我们能够从机器中一个零件的受力分析过渡到另一个零件的受力分析。

特别要注意的是,必须把作用力和反作用力定律与二力平衡公理严格地区分开来。作用力和反作用力定律是表明两个物体相互作用的力学性质,而二力平衡公理则说明一个刚体在两个力作用下处于平衡时两个力应满足的条件。

2.1.5　刚化原理

变形体在某一力系作用下处于平衡,如将此变形体刚化为刚体,其平衡状态保持不变。

此公理提供了把变形体视为刚体模型的条件。如图 2-6 所示,绳索在等值、反向、共线的两个力作用下处于平衡,如果将绳索刚化为刚体,其平衡状态保持不变。反之则不一定成立。例如刚体在两个等值、反向的压力作用下平衡,如果将它用绳索代替就不能保持平衡了。

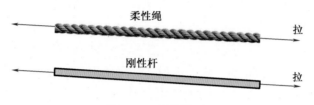

图 2-6　刚体模型

由此可见,刚体的平衡条件是变形体平衡的必要条件,而非充分条件。在刚体静力学的基础上,考虑变形体的特性,可以进一步研究变形体的平衡问题。

以上最基本的五条规律也称为静力学公理。这些公理不可能用更简单的原理去代替,也无须证明而被大家所公认,是建立静力学理论的基础。

2.2　力在直角坐标轴上的投影

2.2.1　力在平面直角坐标轴上的投影

如图 2-7 所示,在力 F 的作用平面内选取直角坐标系 Oxy。过力 F 的起点 A 与终点 B 分别向 x、y 轴作垂线,得垂足 a_1、b_1 和 a_2、b_2,则线段 a_1b_1 称为力 F 在 x 轴上的投影,以 F_x 表示;线段 a_2b_2 称为力 F 在 y 轴上的投影,以 F_y 表示。

力在坐标轴上的投影是代数量,其正、负号规定如下:当力 F 的投影指向(即从 a_1 到 b_1,或从 a_2 到 b_2 的指向)与坐标轴的正向一致时,力的投影为正值,反之为负值。

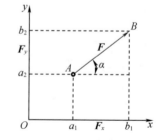

图 2-7　力在平面直角坐标轴上的投影

设力 F 与 x 轴所夹的锐角为 α,则力的投影一般可写为

$$\begin{cases} F_x = \pm F\cos \alpha \\ F_y = \pm F\sin \alpha \end{cases} \qquad (2-1)$$

当力与坐标轴垂直时,力在该轴上的投影为零;力与坐标轴平行时,其投影的绝对值就等于力的大小。需要注意的是,投影和分力是不一样的,投影只有大小和正负,是个标量。

【例2-1】 已知力 $F_1 = 200$ N，$F_2 = 50$ N，$F_3 = 80$ N，$F_4 = 100$ N，力的方向如图2-8所示，试分别求出各力在坐标轴上的投影。

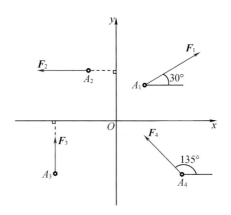

图2-8　例2-1题图

解　$F_{1x} = F_1 \cos 30° = 200 \times 0.886 = 177.2$ N

$F_{1y} = F_1 \sin 30° = 200 \times 0.5 = 100$ N

$F_{2x} = F_2 = -50$ N

$F_{2y} = 0$ N

$F_{3x} = 0$ N

$F_{3y} = F_3 = 80$ N

$F_{4x} = F_4 \cos 135° = -100 \times 0.707 = -70.7$ N

$F_{4y} = F_4 \sin 135° = 100 \times 0.707 = 70.7$ N

2.2.2　力在空间直角坐标轴上的投影

在研究平面力系的时候，我们根据力的平行四边形法则讨论了力的投影定理。力的投影定理是研究力系平衡时的一个方便而重要的方法。对于空间力系，可以将力的投影定理扩大到三维空间，即力在笛卡儿直角坐标轴上的投影。

力在空间直角坐标轴上的投影方法有两种：一次投影法和二次投影法。

1. 一次投影法

一次投影法也叫直接投影法，即直接投影到空间坐标轴上。如图2-9(a)所示，假设力 $\boldsymbol{F}$ 与坐标轴 x、y、z 的夹角分别为 α、β、γ，则力在3个坐标轴上的投影分别为：

$$\begin{cases} F_x = F\cos\alpha \\ F_y = F\cos\beta \\ F_z = F\cos\gamma \end{cases} \qquad (2-2)$$

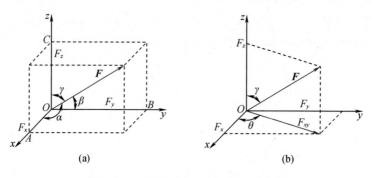

图 2-9   力在空间直角坐标轴上的投影

2. 二次投影法

力的投影还可以采用二次投影法,也叫间接投影法。即先投影到某坐标平面后再投影到坐标轴上。如图 2-9(b) 所示,假设已知力 F 与坐标轴 z 的夹角为 γ,可以将该力先投影到 xOy 平面,得到 F_{xy},再利用 F_{xy} 与 x 轴夹角 θ 将其投影到 x、y 轴上,至于 z 轴的投影可以直接将该力投影到 z 轴上。于是投影结果为:

$$\begin{cases} F_x = F\sin\gamma\cos\theta \\ F_y = F\sin\gamma\sin\theta \\ F_z = F\cos\gamma \end{cases} \tag{2-3}$$

需要注意的是,力在坐标轴上的投影为代数量,而力在平面上的投影为矢量。这是因为力在平面上的投影方向不能像在轴上的投影那样简单地用正负号来表明,而必须用矢量来表示。

若 i、j、k 分别为坐标轴 x、y、z 上的单位矢量,则空间力矢量的表达式为:

$$F = F_x + F_y + F_z = F_x i + F_y j + F_z k \tag{2-4}$$

其中,F_x、F_y、F_z 分别表示力矢 F 在坐标轴 x、y、z 上的分力。

反之,若已知力矢 F 在坐标轴 x、y、z 上的投影 F_x、F_y、F_z,也可求出力 F 的大小和方向,见式(2-5)。

$$\begin{cases} F = \sqrt{F_x^2 + F_y^2 + F_z^2} \\ \cos\alpha = \dfrac{F_x}{\sqrt{F_x^2 + F_y^2 + F_z^2}} \\ \cos\beta = \dfrac{F_y}{\sqrt{F_x^2 + F_y^2 + F_z^2}} \\ \cos\gamma = \dfrac{F_z}{\sqrt{F_x^2 + F_y^2 + F_z^2}} \end{cases} \tag{2-5}$$

其中,$\cos\alpha$、$\cos\beta$、$\cos\gamma$ 称为力 F 的方向余弦。

【例 2-2】   如图 2-10 所示,已知在正方体的角点 A、B 处的作用力为 F_1、F_2,试求此两力在坐标轴 x、y、z 上的投影。

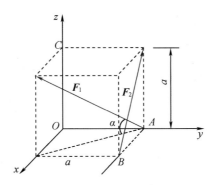

图 2 – 10 例 2 – 2 题图

解 (1)对于力 $\boldsymbol{F}_1$ 使用间接投影法。设 $\boldsymbol{F}_1$ 与 xOy 面的夹角为 α,其余弦值和正弦值为:

$$\cos \alpha = \frac{\sqrt{2}\,a}{\sqrt{3}\,a} = \frac{\sqrt{2}}{\sqrt{3}} , \sin \alpha = \frac{a}{\sqrt{3}\,a} = \frac{1}{\sqrt{3}}$$

其中,a 为正方体的边长。则 $\boldsymbol{F}_1$ 在 xOy 面上的投影为:

$$\boldsymbol{F}_{1xy} = \boldsymbol{F}_1 \cos \alpha = \frac{\sqrt{2}}{\sqrt{3}} \boldsymbol{F}_1$$

则力 $\boldsymbol{F}_1$ 在 x、y、z 轴上的投影分别为:

$$F_{1x} = F_{1xy} \cos 45° = F_1 \cdot \frac{\sqrt{2}}{\sqrt{3}} \cdot \frac{\sqrt{2}}{2} = \frac{F_1}{\sqrt{3}}$$

$$F_{1y} = -F_{1xy} \cos 45° = -F_1 \cdot \frac{\sqrt{2}}{\sqrt{3}} \cdot \frac{\sqrt{2}}{2} = -\frac{F_1}{\sqrt{3}}$$

$$F_{1z} = F_1 \sin \alpha = \frac{F_1}{\sqrt{3}}$$

(2)对力 $\boldsymbol{F}_2$ 使用直接投影法。则力 $\boldsymbol{F}_2$ 在 x、y、z 轴上的投影分别为:

$$F_{2x} = -F_2 \cos 45° = -\frac{\sqrt{2}}{2} F_2$$

$$F_{2y} = 0$$

$$F_{2z} = F_2 \cos 45° = \frac{\sqrt{2}}{2} F_2$$

【例 2 – 3】 在数控车床上加工外圆时,已知被加工件 S 对车刀 D 的作用力(即切削抗力)的三个分力为:$F_x = 300 \text{ N}$,$F_y = 600 \text{ N}$,$F_z = -1\,500 \text{ N}$,如图 2 – 11 所示,试求合力的大小和方向。

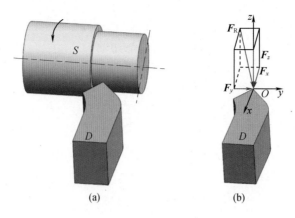

图 2 - 11　例 2 - 3 题图

解　取直角坐标系 $Oxyz$，如图 2 - 11(b)所示。合力 $\boldsymbol{F}_R$ 在 x、y、z 坐标轴上的分力为 $\boldsymbol{F}_x$、$\boldsymbol{F}_y$、$\boldsymbol{F}_z$。由于力在直角坐标轴上的投影和力沿相应直角坐标轴的分力在数值上相等，所以合力的大小和方向可由公式(2 - 5)求得，即

合力的大小为 $\boldsymbol{F}_R$

$$F_R = \sqrt{F_x^2 + F_y^2 + F_z^2} = \sqrt{300^2 + 600^2 + 1\,500^2} = 1\,643 \text{ N}$$

合力与 x、y、z 轴的夹角分别为

$$\alpha = \arccos \frac{F_x}{F_R} = \arccos \frac{300}{1\,643} = 79.5°$$

$$\beta = \arccos \frac{F_y}{F_R} = \arccos \frac{600}{1\,643} = 68.6°$$

$$\gamma = \arccos \frac{F_z}{F_R} = \arccos \frac{1\,500}{1\,643} = 24.1°$$

2.3　受力分析方法与过程

在工程实际中，为了求出未知的约束力，需要根据已知力，应用平衡条件求解。为此，首先要确定构件受到几个力，每个力的作用点和方向，这种分析过程称为物体的受力分析。表示物体全部受力情况的图称为受力图。

物体受力分析的步骤如下：

(1)确定研究对象，取出分离体。待分析的某物体或者物体系统称为研究对象。明确研究对象后，需解除它受到的全部约束，将其从周围物体中分离出来，单独画出其简图，这个过程称为取分离体。

(2)画出分离体上所有的主动力。主动力为重力、拉力等，一般为图上的已知力。

(3)在分离体的每一个约束处，根据其约束特征画出其约束力。在解除约束的位置画出相应的约束力来代替约束的作用。

(4)最后，检查受力图正确与否。

需要注意的是,当研究对象为几个物体组成的系统时,还必须区分内力和外力。系统内部各物体之间的相互作用称为系统的内力。物体系统以外的周围物体对系统的作用力称为系统的外力。因为系统的内力成对出现,且等值、共线、反向,组成平衡力系,所以受力图上只画外力,不画内力。

下面举例说明受力图的画法。

【例2-4】 如图2-12(a)所示的平面系统中,匀质球 A 重力为 G_1,借助本身重力和摩擦力不计的理想滑轮 C 和柔绳维持在仰角是 α 的光滑斜面上,绳的一端挂着重力为 G_2 的物块 B。试分析物块 B、球 A 和滑轮 C 的受力情况,并分别画出平衡时各物体的受力图。

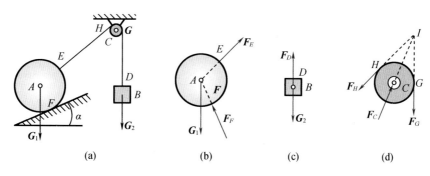

图2-12 例2-4题图

解 (1)以球 A 为研究对象

画出如图2-12(b)所示分离体;

画出主动力 G_1;

解除绳索约束,画出绳对球 A 的约束力 F_E,方向沿着绳拉伸的方向;

解除斜面约束,画出斜面对球 A 的约束力 F_F,作用点在球 A 与斜面的接触点 F 处,方向垂直于斜面。

(2)以物块 B 为研究对象

画出如图2-12(c)所示分离体;

物块所受的重力为主动力,画出主动力 G_2;

解除绳索约束,画出绳对物块的约束力 F_D,方向沿着绳拉伸的方向。

(3)以滑轮 C 为研究对象

画出如图2-12(d)所示分离体;

解除 H 处绳索约束,画出绳的约束力 F_H,方向沿着绳拉伸的方向;

解除 G 处绳索约束,画出绳的约束力 F_G,方向沿着绳拉伸的方向;

解除 C 处固定铰链支座约束,画出约束力 F_C,根据三力平衡汇交定理,F_C、F_G、F_H 三力汇交于一点 I。

【例2-5】 梁 AB 两端为铰链支座,在 C 处受载荷 F 作用,如图2-13(a)所示,不计梁的自重,试画出梁的受力图。

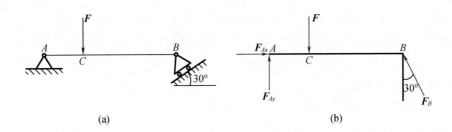

(a)　　　　　　　　　　　　　　(b)

图 2 – 13　例 2 – 5 题图（梁的受力分析）

解　（1）取梁 AB 为研究对象，画出梁的分离体。

（2）画出主动力。载荷 F 向下并作用于 C 处。

（3）画出约束力。解除 A 处固定铰链约束，画上约束力的两个分力 F_{Ax}、F_{Ay}；解除 B 处活动铰链支座约束，画上约束力 F_B，如图 2 – 13（b）所示。

【例 2 – 6】　如图 2 – 14（a）所示的三铰拱桥，由左、右两拱铰接而成。设各拱自重不计，在拱 AC 上作用有载荷 F。试分别画出拱 AC 和 CB 以及拱桥刚架整体的受力图。

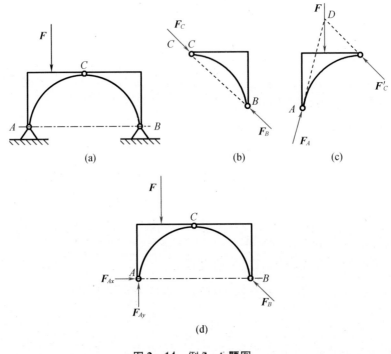

(a)　　　　　　　　(b)　　　　　　　　(c)

(d)

图 2 – 14　例 2 – 6 题图

解　（1）先分析受力比较简单的拱 BC。因为不考虑拱 BC 的自重，并且只有 B、C 两处受到铰链约束，因此拱 BC 为二力构件。在铰链中心 B、C 处分别受 F_B、F_C 两力的作用，方向如图 2 – 14（b）所示，且 $F_B = -F_C$。

（2）取拱 AC 为研究对象。由于不考虑自重，因此主动力只有载荷 F。拱在铰链 C 处受拱 BC 给它的约束反力的作用，根据作用力和反作用力定律，$F'_C = -F_C$。拱在 A 处受到固定铰链支座给它的约束反力 F_A 的作用,由于拱 AC 在 F、F'_C 和 F_A 三个力作用下保持平衡,根据三力平衡汇交定理,确定铰链 A 处约束反力 F_A 的方向。点 D 为力 F 和 F'_C 作用线的交点,当拱 AC 平衡时,反力 F_A 的作用线必通过点 D,至于 F_A 的指向,需要用下一章的平衡条件确定。拱 AC 的受力图如图 $2-14(c)$ 所示。

(3)取拱桥刚架整体作为研究对象。由于不考虑自重,且 C 处中间铰链的约束力对于拱桥刚架来说是内力,因此刚架整体主动力只有载荷 F。拱桥刚架在 B 处受到铰链的约束力为 F_B,由于在 A 处约束力可用两个分力 F_{Ax} 和 F_{Ay} 表示。拱桥刚架整体的受力图如图 $2-14(d)$ 所示。

【例 $2-7$】 液压夹具如图 $2-15(a)$ 所示。已知油缸中油压合力为 p,沿活塞杆轴线作用于活塞,缸壁对活塞的作用力忽略不计。四杆 AB、BC、AD、DE 均为光滑铰链连接,B、D 两个滚轮压紧工件。杆和轮的重力均略去不计,接触均为光滑。试画出销钉 A、杆 AB、滚轮 B 的受力图。

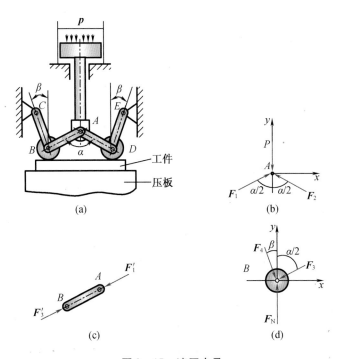

图 $2-15$ 液压夹具

解 作用在活塞上的压力通过复合铰链 A 推动连杆 AB 和 AD,使滚轮 B 和 D 压紧压板和工件。由于杆 AB 和杆 AD 两端均为圆柱铰链并且不计杆自重,所以 AB 和 AD 都是二力杆。选择销钉 A 为研究对象,二力杆 AB 对其作用力 F_1 沿 BA 方向,二力杆 AD 对 A 作用力 F_2 沿 DA 方向,其受力图如图 $2-15(b)$ 所示。

由牛顿第三定律得到,二力杆 AB 受到销钉 A 的作用力 F'_1,F'_1 与 F_1 等值、反向、共线(作用在不同物体上);滚轮 B 对 AB 的作用力为 F'_3,F'_3 应与 F'_1 等值、反向、共线(作用在同一物体上)。二力杆 AB 受力图如图 $2-15(c)$ 所示。

最后选择滚轮 B 为研究对象,设滚轮 B 与压板之间为光滑接触,故压板对滚轮的约束反力 F_N 沿接触面的公法线。由于 AB 和 BC 均为二力杆,它们对滚轮 B 的约束反力 F_3、F_4 分别沿 BA、BC 方向。滚轮 B 的受力图如图 2-15(d)所示。

正确地画出物体的受力图,是分析解决力学问题的基础。在本节开头已经介绍了画受力图时应注意的几个问题,通过上面几个例题,同学们对画受力图已有了一些认识,下面我们总结一下正确进行受力分析、画好受力图的关键点:

(1)选好研究对象。根据解题的需要,可以取单个物体或整个系统为研究对象,也可以取由几个物体组成的子系统为研究对象。

(2)正确确定研究对象受力的数目。既不能少画一个力,也不能多画一个力。力是物体之间相互的机械作用,因此受力图上每个力都要明确它是哪一个施力物体作用的,不能凭空想象。物体之间的相互作用力可分为两类:第一类为场力,例如万有引力、电磁力等;第二类为物体之间相互的接触作用力,例如压力、摩擦力等。因此分析第二种力时,必须注意研究对象与周围物体在何处接触。

(3)一定要按照约束的性质画约束反力。当一个物体同时受到几个约束的作用时,应分别根据每个约束单独作用情况,由该约束本身的性质来确定约束反力的方向,绝不能按照自己的想象画约束反力。

(4)几个物体相互接触时,它们之间的相互作用关系要按照作用力与反作用力的定律来分析。

(5)分析系统受力情况时,只画外力,不画内力。

习　　题

2-1　分别画出图 2-16 中标有字母 A、AB 或 ABC 物体的受力图。

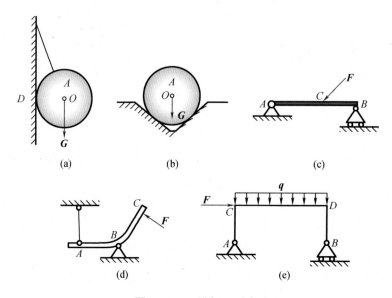

(a)　　　　　　(b)　　　　　　(c)

(d)　　　　　　(e)

图 2-16　习题 2-1 图

2-2　分别画出图2-17(a)结构中 *ABCD* 和图2-17(b)(c)(d)结构中 *ACB* 杆件的受力图。

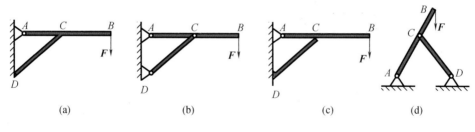

(a)　　　　　　(b)　　　　　　(c)　　　　　　(d)

图2-17　习题2-2图

2-3　如图2-18所示,匀质圆柱 *O* 重力为 G_1,由重力为 G_2 的光滑匀质板 *AB*、绳索 *BE* 和光滑墙壁支持,*A* 处是固定铰链支座。试画出圆柱 *O* 与板 *AB* 组成的系统的受力图以及圆柱 *O* 和板 *AB* 的受力图。

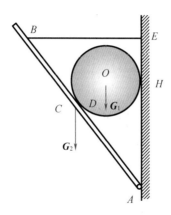

图2-18　习题2-3图

2-4　已知 $F_1 = 200$ N,$F_2 = 300$ N,$F_3 = 100$ N,$F_4 = 250$ N,各力方向如图2-19所示,试求该平面汇交力系的合力。

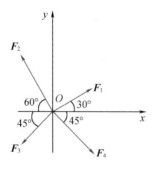

图2-19　习题2-4图

2−5 画出图 2−20 中组合梁 *ACD* 中 *AC* 和 *CD* 部分及整体的受力图。

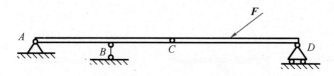

图 2−20 习题 2−5 图

2−6 斜齿圆柱齿轮传动时,齿轮受力如图 2−21 所示,已知 $F_n = 1\,000\ \text{N}$,$\alpha = 20°$,$\beta = 15°$。试求作用于齿轮上的圆周力、径向力和轴向力。

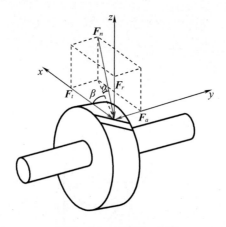

图 2−21 习题 2−6 图

第3章 力系的简化与平衡

3.1 平面汇交力系

工程上有许多力学问题,由于结构和受力具有平面对称性,都可以简化成平面力系来处理。平面力系是工程中常见的一种力系。另外许多工程结构和构件受力作用时,虽然力的作用线不都在同一平面内,但其作用力分布具有平面对称性,可将其简化为作用在对称平面内的力系。本章主要研究这些力系的简化、合成与物体系的平衡问题。

平面汇交力系是指各力的作用线都在同一个平面内,且汇交于同一点的力系。图3-1中钢架的角撑板承受 F_1、F_2、F_3、F_4 四个力的作用,这些力的作用线位于同一平面内并且汇交于点 O,构成一个平面汇交力系。

平面汇交力系是力系中最简单的一种形式,其简化与平衡有两种方法:几何法和解析法。

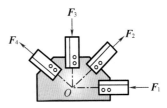

图3-1 钢架角撑板受力图

3.1.1 几何法

通过作图求平面汇交力系的合力的方法称为几何法。下面举例说明。

如图3-2(a)所示,设刚体受一平面汇交力系作用,汇交点为 O。根据力的平行四边形法则,可以逐次地将这些力两两进行合成,最后得到该力系的合力 F_R,如图3-2(b)所示。

力的合成还可以用更加简单的力的多边形法则,如图3-2(c)所示,将各力依次首尾相接,会得到一个有开口的力矢多边形,然后从第一个力的起点指向最后一个力的末端作力矢 F_R,则矢量 F_R 就是该力系的合力。即

$$F_R = \sum F \ 或 \ F_R = F_1 + F_2 + F_3$$

利用几何法求合力时,应当注意:

(1)力系的合力作用点通过汇交点;

(2)在画力的多边形时,各力必须按同一比例画出,合力大小按比例从图中量取;

(3)画力的多边形时,力的先后顺序不影响合力的大小和方向,如图3-2(c)(d)所示。

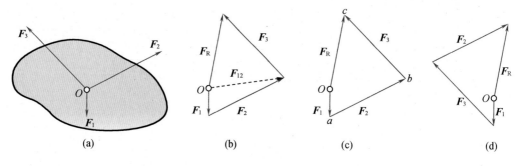

图 3 - 2　几何法

由上述分析可以知道,平面汇交力系可以用一个合力来代替,所以该力系平衡的充分必要条件是力系的合力等于零。即

$$\sum \boldsymbol{F} = 0 \qquad\qquad (3-1)$$

式(3 - 1)表明,当平面汇交力系平衡时,我们画出的力多边形的封闭边长度必为零。由此可得,平面汇交力系平衡的几何条件为:各分力 $\boldsymbol{F}_1$、$\boldsymbol{F}_2 \cdots\cdots \boldsymbol{F}_n$ 所构成的力多边形自行封闭。

应用平面汇交力系平衡的几何条件可以求解平衡力系中力的未知元素。力是矢量,包括大小和方向两个元素。作力的多边形求解平面汇交力系平衡问题时,由于合力为零,平面矢量方程本质上可以化为两个标量方程,用封闭力的多边形可以求出两个未知元素。

【例 3 - 1】　在物体圆环上作用有三个力 $F_1 = 300 \text{ N}$,$F_2 = 600 \text{ N}$,$F_3 = 1\ 500 \text{ N}$,其作用线相交于 O 点,如图 3 - 3 所示。试用几何作图法求力系的合力。

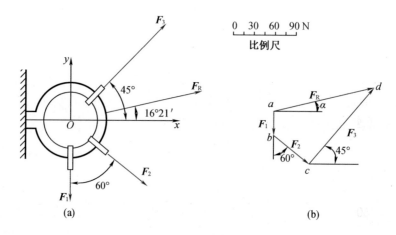

图 3 - 3　圆环受力图

解　(1)选比例尺,如图 3 - 3(b)所示。

(2)将 F_1、F_2、F_3 首尾相接得到力多边形 $abcd$,其封闭边矢量 $\boldsymbol{ad}$ 就是合力矢 F_R。量得 ad 的长度,得到合力 $F_R = 1\ 650 \text{ N}$,F_R 与 x 轴夹角 $\alpha = 16°21'$。

【例 3 - 2】　在曲柄压机的铰链 A 上作用一水平力 $F = 300 \text{ N}$,如图 3 - 4 所示。已知

杆 $OA = 0.20$ m, $AB = 0.40$ m。试求当杆 OA 与铅垂线 OB 的夹角 $\alpha = 30°$ 时,锤头作用于物体 M 的压力。

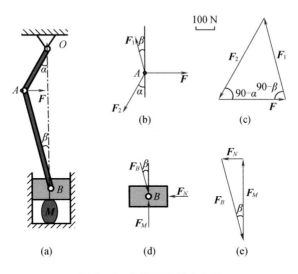

图 3-4 曲柄压机受力分析

解 (1)以铰链 A 为研究对象进行受力分析。

OA 和 AB 杆均为链杆,按照约束的性质,OA 杆及 AB 杆对铰链 A 的作用力 F_1、F_2 必沿各杆两端销钉中心的连线,但方向不能肯定。F、F_1、F_2 构成平面汇交力系,受力图如图 3-4(b)所示。

由正弦定理得到

$$\beta = \arcsin\left(\frac{OA\sin\alpha}{AB}\right) = \arcsin 0.25 = 14.5°$$

按照平面汇交力系平衡的几何条件,取比例尺作出封闭的力三角形,如图 3-4(c)所示。量得 $F_1 = 370$ N。

(2)其次取锤头 B 为研究对象。

锤头 B 受到连杆 AB 对锤头的作用力 F_B 作用,如图 3-4(d)所示。由链杆 AB 的性质得到 $F_B = F_1 = 370$ N,F_B 与 F_1 方向相反。壁的反力为 F_N 以及压榨物 M 对锤头的反作用力为 F_M。

按照平面汇交力系平衡的几何条件,取比例尺作出封闭的力三角形,如图 3-4(e)所示。量得 $F_M = 360$ N。

3.1.2 解析法

我们在第 2 章 2.2 节讨论了力在直角坐标轴上的投影,对于平面汇交力系 $F_k(k = 1, 2, \cdots, n)$,各力在平面直角坐标系情形下,可写成

$$F_k = F_{kx}i + F_{kx}j \qquad (3-2)$$

按照定义,平面汇交力系的合力 F_R 等于各分力 F_k 的矢量和,即

$$F_R = F_1 + F_2 + \cdots + F_n = \sum F_k \tag{3-3}$$

将合力写成解析式 $F_R = F_{Rx}i + F_{Ry}j$,得

$$\begin{cases} F_{Rx} = F_{x1} + F_{x2} + \cdots + F_{xn} = \sum F_x \\ F_{Ry} = F_{y1} + F_{y2} + \cdots + F_{yn} = \sum F_y \end{cases} \tag{3-4}$$

上式表明:平面汇交力系的合力在任一坐标轴上的投影,等于各分力在同一坐标轴上投影的代数和。这个结论称为合力投影定理。这个结论还可以推广到其他矢量的合成上,可以统称为合矢量投影定理。

合力的模和方向可用式(3-5)、式(3-6)表示。

$$\begin{cases} F_R = \sqrt{F_{Rx}^2 + F_{Ry}^2} = \sqrt{\left(\sum F_x\right)^2 + \left(\sum F_y\right)^2} \\ \cos(F_R, i) = F_{Rx}/F_R \\ \cos(F_R, j) = F_{Ry}/F_R \end{cases} \tag{3-5}$$

我们知道,平面汇交力系平衡的充分必要条件是力系的合力等于零。从式(3-4)可知,要满足合力 $F_R = 0$,其充分必要条件是:

$$\begin{cases} \sum F_x = 0 \\ \sum F_y = 0 \end{cases} \tag{3-6}$$

即平面汇交力系平衡的充分必要(解析)条件是:力系中各力在 x、y 坐标轴上的投影的代数和都等于零。式(3-6)称为平面汇交力系的平衡方程,可以用来求解两个未知量。用解析法求未知力时,约束力的指向要事先假定。在平衡方程中解出未知力若为正值,说明预先假定的指向是正确的;若为负值,说明实际指向与假定的方向相反。

【例3-3】 图3-5(a)所示为三铰拱,不计拱重。已知结构尺寸 a 和作用在 D 点的水平作用力 $F = 141.4$ N,求支座 A、C 的约束反力。

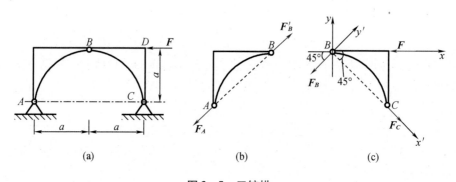

图3-5 三铰拱

解 (1)取左半拱 AB(包括销钉 B)为研究对象。AB 只受到右半拱 BC 的作用力 F'_B 和铰链支座 A 的约束反力 F_A 的作用,属于二力构件,如图3-5(b)所示。所以 F'_B 和 F_A 两个力的作用线必沿 AB 连线,并且有 $F'_B = -F_A$。

(2)取右半拱 BC 为研究对象。作用在 BC 上有三个力,分别为:水平力 F、铰链支座

C 的约束反力 F_C 和 AB 拱对 BC 拱的约束反力 F_B。F_B 和 F'_B 为一对作用力与反作用力,即 $F_B = -F'_B$。应用三力平衡汇交定理可确定 F_C 作用线的方位,即沿 B、C 点的连线,假定从 B 指向 C,如图 3 – 5(c)所示。

根据右半拱 BC 的受力图并取坐标系 Bxy,列出平面汇交力系的平衡方程。

$$\sum F_x = 0, \quad -F - F_B\cos 45° + F_C\cos 45° = 0 \tag{3 – 7}$$

$$\sum F_y = 0, \quad -F_B\sin 45° - F_C\sin 45° = 0 \tag{3 – 8}$$

由式(3 – 8)得

$$F_C = -F_B \tag{3 – 9}$$

将式(3 – 9)代入式(3 – 7)得

$$F_B = -\frac{\sqrt{2}}{2}F = -100 \text{ N} \tag{3 – 10}$$

求得 F_B 为负值,表示力矢量 F_B 的指向与受力图中假定的指向相反,把式(3 – 10)代入式(3 – 9),注意要把负号一起代入,得到

$$F_C = -\left(-\frac{\sqrt{2}}{2}F\right) = 100 \text{ N}$$

F_C 求得为正值,表示所假定的指向符合实际。

因为 $F_A = F'_B = F_B$,所以 $F_A = -100$ N。F_A 求得为负值,表示 F_A 的指向与受力图中假定的指向相反。

为简便起见,在求解本题时,可以取投影轴 x'、y' 分别垂直于未知力 F_B、F_C,则

$$\sum F'_x = 0, F_C - F\cos 45° = 0, F_C = \frac{\sqrt{2}}{2}F = 100 \text{ N}$$

$$\sum F'_y = 0, \quad -F_B - F\sin 45° = 0, F_B = -\frac{\sqrt{2}}{2}F = -100 \text{ N}$$

这样可以使所列的每一个平衡方程中只包含一个未知数,避免了求解联立方程的麻烦。

【例 3 – 4】 图 3 – 6(a)所示的均质细长杆 AB 重力为 $G = 10$ N,长 $L = 1$ m。杆一端 A 靠在光滑的铅垂墙上,另一端 B 用长 $a = 1.5$ m 的绳 BD 拉住。求平衡时 A、D 两点之间的距离 x、墙对杆的反力 F_A 和绳的拉力 F_T。

解 以杆 AB 为研究对象。作用在杆上的力有三个,分别是作用在杆中点上的重力 G,绳索对杆的拉力 F_T、墙的反作用力 F_A。按照约束的性质,拉力 F_T 沿绳索轴线方向 BD,F_A 垂直于墙即水平向右。杆在这三个力作用下处于平衡状态,根据三力平衡汇交定理可知这三个力必汇交于一点。由于 G 与 F_T 相交于 BD 的中心点 E,故只有当通过 A 点的水平力也通过 E 点时杆 AB 才能平衡,即 F_A 必须沿 AE。杆 AB 的受力图如图 3 – 6(b)所示。

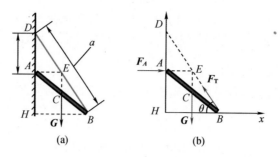

图 3 – 6　例 3 – 4 题图

过 B 点作水平线交墙于 H 点,因为 F_A 垂直于墙,所以 AE 线水平,与 BH 平行。由于 $DE = EB$,所以 $DA = AH = x$,对于直角三角形 BHD,有 $BH^2 = BD^2 - DH^2 = a^2 - (2x)^2$;对于直角三角形 BHA,有 $BH^2 = BA^2 - AH^2 = L^2 - x^2$。于是可得

$$a^2 - 4x^2 = L^2 - x^2$$

解得

$$x = \sqrt{\frac{a^2 - L^2}{3}} = 0.646 \text{ m}$$

由此得到绳索与 BH 夹角 $\theta = \arcsin \dfrac{DH}{DB} = \arcsin \dfrac{2x}{a} = \arcsin 0.860\,7 = 59.4°$。

下面应用平面汇交力系的平衡方程,求解绳索拉力 T 和墙约束反力 F_A。如图 3 – 6(b)所示,取直角坐标系。列写方程:

$$\sum F_x = 0, \quad F_A - F_T \cos\theta = 0 \qquad\qquad (3-11)$$

$$\sum F_{xy} = 0, \quad F_T \sin\theta - G = 0 \qquad\qquad (3-12)$$

由式(3 – 11)得

$$F_T = \frac{G}{\sin\theta} = \frac{10}{0.860\,7} \text{ N} = 11.6 \text{ N}$$

代入式(3 – 12)得

$$F_A = F_T \cos\theta = 11.62 \times \cos 59.4° = 5.92 \text{ N}$$

3.2　平面力偶系的合成与平衡

由于力偶中的两个力大小相等、方向相反、作用线平行,所以这两个力在任何坐标轴上投影均为零,如图 3 – 7 所示。可见,力偶对物体不产生移动效应,即力偶的合力矢为零。这说明力偶不能等效为一个力,同时也不能用一个力来平衡。力偶只能与力偶等效,也只能用力偶来平衡,因而它成为一个基本的力学量。

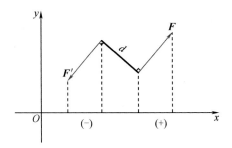

图 3 - 7 力偶

力偶对物体的运动效应和一个力对物体的运动效应不同。一个力能使静止的物体产生移动,也能使它既产生移动又产生转动。但是一个力偶只能使静止的物体产生转动。为度量力偶对物体的转动效应我们引入力偶矩概念,即在平面问题中,力偶中一个力的大小和力偶臂的乘积称为力偶矩。因此在同一个平面内,力偶的力偶矩是一个代数量,用 $M(\boldsymbol{F},\boldsymbol{F'})$ 表示,也可以简写成 M,即

$$M = \pm Fd \tag{3-13}$$

式中正负号的表示方法一般以逆时针转向为正,顺时针转向为负。力偶矩的单位在国际单位制中用牛顿·米($\mathrm{N}\cdot\mathrm{m}$)表示。

力偶只能使刚体产生转动,其转动效应应该用力和力偶臂之积力偶矩来度量。由于一个力偶对物体的作用效应完全取决于其力偶矩,所以由力学证明得到如下结论:

(1)两个在同一平面内的力偶,如果力偶矩相等,则两个力偶彼此等效。

(2)力偶可在其作用面内任意移动和转动,而不会改变它对物体的作用。

(3)在保持力偶矩大小和转向不变的条件下,可以同时改变力和力偶臂的大小,而不会改变力偶对物体的作用。

按照上述结论,我们可以把力偶直接用力偶矩 M 来表示,如图 3-8 所示。就其本质而言,力偶是自由矢量。

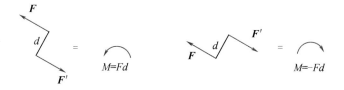

图 3 - 8 力偶矩

作用在同一个物体上的 n 个力偶组成一个力偶系,作用在同一平面内的力偶系叫平面力偶系。

设 $(\boldsymbol{F}_1,\boldsymbol{F}_1')$ 和 $(\boldsymbol{F}_2,\boldsymbol{F}_2')$ 为作用在某物体同一平面内的两个力偶,如图 3-9 所示。其力偶臂分别为 d_1、d_2,于是有:

$$M_1 = F_1 \cdot d_1, M_2 = F_2 \cdot d_2$$

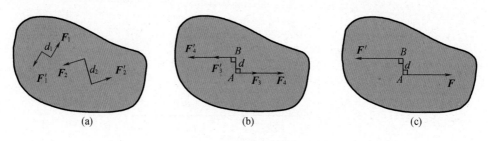

图 3 - 9   平面力偶系的合成

在力偶作用平面内任取线段 $AB = d$, 于是可将原来的两个力偶分别等效为力偶(F_3, F_3')和(F_4, F_4')。其中 F_3 和 F_4 的大小分别为

$$F_3 = \frac{M_1}{d}, F_4 = \frac{M_2}{d}$$

将 F_3、F_3' 和 F_4、F_4' 分别合成, 有

$$F = F_3 + F_4, F' = F_3' + F_4'$$

其中 F 与 F' 为等值、反向的一对平行力, 组成一个新的力偶, 此力偶(F, F')即为原来两个力偶(F_1, F_1')和(F_2, F_2')的合力偶。其力偶矩为

$$M = Fd = (F_3 + F_4)d = \left(\frac{M_1}{d} + \frac{M_2}{d}\right)d = M_1 + M_2$$

上面讨论的是两个力偶的合成情形, 推广到一般情况, 设作用在同一平面内有 n 个力偶, 则该平面力偶系的合力偶矩为

$$M = M_1 + M_2 + \cdots + M_n$$

或

$$M = \sum M_i \qquad (3-14)$$

即平面力偶系的合成结果为一合力偶, 合力偶矩等于各分力偶矩的代数和。

欲使平面力偶系平衡, 其充分必要条件是合力偶矩等于零, 即力偶系中各力偶矩的代数和等于零:

$$M = \sum M_i = 0 \qquad (3-15)$$

【例 3 - 5】   在箱盖上要钻五个孔, 如图 3 - 10 所示。现估计各孔的切削力偶矩 $M_1 = M_2 = M_3 = M_4 = -20 \text{ N} \cdot \text{m}, M_5 = -100 \text{ N} \cdot \text{m}$。当用多轴钻床同时加工这五个孔时, 工件受到的总切削力偶矩是多少?

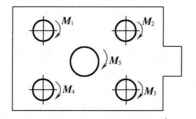

图 3 - 10   箱盖钻孔示意图

解 多轴钻床作用在箱盖上的力偶系由五个力偶组成,切削力偶矩的值为负号,表示力偶矩顺时针转向,由于这五个力偶处于同一个平面,所以它们的合力矩等于各力偶矩的代数和,即

$$M = \sum M_i$$
$$= M_1 + M_2 + M_3 + M_4 + M_5$$
$$= - 20 - 20 - 20 - 20 - 100$$
$$= - 180 \text{ N} \cdot \text{m}$$

负号表示合力偶矩为顺时针转向。

另外,如果机械加工工艺允许,我们将钻第五个孔的轴改为逆时针方向转动,钻其他四个孔的轴转向不变,这时总切削力偶矩为

$$M = \sum M_i$$
$$= M_1 + M_2 + M_3 + M_4 + M_5$$
$$= - 20 - 20 - 20 - 20 + 100$$
$$= 20 \text{ N} \cdot \text{m}$$

经过上述变动,固定箱盖的夹具在加工时受力状态大为改善。

3.3 平面任意力系

上两节我们讨论了平面汇交力系和平面力偶系这两种特殊力系,现在研究复杂一些的平面一般力系。平面汇交力系和平面力偶系构成平面任意力系。

工程实际中,大多数的平面力系其力的作用线并不全汇交于一点,或者并非全是受力偶的作用。平面力系中所有力的作用线并不都交于一点;或者一个刚体上作用有一个平面汇交力系的同时,该平面上还作用有力偶系,这样的力系称为平面任意力系。如图3 - 11(a)所示的液压式夹紧机构,对于整个力系而言,其受力的作用线并不全汇交于一点,所以为平面任意力系;再如图3 - 11(b)所示的曲柄连杆机构的受力,不仅作用有平面力系,还有平面力偶系的作用,所以以为平面任意力系。平面汇交力系、平面力偶系和平面平行力系都是平面任意力系的特殊形式。

3.3.1 力的平移定理

力对刚体的作用效应取决于力的三要素。若改变其中任一要素,比如使力离开原作用线平行移动,则必然改变原力对刚体的作用效应。下面讨论将力平移时,需要附加什么样的条件才能保持其作用效应不变。

设在刚体上 A 点处作用一力 $\boldsymbol{F}$,如图 3 - 12(a)所示。若要将此力平行移动到刚体上距离 $\boldsymbol{F}$ 为 h 的任意一点 B 处,可以根据加减平衡力系原理,在 B 点处加上一对与 $\boldsymbol{F}$ 作用线平行的平衡力 $\boldsymbol{F}$ 和 $\boldsymbol{F}'$,且使 $\boldsymbol{F}' = -\boldsymbol{F}$,如图 3 - 12(b)所示。显然,加上一对平衡力后的新力系与原力系等效,且新力系中 $\boldsymbol{F}$ 和 $\boldsymbol{F}'$ 组成一力偶,其力偶矩为 $M = Fh = M_B(\boldsymbol{F})$。

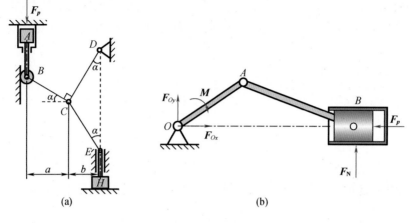

图 3 – 11 平面任意力系

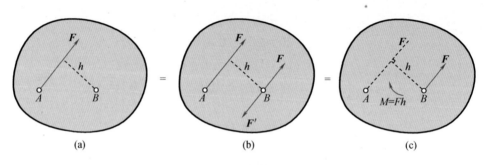

图 3 – 12 力的平移

因此,作用于刚体上的力可以从原作用点 A 平行移到刚体平面内任一指定点 B,但必须同时附加一力偶,附加力偶矩等于原力对指定点之矩。这就是力的平移定理。

力的平移定理表明:一个力可以与一个力和一个力偶等效。反之,在同一平面内的一个力 F 和一个力偶 M 也可以进一步合成为一个合力 F_R,且 $F_R = F$。

以下几点需要注意:

(1)力的平移定理只适用于刚体,且只能在同一刚体上移动。

(2)力平移的条件是附加一个力偶 M,且 M 的大小与作用力和指定点之间的距离有关。

(3)力的平移定理是力系简化的理论基础。

3.3.2 平面一般力系向一点简化

如图 3 – 13(a)所示,作用于刚体上的平面任意力系 F_1、F_2……F_n,力系中各力的作用点分别是 A_1,A_2……A_n。在平面内任取一点 O,称为简化中心。根据力的平移定理,将力系中各力的作用线平移至 O 点,得到一汇交于 O 点的平面汇交力系(F_1',F_2',…,F_n')和一附加平面力偶系(M_1,M_2,…,M_n),且 $M_1 = M_O(F_1)$,$M_2 = M_O(F_2)$,…,$M_n = M_O(F_n)$,如图 3 – 13(b)所示,将平面汇交力系和平面力偶系分别合成,可得到一个作用于 O 点的力与一个力偶 M_O,如图 3 – 13(d)所示。

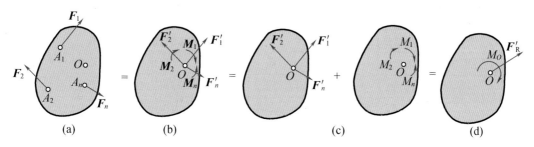

图 3 – 13　平面任意力系向平面内任一点简化

平面汇交力系各力的矢量和为

$$F'_R = F'_1 + F'_2 + \cdots + F'_n = F_1 + F_2 + \cdots + F_n = \sum F$$

力 F'_R 等于原力系中各力的矢量和，称为原力系的主矢。主矢 F'_R 的大小和方向可按照平面汇交力系的合成公式来计算。

$$\begin{cases} F'_{Rx} = \sum F_x \\ F'_{Ry} = \sum F_y \\ F'_R = \sqrt{(F'_{Rx})^2 + (F'_{Ry})^2} = \sqrt{(\sum F_x)^2 + (\sum F_y)^2} \\ \tan \alpha = \left| \dfrac{\sum F_y}{\sum F_x} \right| \end{cases} \qquad (3-16)$$

式中，F'_{Rx}、F'_{Ry}、F_x、F_y 分别是主矢与各力在 x、y 轴上的投影；F'_R 为主矢的大小，夹角 α 为锐角；F'_R 的指向由 $\sum F_x$ 和 $\sum F_y$ 的正负号决定。

显然，取不同的点为简化中心时，主矢的大小和方向保持不变，即主矢与简化中心的位置无关。

附加平面力偶系的合成结果为一合力偶，其合力偶矩为

$$M_O = M_1 + M_2 + \cdots + M_n = \sum M_O(F) = \sum M \qquad (3-17)$$

M_O 称为原力系对简化中心 O 的主矩，其大小等于原力系中各力对简化中心 O 之矩的代数和。在一般情况下，取不同的点为简化中心，所得的主矩是不同的，即主矩和简化中心位置有关。显然，原力系与主矢和主矩的联合作用等效。

平面任意力系向平面内任一点简化，一般可得到一个力（主矢）和一个力偶（主矩），但这并不是简化的最终结果。根据主矢和主矩是否存在，简化最终结果可能出现表 3 – 1 所列的 4 种情况。

表 3 - 1　平面任意力系简化结果

主矢 F_R'	主矩 M_O	简化结果	意义	与简化中心关系
$F_R' = 0$	$M_O = 0$	力系平衡	原力系为平衡力系	与简化中心位置无关
	$M_O \neq 0$	合力偶	原力系为平面力偶系	与简化中心位置无关
$F_R' \neq 0$	$M_O = 0$	合力 F_R	原力系为平面汇交力系	合力作用线通过简化中心
	$M_O \neq 0$	合力 F_R	原力系为平面任意力系	合力作用线与简化中心点的距离 $d = \dfrac{\lvert M_O \rvert}{F_R}$

【例 3 - 6】　试求图 3 - 14(a) 中平面力系向 O 点简化的结果。

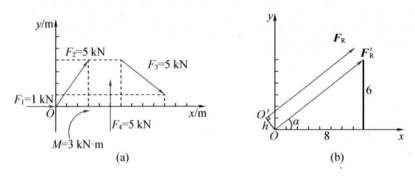

图 3 - 14　平面内力系向 O 点简化

解　将各力向 O 点简化。

(1)计算主矢大小

$$F_{Rx}' = \sum F_x = F_1 + F_{2x} + F_{3x} = 1 + 3 + 4 = 8 \text{ kN}$$

$$F_{Ry}' = \sum F_y = F_{2y} - F_{3y} + F_4 = 4 - 3 + 5 = 6 \text{ kN}$$

$$F_R' = \sqrt{(F_{Rx}')^2 + (F_{Ry}')^2} = 10 \text{ kN}$$

主矢 F_R' 与 x 轴夹角 α 为 $\tan \alpha = \left| \dfrac{F_{Ry}'}{F_{Rx}'} \right| = \dfrac{3}{4}$，$\alpha = 37°$，在第一象限，如图 3 - 14(b) 所示。

(2)计算主矩

$$M_O = \sum M_O(F_i)$$
$$= -4F_{3x} - 6F_{3y} + 5F_4 - M$$
$$= -16 - 18 + 25 - 3$$
$$= -12 \text{ kN} \cdot \text{m}$$

(3)计算合力

因 $F_R' \neq 0$，$M_O \neq 0$，力系合成一个合力，且 $F_R = F_R' = 10$ kN，合力作用线距简化中心 O 点距离为

$$h = \left| \frac{M_O}{F_R} \right| = 1.2 \text{ m}$$

式中,M_O 为负值,合力的作用位置如图 3-14(b)所示。

3.3.3 平面一般力系的平衡方程

由上一节的讨论可知,平面一般力系向任意一点简化时,得到两个基本力系——平面汇交力系和平面力偶系。这两个力系是不能相互平衡的,故要使平面一般力系平衡,就要两个基本力系分别平衡。平面汇交力系平衡的充分必要条件是合力为零,相当于平面一般力系的主矢 $\boldsymbol{F}'_R$ 为零;平面力偶系平衡的充分必要条件是合力偶矩 M_O 为零,相当于平面一般力系对任一点 O 的主矩为零。因此平面一般力系平衡的充分必要条件是:力系的主矢和力系对任一点 O 的主矩分别等于零,即

$$\begin{cases} F'_R = \sqrt{\left(\sum F_x\right)^2 + \left(\sum F_y\right)^2} = 0 \\ M_O = \sum M_O(F) = 0 \end{cases} \qquad (3-18)$$

故有平面一般力系的平衡方程(基本式):

$$\begin{cases} \sum F_x = 0 \\ \sum F_y = 0 \\ \sum M_O(F) = 0 \end{cases} \qquad (3-19)$$

于是平面一般力系平衡的充分必要条件可以叙述为力系中各力在两个任意选择的直角坐标轴上的投影的代数和分别为零,并且各力对任一点的矩的代数和也等于零。式(3-19)中三个独立的平衡方程可求解包含三个未知量的平衡问题。

我们把式(3-19)称为平面一般力系平衡方程的基本形式,它有两个投影式和一个力矩式。另外平衡方程还可以表示为以下形式:

(1)一个投影式和两个力矩式即二力矩式。其方程为

$$\begin{cases} \sum F_x = 0 \text{ 或 } \sum F_y = 0 \\ \sum M_A(F) = 0 \\ \sum M_B(F) = 0 \end{cases} \qquad (3-20)$$

式中,A、B 两点的连线 AB 不能与 x 轴或 y 轴垂直。

(2)三个都是力矩式即三力矩式。其方程式为

$$\begin{cases} \sum M_A(F) = 0 \\ \sum M_B(F) = 0 \\ \sum M_C(F) = 0 \end{cases} \qquad (3-21)$$

式中,A、B、C 三点不能共线。

这样,平面一般力系共有基本式、二力矩式、三力矩式三种不同形式的平衡方程,但是必须注意不论何种形式,独立的平衡方程只有三个。在三个独立的方程之外列出的任何方程都是这三个独立方程的组合而不是独立的。平面一般力系平衡方程只能求解三个未

知量。

在实际应用时,选用基本式、二力矩式还是三力矩式,完全取决于计算是否方便。为简化计算,在建立投影方程时,坐标轴的选取应该尽可能多地与未知力垂直,以便这些未知力在此坐标轴上的投影为零,避免一个方程中含有多个未知量而需要解联立方程。在建立力矩方程时,尽量选取两个未知力的交点作为矩心,这样通过矩心的未知力就不会在此力矩方程中出现,达到减少方程中未知量数的目的。

3.3.4 平面平行力系的平衡方程

各力作用线在同一平面内并且相互平行的力系称为平面平行力系。平面平行力系是平面一般力系的一种特殊情况。设物体受平面平行力系 F_1、$F_2 \cdots\cdots F_n$ 的作用,如图 3-15 所示。过任一点 O 取直角坐标系 Oxy,并且使 Oy 轴与已知各力平行,则力系中各力在 x 轴上的投影分别为零,式(3-19)中的第一个方程 $\sum F_x = 0$ 就成为恒等式而自然满足,于是平面平行力系的独立平衡方程只有两个:

$$\begin{cases} \sum F_y = 0 \\ \sum M_O(F) = 0 \end{cases} \tag{3-22}$$

其中,各力在 y 轴上的投影的和即各力的代数和,所以平面平行力系平衡的充分必要条件是力系中各力的代数和等于零,以及各力对任一点的矩的代数和等于零。

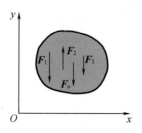

图 3-15　平面平行力系

平面平行力系的平衡方程也可以表示为两力矩形式,即

$$\begin{cases} \sum M_A(F) = 0 \\ \sum M_B(F) = 0 \end{cases} \tag{3-23}$$

需要注意的是,连线 AB 不能与力系各力的作用线平行。

【例3-7】　数控车床一齿轮转动轴自重 $G = 900$ N,水平安装在向心轴承 A 和向心推力轴承(止推轴承)B 之间,如图 3-16(a)所示。齿轮受一水平推力 F 作用。已知 $a = 0.4$ m,$b = 0.6$ m,$c = 0.25$ m,$F = 160$ N。当不计轴承的宽度和摩擦时,试求轴上 A、B 处所受的约束反力。

　　解　以齿轮转动轴为研究对象进行受力分析。轴受到主动力 G、F 作用以及 A、B 两处约束反力的作用。向心轴承只阻止 A 处的铅垂移动,向心推力轴承既阻止 B 处铅垂移动,又阻止 B 处水平移动。按照向心轴承和向心推力轴承(止推轴承)约束的性质,A 处受到铅垂反力 $\boldsymbol{F}_A$ 作用,B 处反力为 $\boldsymbol{F}_{Bx}$、$\boldsymbol{F}_{By}$,受力图及坐标系如图 3-16(b) 所示,其中各约束反力的指向是假定的。

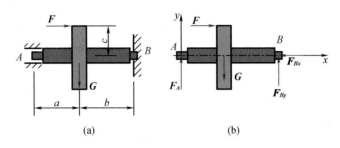

图 3-16 数控车床齿轮转动轴

列平衡方程:

$$\begin{cases} \sum F_x = 0, F - F_{Bx} = 0 \\ \sum F_y = 0, F_A + F_{By} - G = 0 \\ \sum M_A(F) = 0, (a+b)F_{By} - a \cdot G - c \cdot F = 0 \end{cases}$$

可以解出各个约束反力:

$$F_{Bx} = F = 160 \text{ N}$$

$$F_{By} = \frac{a \cdot G + c \cdot F}{a+b} = \frac{0.4 \times 900 + 0.25 \times 160}{0.4 + 0.6} = 400 \text{ N}$$

$$F_A = G - F_{By} = 900 - 400 = 500 \text{ N}$$

所得正值说明各约束反力的实际指向与假定的一致。

【例 3-8】 如图 3-17(a)所示水平梁 AB,受到一个均布载荷和一个力偶的作用。已知均布载荷的集度 $q = 0.2 \text{ kN/m}$,力偶矩的大小 $M = 1 \text{ kN} \cdot \text{m}$,长度 $l = 5 \text{ m}$。不计梁本身的重力,求支座 A、B 的约束反力。

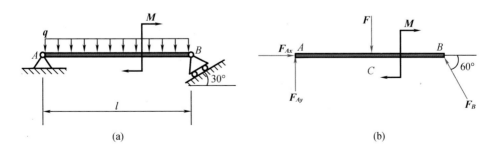

图 3-17 水平梁受力图

解 以梁 AB 为研究对象进行受力分析。将均布载荷等效为集中力 F,其大小为 $F = ql = 0.2 \times 5 = 1 \text{ kN}$,方向铅垂向下,作用点在 AB 梁的中点 C。按照 A、B 两处约束的性质,

得到 A 处支座反力为 F_{Ax}、F_{Ay}，B 处反力 F_B 垂直于支承面，梁的受力图如图 3 – 17(b)所示。

作用在梁上的力组成一平面一般力系，其中有三个未知数，即 F_{Ax}、F_{Ay}、F_B。应用平面一般力系的平衡方程，可以求出这三个未知数。取

$$\sum F_x = 0, F_{Ax} - F_B\cos 60° = 0 \tag{3-24}$$

$$\sum F_y = 0, F_{Ay} - F + F_B\sin 60° = 0 \tag{3-25}$$

$$\sum M_A(F) = 0, -F \cdot AC - M + F_B \cdot AB\sin 60° = 0 \tag{3-26}$$

由式(3-26)得

$$F_B = \frac{F \cdot AC + M}{AB\sin 60°} = \frac{1 \times 2.5 + 1}{5 \times \sin 60°} = 0.81 \text{ kN}$$

将 F_B 之值代入式(3-24)、式(3-25)，得到

$$F_{Ax} = F_B\cos 60° = 0.40 \text{ kN}$$

$$F_{Ay} = F - F_B\sin 60° = 1 - 0.81 \times \sin 60° = 0.30 \text{ kN}$$

F_{Ax}、F_{Ay}、F_B 均为正值表明它们的实际指向与假设的方向一致。

需要强调的是，在求解本类问题时应注意下列三点：

(1)在列写平衡方程时，因为组成力偶的两个力在任一轴上的投影的代数和等于零，所以力偶 M 在 x、y 轴上力的投影方程中不出现；

(2)力偶 M 对平面上任意一点的矩为常量；

(3)应尽量选择各未知力作用线的交点为力矩方程的矩心，使力矩方程中未知量的个数尽量少。

【例 3 – 9】 如图 3 – 18 所示为一可沿轨道移动的塔式起重机，机身受到的重力 $G = 200$ kN，作用线通过塔架中心。最大起重量 $F_p = 80$ kN。为了防止起重机在满载时向右倾倒，在离中心线 x 处附加一平衡重 F_Q，但又必须防止起重机在空载时向左边倾倒。试确定平衡重 F_Q 以及离左边轨道的距离 x 的值。

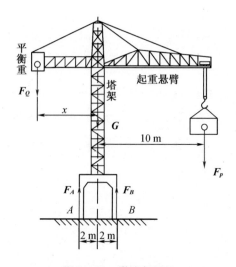

图 3 – 18 塔式起重机

解 以整个起重机为研究对象进行受力分析,分别考虑满载和空载情况。

(1)满载时作用在起重机上的力有五个,即最大起重量 F_p、起重机机身受到的重力 G、平衡重 F_Q 和轨道支承力 F_A、F_B。这些力构成平面平行力系,由平衡方程可得

$$\sum M_A(F) = 0, F_Q \cdot (x-2) - 2G - F_p \cdot (10+2) + 4F_B = 0$$

$$\sum M_B(F) = 0, F_Q \cdot (x+2) + 2G - F_p \cdot (10-2) - 4F_A = 0$$

解得

$$F_A = \frac{F_Q \cdot (2+x) + 400 - 8F_p}{4} = \frac{F_Q \cdot (2+x) - 240}{4} \text{ kN} \qquad (3-27)$$

$$F_B = \frac{-F_Q \cdot (x-2) + 400 + 12F_p}{4} = \frac{-F_Q \cdot (x-2) + 1\,360}{4} \text{ kN} \qquad (3-28)$$

由式(3-27)、式(3-28)可见,当 F_p 增大或 F_Q 减小时,F_B 增大而 F_A 减小,但是 F_A 不能无限制减小,也就是说轨道不能对起重机轮子产生拉力,所以当 $F_A = 0$ 时,说明左轮即将与轨道脱离,也即起重机处于将翻未翻的临界状态,可见欲使起重机满载时不致向右倾倒的条件为 $F_A \geqslant 0$,由式(3-27)得

$$F_Q \cdot (2+x) \geqslant 240 \qquad (3-29)$$

(2)再考虑空载时的情况。这时作用在起重机上的力有四个,即起重机机身受到的重力 G、平衡重 F_Q 和轨道支承力 F_A、F_B。这些力构成平面平行力系,由平衡方程可得

$$\sum M_A(F) = 0, F_Q \cdot (x-2) - 2G + 4F_B = 0$$

$$\sum M_B(F) = 0, F_Q \cdot (x+2) + 2G - 4F_A = 0$$

解得

$$F_A = \frac{F_Q \cdot (2+x) + 400}{4} \text{ kN} \qquad (3-30)$$

$$F_B = \frac{-F_Q \cdot (x-2) + 400}{4} \text{ kN} \qquad (3-31)$$

起重机空载时不致向左倾倒的条件为 $F_B \geqslant 0$,由式(3-31)得

$$F_Q \cdot (x-2) \leqslant 400 \qquad (3-32)$$

由式(3-29)、式(3-32)可得

$$\frac{240}{x+2} \leqslant F_Q \leqslant \frac{400}{x-2} \qquad (3-33)$$

$$\frac{240}{F_Q} - 2 \leqslant x \leqslant \frac{400}{F_Q} + 2 \qquad (3-34)$$

即 $F_{Qmin} = \frac{240}{x+2}$, $F_{Qmax} = \frac{400}{x-2}$; $x_{min} = \frac{240}{F_Q} - 2$, $x_{max} = \frac{400}{F_Q} + 2$。例如当 $x=3$ 时,$48 \text{ kN} \leqslant F_Q \leqslant 400$ kN;当 $x=4$ 时,$40 \text{ kN} \leqslant F_Q \leqslant 200$ kN。平衡重 F_Q 与离中心线的距离 x 应满足的关系如图 3-19 所示。

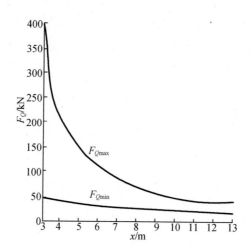

图 3 – 19　塔架平衡重与距离 x 的关系曲线

3.4　空间一般力系简介

各力的作用线在空间任意分布的力系称为空间一般力系,简称空间力系。空间一般力系是物体最一般的受力情况,平面汇交力系、平面平行力系、平面一般力系都是它的特殊情况。图 3 – 20 所示的刚体、图 3 – 21 所示的数控车床的主轴分别受到空间一般力系作用。

空间一般力系可以通过向一点的简化,得到一个空间汇交力系和一个空间力偶系,进而得到平衡条件。本书用比较直观的方法介绍空间一般力系的平衡方程。

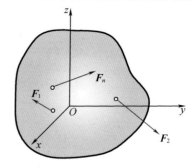

图 3 – 20　空间一般力系

设一物体上作用着一个空间一般力系 F_1、F_2……F_n,则力系既能产生使物体沿空间直角坐标 x、y、z 轴方向移动的效应,又能产生使物体绕 x、y、z 轴转动的效应。若物体在空间一般力系作用下保持平衡,则必须同时满足以下两点:

(1)移动,物体在 x、y、z 轴保持平衡(静止或匀速直线运动),空间一般力系各力在 x、y、z 轴投影的代数和为零;

(2)转动,物体对 x、y、z 轴保持平衡,空间一般力系各力对 x、y、z 轴之矩的代数和为零。

由此得到空间一般力系的平衡方程为

$$\begin{cases} \sum F_x = 0 \\ \sum F_y = 0 \\ \sum F_z = 0 \\ \sum M_x(F) = 0 \\ \sum M_y(F) = 0 \\ \sum M_z(F) = 0 \end{cases} \qquad (3-35)$$

式(3-35)表示了空间一般力系平衡的充分必要条件,即各力在直角坐标系的 3 个坐标轴上的投影的代数和以及各力对此三轴之矩的代数和分别等于零。

利用式(3-35)中的 6 个独立的平衡方程,可以求解 6 个未知量,它是解决空间一般力系平衡问题的基本方程。

【例 3-10】 数控车床主轴安装在向心推力轴承 A 和向心轴承 B 上,如图 3-21 示。圆柱直齿轮 C 的节圆半径 $r_C = 120$ mm,其下与另一齿轮啮合,压力角 $\alpha = 20°$。在轴的右端固定一半径为 $r_D = 60$ mm 的圆柱体工件。已知 $a = 60$ mm,$b = 400$ mm,$c = 250$ mm。车刀刀尖对工件的力作用在 H 处,HD 水平。测量得到切削力在 x、y、z 轴上的分量为:$F_x = 465$ N,$F_y = 325$ N,$F_z = 1\ 455$ N。试求齿轮所受的啮合力 $\boldsymbol{F}_Q$ 和两轴承的约束反力。

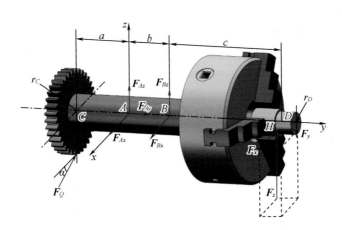

图 3-21　数控车床主轴

解 取主轴、齿轮、工件三者组成的系统为研究对象,以 A 为坐标原点,取 y 轴与主轴轴线重合,x 轴沿水平面,z 轴沿铅垂线。

系统受到的主动力分别为齿轮 C 所受的啮合力 $\boldsymbol{F}_Q$ 和工件受到的切削力 $\boldsymbol{F}_x$、$\boldsymbol{F}_y$、$\boldsymbol{F}_z$。向心推力轴承不允许主轴 A 处沿任何方向移动,故约束反力有 3 个,分别为 $\boldsymbol{F}_{Ax}$、$\boldsymbol{F}_{Ay}$、$\boldsymbol{F}_{Az}$;向心轴承不允许主轴 B 处沿 x、z 轴方向移动,故约束反力有两个,分别为 $\boldsymbol{F}_{Bx}$、$\boldsymbol{F}_{Bz}$。上述 9 个力构成空间一般力系,由式(3-35)可写出平衡方程如下:

$$\sum F_x = 0, \quad -F_x + F_{Ax} + F_{Bx} - F_Q\cos\alpha = 0 \qquad (3-36)$$

$$\sum F_y = 0, \quad -F_y + F_{Ay} = 0 \qquad (3-37)$$

$$\sum F_z = 0, F_z + F_{Az} + F_{Bz} + F_Q \sin \alpha = 0 \qquad (3-38)$$

$$\sum M_x(F) = 0, (b+c) \cdot F_z + b \cdot F_{Bz} - a \cdot F_Q \sin \alpha = 0 \qquad (3-39)$$

$$\sum M_y(F) = 0, -r_D \cdot F_Z + r_C \cdot F_Q \cos \alpha = 0 \qquad (3-40)$$

$$\sum M_z(F) = 0, (b+c) \cdot F_x - r_D \cdot F_y - b \cdot F_{Bx} - a \cdot F_Q \cos \alpha = 0 \qquad (3-41)$$

由式(3-37)得

$$F_{Ay} = F_y = 325 \text{ N}$$

由式(3-40)得

$$F_Q = \frac{r_D}{r_C \cos \alpha} F_z = \frac{60 \times 1\,455}{120 \times \cos 20°} = 774.2 \text{ N}$$

由式(3-41)得

$$F_{Bx} = \frac{(b+c)F_x - r_D F_y - a F_Q \cos \alpha}{b}$$

$$= \frac{(400+250) \times 465 - 60 \times 325 - 60 \times 774.2 \times \cos 20°}{400}$$

$$= 597.8 \text{ N}$$

由式(3-36)得

$$F_{Ax} = F_x + F_Q \cos \alpha - F_{Bx}$$

$$= 465 + 774.2 \times \cos 20° - 597.8$$

$$= 594.7 \text{ N}$$

由式(3-39)得

$$F_{Bz} = \frac{a F_Q \sin\alpha - (b+c) F_z}{b}$$

$$= \frac{60 \times 774.2 \times \sin 20° - (400+250) \times 1\,455}{400}$$

$$= -2\,324.7 \text{ N}$$

最后由式(3-38)得

$$F_{Az} = -F_z - F_{Bz} - F_Q \sin \alpha$$

$$= -1\,455 - (-2\,324.7) - 774.2 \times \sin 20°$$

$$= 604.9 \text{ N}$$

【例3-11】 均质等厚度板 $ABCD$ 的质量为 10 kg,用光滑球铰 A 和蝶铰 B 与墙壁连接,并用绳索 CE 拉住。在水平位置保持静止,如图3-22所示,$AB=a$,$AD=b$。已知 A、E 两点在同一铅垂线上,$\angle ECA = \angle BAC = 30°$,试求绳索的拉力和铰 A、B 的约束反力,请自行查询蝶铰约束特性。

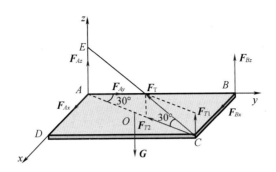

图 3-22 均质等厚板受力图

解 取矩形板 $ABCD$ 为研究对象,板所受的主动力为重力 $\boldsymbol{G}$,大小为 10×9.8 N,作用于板的质心 O 点;根据铰的性质,A 处球铰的约束反力为 $\boldsymbol{F}_{Ax}$、$\boldsymbol{F}_{Ay}$、$\boldsymbol{F}_{Az}$,B 处蝶铰的约束反力为 $\boldsymbol{F}_{Bx}$、$\boldsymbol{F}_{Bz}$。

将绳索拉力 $\boldsymbol{F}_T$ 分解,得到平行于 z 轴的分力 $\boldsymbol{F}_{T1}$ 和位于平面 Axy 内的分力 $\boldsymbol{F}_{T2}$,有

$$F_{T1} = F_T \sin 30°$$

$$F_{T2} = F_T \cos 30°$$

进而得到

$$\begin{cases} F_{Tx} = -F_{T2}\sin 30° = -F_T\cos 30°\sin 30° \\ F_{Ty} = -F_{T2}\cos 30° = -F_T\cos^2 30° \\ F_{Tz} = F_{T1} = F_T\sin 30° \end{cases}$$

列写平衡方程,求解未知力,由式(3-35)得

$$\sum F_x = 0, F_{Ax} + F_{Bx} + F_{Tx} = 0 \quad F_{Ax} + F_{Bx} - F_T\cos 30°\sin 30° = 0 \quad (3-42)$$

$$\sum F_y = 0, F_{Ay} + F_{Ty} = 0 \quad F_{Ay} - F_T\cos^2 30° = 0 \quad (3-43)$$

$$\sum F_z = 0, F_{Az} + F_{Bz} - G + F_{Tz} = 0 \quad F_{Az} + F_{Bz} - G + F_T\sin 30° = 0 \quad (3-44)$$

$$\sum M_x(F) = 0, F_{Bz}a + F_{Tz}a - G\frac{a}{2} = 0 \quad F_{Bz}a + F_T\sin 30°a - G\frac{a}{2} = 0$$

$$(3-45)$$

$$\sum M_y(F) = 0, G\frac{b}{2} - F_{Tz}b = 0, \frac{G}{2} - F_T\sin 30° = 0 \quad (3-46)$$

$$\sum M_z(F) = 0, -F_{Bx}a = 0 \quad F_{Bx} = 0 \quad (3-47)$$

由式(3-46)得

$$F_T = G = 98 \text{ N} \quad (3-48)$$

将式(3-48)代入式(3-45)得

$$F_{Bz} = 0 \quad (3-49)$$

将式(3-48)代入式(3-43)得

$$F_{Ay} = 73.5 \text{ N}$$

将式(3-48)、式(3-49)代入式(3-44)得

$$F_{Az} = 49 \ \text{N}$$

将式(3-47)、式(3-48)代入式(3-42)得

$$F_{Ax} = F_{T}\cos 30° \sin 30° = 42.4 \ \text{N}$$

习　题

3-1　如图3-23所示,铆接薄钢板在孔A、B、C三点受力作用,已知$F_1 = 200 \ \text{N}$,$F_2 = 100 \ \text{N}$,$F_3 = 100 \ \text{N}$。试求此汇交力系的合力F_R。

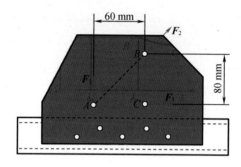

图3-23　铆接薄钢板

3-2　一折杆承受力和力偶的作用,如图3-24所示,若已知:$F_{p1} = 30 \ \text{N}$,$F_{p2} = 85 \ \text{N}$,$F_{p3} = 25 \ \text{N}$,$F_{p4} = 50 \ \text{N}$,$M_1 = 2 \ \text{N} \cdot \text{m}$,$M_2 = 4 \ \text{N} \cdot \text{m}$。其他尺寸如图3-24所示,求将所有的力向$A$点简化的结果。

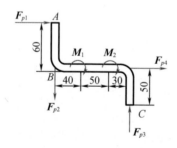

图3-24　折杆受力图(单位:mm)

3-3　如图3-25所示,已知大圆轮半径为R,小圆轮半径为r,在小圆轮最右侧B点处受一力F的作用。试计算力F对大圆轮与地面接触A点的矩。

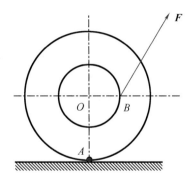

图 3 – 25 习题 3 – 3 图

3 – 4 如图 3 – 26 所示,在直角折杆 *AB* 上作用一矩为 *M* 的力偶。若不计各构件自重,试求铰支座 *A* 和 *C* 的约束力。

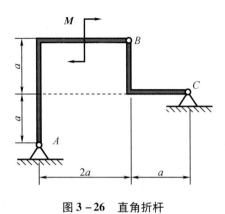

图 3 – 26 直角折杆

3 – 5 试求图 3 – 27 中梁的支座反力,杆件自重不计。已知 $F = 6$ kN,$q = 2$ kN/m,$M = 2$ kN·m,$l = 2$ m,$a = 1$ m。

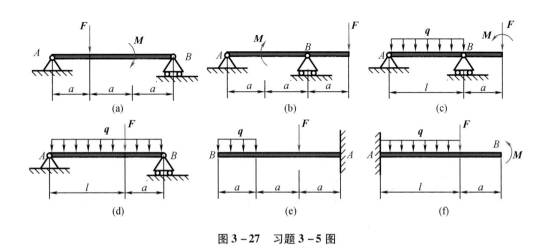

图 3 – 27 习题 3 – 5 图

3-6 已知 F、a，且 $M = Fa$，杆件自重不计，试求图 3-28 所示各梁的支座约束力。

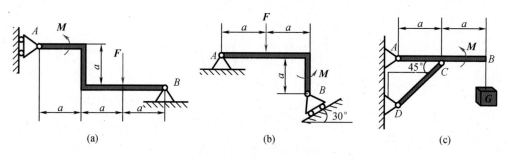

(a)　　　　　　　　　　(b)　　　　　　　　　　(c)

图 3-28　习题 3-6 图

3-7 如图 3-29 所示机构，套筒 A 穿过摆杆 O_1B，用销子连接在曲柄 OA 上。已知 OA 长为 r，其上作用有矩为 M_1 的力偶。在图示位置，$\theta = 30°$，机构平衡。试求作用于摆杆 O_1B 上的力偶矩 M_2（不计各构件自重和各处摩擦）。

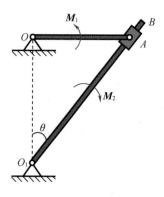

图 3-29　习题 3-7 图

3-8 如图 3-30 所示，重 $G = 5 \, \text{kN}$ 的电机放在水平梁 AB 的中央，梁的 A 端受固定铰支座的约束，B 端以撑杆 BC 支持。若不计梁与撑杆自重，试求铰支座 A 处的约束力以及撑杆 BC 所受的力。

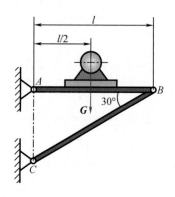

图 3-30　习题 3-8 图

3-9　图 3-31 所示自重 $G = 160$ kN 的水塔固定在钢架上，A 为固定铰链支座，B 为活动铰链支座，若水塔左侧面受风压为均布载荷 $q = 16$ kN/m，为保证水塔平衡，试求钢架 A、B 的最小间距。

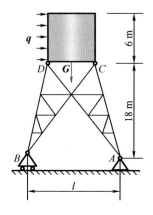

图 3-31　水塔示意图

3-10　如图 3-32 所示，三根杆 AB、AC、AD 铰接于点 A，在点 A 悬挂一重力为 G 的物体。AB 与 AC 相互垂直且长度相等，$\angle OAD = 30°$，若 $G = 1\,000$ N，不计杆件自重，试求各杆所受的力。

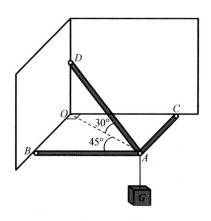

图 3-32　习题 3-10 图

3-11　支承于两个径向轴承 A、B 的传动轴如图 3-33 所示。已知圆柱直齿轮的节圆直径 $d = 173$ mm，压力角 $\alpha = 20°$；在法兰盘上作用一力偶，其力偶矩 $M = 1\,030$ N·m。若不计轮轴自重和摩擦，试求传动轴匀速转动时 A、B 两轴承的约束力以及齿轮所受的啮合力 F。

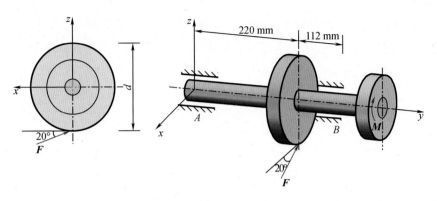

图 3 - 33　习题 3 - 11 图

第4章 平衡方程的应用

4.1 静定问题及刚体系统平衡

4.1.1 静定与静不定问题

在刚体静力学中,当研究单个刚体或刚体系统的平衡问题时,对应于每一种力系的独立平衡方程的数目是一定的(表4-1),因此当研究的问题未知量的数目等于或少于独立平衡方程的数目时,则所有未知量都能由平衡方程求出,这样的问题称为静定问题。若未知量的数目多于独立平衡方程的数目,则未知量不能全部由平衡方程求出,这样的问题称为静不定问题(或称超静定问题),而总的未知量数与独立的平衡方程数两者之差称为静不定次数。图4-1所示的平衡问题中,已知作用力 F,当求两个杆的内力(图4-1(a)(b))或两个支座的约束反力(图4-1(c))时,这些问题都属于静定问题;但是工程中为了提高可靠度,有时采用图4-2所示系统,即图4-1(a)(b)中增加1根杆(图4-2(a)(b)),图4-1(c)增加1个滚轴支座(图4-2(c)),这样未知力数目均增加了1个,而系统独立的方程数不变,这样这些问题就变成了一次静不定问题。

表4-1 各种力系的独立方程数

力系名称	平面任意力系	平面汇交力系	平面平行力系	平面力偶系	空间任意力系
独立方程数	3	2	2	1	6

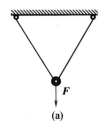 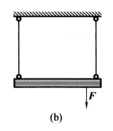 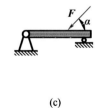

图4-1 静定问题

静不定问题仅用刚体静力平衡方程是不能完全解决的,需要把物体作为变形体,考虑作用于物体上的力与变形的关系,再列出补充方程来解决。关于静不定问题的求解,已超出了本章所研究的范围。

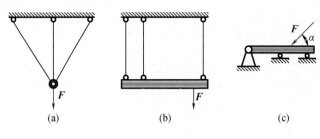

图 4 - 2　静不定问题

4.1.2　刚体系统的平衡问题

由若干个物体通过约束联系所组成的系统称为物体系统,简称为物系。本书讨论刚体静力学,将物体视为刚体,所以物体系统也称为刚体系统。当整个系统平衡时,则组成该系统的每一个刚体也都平衡,因此研究这类问题时,既可取系统中的某一个物体为分离体,也可以取几个物体的组合或取整个系统为分离体。

一旦取出分离体后,该分离体以外物体对于这个分离体作用的力称为外力,分离体系统内各物体间相互作用的力称为内力。

在研究刚体系统的平衡问题时,不仅要分析外界物体对于这个系统作用的力(外力),有时还需要分析系统内各物体间相互作用的力(内力)。由于内力总是成对出现的,因此当取整个系统为研究对象时,可不考虑其内力。但是内力和外力的概念又是相对的,当研究刚体系统中某一刚体或某一部分的平衡时,刚体系统中的其他刚体或其他部分对所研究刚体或部分的作用力就成为外力,必须予以考虑。

在选择分离体列平衡方程时,应尽可能避免解联立方程。对于 n 个刚体组成的系统,在平面任意力系作用下,可以列出 $3n$ 个独立平衡方程。若系统中的刚体受到平面汇交力系或平面平行力系作用时,则独立平衡方程的总数目将相应地减少(表 4 - 1)。

下面通过实例来说明各类物体系统平衡问题的解法。

【例 4 - 1】　一管道支架尺寸如图 4 - 3 所示,设大管道所受重力 $G_1 = 12.0$ kN,小管道所受重力 $G_2 = 7.0$ kN,不计支架自重,求支座 A、C 处约束反力。

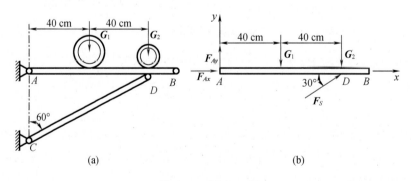

图 4 - 3　例 4 - 1 图

解 如果仅考察整个系统的平衡,则按照约束性质,A、C 处各有 2 个未知力,而独立的平衡方程只有 3 个,所以为求解需要取部分为研究对象。

考察 AB 杆,由于不计各杆的重力,所以 CD 杆为二力杆,CD 杆对 AB 杆的作用力为 $\boldsymbol{F}_S$(图 4-3(b)),作用在 AB 杆上的还有主动力 $\boldsymbol{G}_1$、$\boldsymbol{G}_2$,支座 A 的约束反力为 $\boldsymbol{F}_{Ax}$、$\boldsymbol{F}_{Ay}$,共 5 个力。

选择 Axy 坐标系,由平衡方程式(3-20)得

$$\sum_{i=1}^{n} M_A(F_i) = 0, 0.8F_S\sin 30° - 0.4G_1 - 0.8G_2 = 0$$

$$\sum_{i=1}^{n} F_{ix} = 0, F_{Ax} + F_S\cos 30° = 0$$

$$\sum_{i=1}^{n} F_{iy} = 0, F_{Ay} - G_1 - G_2 + F_S\sin 30° = 0$$

解上述方程,得

$$F_s = G_1 + 2G_2 = 26.0 \text{ kN}$$

$$F_{Ax} = -F_S\cos 30° = -22.5 \text{ kN}(负号说明 \boldsymbol{F}_{Ax} 实际指向与假设方向相反)$$

$$F_{Ay} = G_1 + G_2 - F_S\sin 30° = 6.0 \text{ kN}$$

根据牛顿第三定律,CD 杆在 D 点所受的力 $\boldsymbol{F}'_S$ 与 $\boldsymbol{F}_S$ 等值、反向,由 CD 杆的平衡条件可知,支座 C 处的约束反力 $F_C = F'_S = F_S = 26.0 \text{ kN}$,指向 D 点。

【例4-2】 多跨静定梁由 AB 梁和 BC 梁用中间铰 B 连接而成,支承和荷载情况如图 4-4(a)所示,已知 $F = 20 \text{ kN}$,$q = 5 \text{ kN/m}$,$\alpha = 45°$。求支座 A、C 的反力和中间铰 B 处的内力。

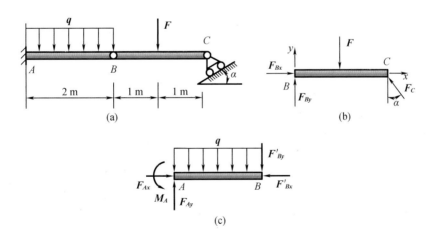

图 4-4 例 4-2 图

解 静定多跨梁往往是由几个部分梁组成,主要包括基本部分和附属部分。基本部分是指单靠本身就能承受载荷并保持平衡的部分梁;附属部分是指单靠本身不能承受载荷并保持平衡的部分梁。本题 AB 梁是基本部分,而 BC 梁是附属部分。这类问题的求解,通常是先讨论附属部分,再计算基本部分。

先取附属部分即 BC 梁为研究对象,受力图如图 $4-4(b)$ 所示,由平衡方程可得

$$-F \cdot 1 + F_C \cos \alpha \cdot 2 = 0, F_C = \frac{F}{2\cos \alpha} = \frac{20}{2 \times \cos 45°} = 14.1 \text{ kN}$$

$$F_{Bx} - F_C \sin \alpha = 0, F_{Bx} = F_C \sin \alpha = 14.1 \times \sin 45° = 10.0 \text{ kN}$$

$$F_{By} - F + F_C \cos \alpha = 0, F_{By} = F - F_C \cos \alpha = 20 - 14.1 \times \cos 45° = 10.0 \text{ kN}$$

再取 AB 梁为研究对象,受力图如图 $4-4(c)$ 所示,由平衡方程(3-20)得

$$\sum_{i=1}^{n} M_A(F_i) = 0, M_A - \frac{1}{2}q \cdot 2^2 - F'_{By} \cdot 2 = 0 \tag{4-1}$$

$$\sum_{i=1}^{n} F_{ix} = 0, F_{Ax} - F'_{Bx} = 0 \tag{4-2}$$

$$\sum_{i=1}^{n} F_{iy} = 0, F_{Ay} - 2q - F'_{By} = 0 \tag{4-3}$$

由牛顿第三定律可得 $F'_{Bx} = F_{Bx} = 10.0 \text{ kN}$, $F'_{By} = F_{By} = 10.0 \text{ kN}$,代入式(4-1)、式(4-2)、式(4-3),解得

$$M_A = 2q + 2F'_{By} = 2 \times 5 + 2 \times 10 = 30 \text{ kN} \cdot \text{m}$$

$$F_{Ax} = F'_{Bx} = 10 \text{ kN}$$

$$F_{Ay} = 2q + F'_{By} = 2 \times 5 + 10 = 20 \text{ kN}$$

【例4-3】 图 $4-5(a)$ 所示多跨静定梁结构由两根梁在 B 处用铰链连接,各梁长均为 $2l$。已知其上作用有集中力偶 M 及集度为 q 的均布载荷。试画出 AB 梁、BC 梁受力图,并求支座 A、C 处的约束反力,以及铰链 B 受到的力。

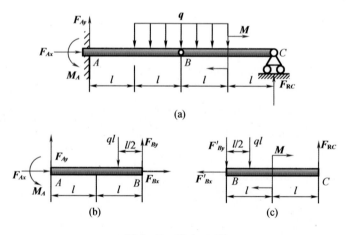

图 4-5 例 4-3 图

解 (1)按照约束性质,画出图 $4-5(a)$ 所示的整体受力图,由于未知力 F_{Ax}、F_{Ay}、M_A、F_{RC} 共有 4 个,而只有 3 个独立的平衡方程,所以仅考察整体平衡不能求得全部约束反力。

将系统分为基本部分 AB 和附属部分 BC,将两部分受到的均布载荷分别等效为集中力,大小为 ql,得到受力图 $4-5(b)(c)$。

（2）取附属部分即 BC 梁为研究对象，列写平衡方程：

$$\sum_{i=1}^{n} M_B(F_i) = 0, F_{RC} \cdot 2l - M - \frac{ql^2}{2} = 0$$

$$\sum_{i=1}^{n} F_{ix} = 0, F'_{Bx} = 0$$

$$\sum_{i=1}^{n} F_{iy} = 0, -F'_{By} - ql + F_{RC} = 0$$

解得 $F_{RC} = \frac{M}{2l} + \frac{ql}{4}, F'_{By} = F_{RC} - ql = \frac{M}{2l} - \frac{3ql}{4}$。

（3）取整体为研究对象，列写平衡方程：

$$\sum_{i=1}^{n} M_A(F_i) = 0, M_A + F_{RC} \cdot 4l - M - 2ql \cdot 2l = 0$$

$$\sum_{i=1}^{n} F_{ix} = 0, F_{Ax} = 0$$

$$\sum_{i=1}^{n} F_{iy} = 0, F_{Ay} + F_{RC} - 2ql = 0$$

解得 $M_A = 3ql^2 - M, F_{Ay} = \frac{7}{4}ql - \frac{M}{2l}$。

【例 4 - 4】　一构架由杆 AB 和 BC 所组成，载荷 $F = 40$ kN，如图 4 - 6(a) 所示。已知 $AD = DB = 1.0$ m，$AC = 2.0$ m，滑轮半径均为 0.3 m，不计滑轮重和杆重，求铰链 A 和 C 处的约束反力。

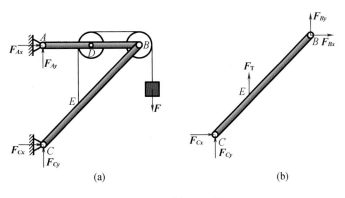

(a)　　　　　　　　　　　(b)

图 4 - 6　例 4 - 4 图

解　此构架不能分为基本部分和附属部分，我们首先取整个系统研究，列平衡方程求得部分未知量，或建立未知量之间的关系式。之后取分体研究，以求出全部未知量。

（1）取整体为研究对象，受力图如图 4 - 6(a) 所示，由力矩平衡方程可得

$$\sum_{i=1}^{n} M_C(F_i) = 0, -F_{Ax} \cdot 2 - F \cdot 2.3 = 0$$

$$\sum_{i=1}^{n} F_{ix} = 0, F_{Ax} + F_{Cx} = 0$$

$$\sum_{i=1}^{n} F_{iy} = 0, F_{Ay} + F_{Cy} - F = 0 \qquad (4-4)$$

求解上述方程可得 $F_{Ax} = -46$ kN(负号表示 $\boldsymbol{F}_{Ax}$ 实际指向与图示相反), $F_{Cx} = -F_{Ax} = 46$ kN。

(2)再取 BC 杆研究,受力如图 $4-6$(b)所示,由定滑轮的性质可知 $\boldsymbol{F}_T = \boldsymbol{F}$,由力矩平衡方程 $\sum_{i=1}^{n} M_B(\boldsymbol{F}_i) = 0$ 得

$$-F_T \cdot 1.3 - F_{Cy} \cdot 2 + F_{Cx} \cdot 2 = 0$$

求得 $F_{Cy}^* = 20$ kN,代入式(4-4)得

$$F_{Ay} = F - F_{Cy} = 20 \text{ kN}$$

【例 $4-5$】 图 $4-7$(a)所示结构中, $AD = DB = 2.0$ m, $CD = DE = 1.5$ m, $F_p = 160$ kN。不计滑轮和各个杆的重力,试求支座 A、B 的约束反力及 BC 杆的内力。

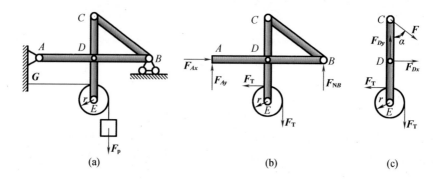

图 $4-7$ 例 $4-5$ 图

解 (1)取整个系统为研究对象,按照约束的性质画出 A、B 处的约束反力,如图 $4-7$(b)所示。由定滑轮的性质可知 $\boldsymbol{F}_T = \boldsymbol{F}_p$。由平衡方程式(3-20)得

$$\sum_{i=1}^{n} M_A(\boldsymbol{F}_i) = 0, \quad F_{NB} \times AB - F_T \cdot (AD + r) - F_T \cdot (DE - r) = 0$$

$$\sum_{i=1}^{n} F_{ix} = 0, F_{Ax} - F_T = 0$$

$$\sum_{i=1}^{n} F_{iy} = 0, F_{Ay} + F_{NB} - F_T = 0$$

解得支座 B、A 的约束反力

$$F_{NB} = \frac{F_T(AD + DE)}{AB} = \frac{160 \times (2 + 1.5)}{4} - 140 \text{ kN}$$

$$F_{Ax} = F_T = 160 \text{ kN}, F_{Ay} = F_T - F_{NB} = 160 - 140 = 20 \text{ kN}$$

(2)为求 BC 杆内力 $\boldsymbol{F}$,取 CDE 杆连同滑轮为分离体,画受力图 $4-7$(c),列平衡方程:

$$\sum_{i=1}^{n} M_D(\boldsymbol{F}_i) = 0, -F\sin\alpha \cdot CD - F_T \cdot (DE - r) - F_T r = 0$$

$$\sin\alpha = \frac{DB}{CB} = \frac{2}{\sqrt{1.5^2 + 2^2}} = 0.8$$

解得 BC 杆内力

$$F = -\frac{F_{\mathrm{T}} \times DE}{\sin \alpha \cdot CD} = -200 \text{ kN}（负值表示 BC 杆受压力）$$

【**例 4 – 6**】　图 4 – 8(a)所示曲柄连杆机构由活塞、连杆、曲柄和飞轮组成。已知飞轮所受重力为 G，曲柄 OA 长 r，连杆 AB 长 l，当曲柄 OA 在铅垂位置时系统平衡，作用于活塞 B 上的总压力为 F，不计活塞、连杆和曲柄的重力，求阻力偶矩 M、轴承 O 的反力。

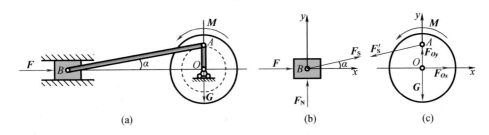

图 4 – 8　例 4 – 6 图

解　本题的刚体系统由曲轴(连飞轮)、连杆和活塞组成，其特点是系统的构件是可动的，主动力与阻力之间要满足一定关系才能平衡。通常解这类问题是从受已知力作用的构件开始，依传动顺序选取研究对象，逐个求解。本题中连杆 AB 为二力杆。

(1)以活塞 B 为研究对象，受力图如图 4 – 8(b)所示，由平衡方程 $\sum_{i=1}^{n} F_{ix} = 0$，得

$$F + F_{\mathrm{S}}\cos \alpha = 0, F_{\mathrm{S}} = -\frac{F}{\cos \alpha} = -\frac{Fl}{\sqrt{l^2 - r^2}}$$

计算结果 F_{S} 为负值，说明 F_{S} 的实际指向与所设相反，即连杆 AB 受压力。由平衡方程 $\sum_{i=1}^{n} F_{iy} = 0$，得

$$F_{\mathrm{N}} + F_{\mathrm{S}}\sin \alpha = 0, F_{\mathrm{N}} = -F_{\mathrm{S}}\sin \alpha = -\left(-\frac{Fl}{\sqrt{l^2 - r^2}}\right)\frac{r}{l} = \frac{Fr}{\sqrt{l^2 - r^2}}$$

(2) 取飞轮为研究对象，受力图如图 4 – 8(c)所示，列平衡方程如下：

$$\sum_{i=1}^{n} M_O(F_i) = 0, rF_{\mathrm{S}}'\cos \alpha + M = 0 \tag{4-5}$$

$$\sum_{i=1}^{n} F_{ix} = 0, -F_{\mathrm{S}}'\cos \alpha + F_{Ox} = 0 \tag{4-6}$$

$$\sum_{i=1}^{n} F_{iy} = 0, -F_{\mathrm{S}}'\sin \alpha + F_{Oy} - G = 0 \tag{4-7}$$

由于 $F_{\mathrm{S}}' = F_{\mathrm{S}}$，解方程式(4 – 5)、方程式(4 – 6)、方程式(4 – 7)，得

$$F_{Ox} = F_{\mathrm{S}}'\cos \alpha = -F$$

$$F_{Oy} = G + F_{\mathrm{S}}'\sin \alpha = G - \frac{Fr}{\sqrt{l^2 - r^2}}$$

$$M = -F_{\mathrm{S}}'r\cos \alpha = Fr$$

【例 4 - 7】 三铰刚架结构尺寸如图 4 - 9(a)所示,承受集中力 F_1、F_2 的作用,试求 A、B、C 三个铰的约束反力。

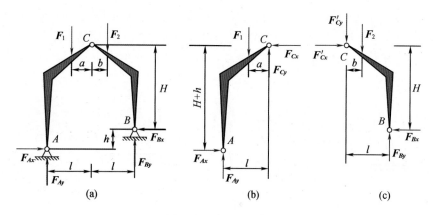

图 4 - 9　例 4 - 7 图

解　画出三铰刚架的整体受力图(图 4 - 9(a)),由于有 4 个未知力,而独立的平衡方程只有 3 个。所以需要对三铰刚架的 AC、BC 部分进行受力分析。

画出刚架 AC 部分受力图,如图 4 - 9(b)所示,由平衡方程式(3 - 20)得

$$\sum_{i=1}^{n} M_A(F_i) = 0, F_{Cx}(H+h) + F_{Cy}l - F_1(l-a) = 0 \tag{4-8}$$

$$\sum_{i=1}^{n} F_{ix} = 0, F_{Ax} - F_{Cx} = 0 \tag{4-9}$$

$$\sum_{i=1}^{n} F_{iy} = 0, F_{Ay} + F_{Cy} - F_1 = 0 \tag{4-10}$$

画出刚架 BC 部分受力图,如图 4 - 9(c)所示,由平衡方程式(3 - 20)得

$$\sum_{i=1}^{n} M_B(F_i) = 0, -F'_{Cx}H + F'_{Cy}l + F_2(l-b) = 0 \tag{4-11}$$

$$\sum_{i=1}^{n} F_{ix} = 0, -F_{Bx} + F'_{Cx} = 0 \tag{4-12}$$

$$\sum_{i=1}^{n} F_{iy} = 0, F_{By} - F'_{Cy} - F_2 = 0 \tag{4-13}$$

由牛顿第三定律可知 $F'_{Cx} = F_{Cx}$,$F'_{Cy} = F_{Cy}$,联立式(4 - 8)、式(4 - 11),解得

$$F_{Cx} = F'_{Cx} = \frac{F_1(l-a) + F_2(l-b)}{2H+h}$$

$$F_{Cy} = F'_{Cy} = \frac{F_1(l-a)H - F_2(l-b)(H+h)}{l(2H+h)}$$

将上述结果代入式(4 - 9)、式(4 - 10)、式(4 - 12)、式(4 - 13),得

$$F_{Ax} = F_{Bx} = F_{Cx} = \frac{F_1(l-a) + F_2(l-b)}{2H+h}$$

$$F_{Ay} = \frac{F_1[(l+a)H + hl] + F_2(l-b)(H+h)}{l(2H+h)}$$

$$F_{By} = \frac{F_1(l-a)H + F_2\big[(l+b)H + bh\big]}{l(2H+h)}$$

本题如果 A、B 二支座高度相同,即 $h=0$,则可以在三铰刚架整体分析时,通过取 A、B 点为力矩中心,使力矩平衡方程 $\sum\limits_{i=1}^{n} m_A(F_i) = 0$、$\sum\limits_{i=1}^{n} m_B(F_i)$ 中均只含有垂直方向的一个未知反力,从而求出 F_{Ay}、F_{By}。但是水平方向的两个未知约束反力 F_{Ax}、F_{Bx} 只能通过分析三铰刚架的 AC、BC 部分求得。

4.2 平面静定桁架的内力计算

桁架是工程中常见的一种杆系结构,它是由若干直杆在其两端用铰链连接而成的几何形状不变的结构。桁架中各杆件的连接处称为节点。由于桁架结构受力合理,使用材料比较经济,因而在工程实际中被广泛采用。房屋的屋架、桥梁(图 4 – 10)、高压输电塔、电视塔、修建高层建筑用的塔吊等便是例子。

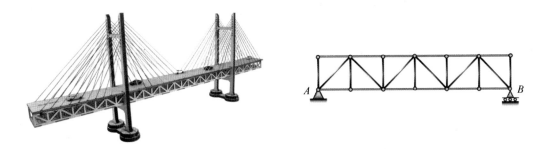

图 4 – 10 桥梁桁架

杆件轴线都在同一平面内的桁架称为平面桁架(如一些屋架、桥梁桁架等),否则称为空间桁架(如输电铁塔、电视发射塔等)。本节只讨论平面桁架的基本概念和初步计算,有关桁架的详细理论可参考《结构力学》课本。在平面桁架计算中,通常引用如下假定:

- 组成桁架的各杆均为直杆;
- 所有外力(载荷和支座反力)都作用在桁架所处的平面内,且都作用于节点处;
- 组成桁架的各杆件彼此都用光滑铰链连接,杆件自重不计,桁架的每根杆件都是二力杆。

满足上述假定的桁架称为理想桁架,实际的桁架与上述假定是有差别的,如钢桁架结构的节点为铆接或焊接,钢筋混凝土桁架结构的节点是有一定刚性的整体节点,它们都有一定的弹性变形,杆件的中心线也不可能是绝对直的,但上述三点假定已反映了实际桁架的主要受力特征,其计算结果可满足工程实际的需要。

分析静定平面桁架内力的基本方法有节点法和截面法,下面分别予以介绍。

4.2.1 节点法

因为桁架中各杆都是二力杆,所以每个节点都受到平面汇交力系的作用,为计算各杆内力,可以逐个地取节点为研究对象,分别列出平衡方程,即可由已知力求出全部杆件的内力,这就是节点法。由于平面汇交力系只能列出两个独立平衡方程,所以应用节点法往往从只含两个未知力的节点开始计算。

【例 4 - 8】 平面桁架的受力及尺寸如图 4 - 11(a)所示,试求桁架各杆的内力。

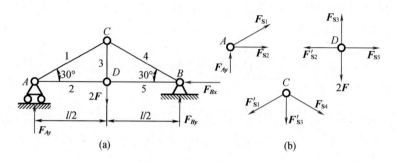

图 4 - 11 例 4 - 8 图

解 (1)求桁架的支座反力

以整体桁架为研究对象,桁架受主动力 $2F$ 以及约束反力 F_{Ay}、F_{By}、F_{Bx} 作用,列平衡方程并求解,得

$$\sum_{i=1}^{n} M_B(F_i) = 0, 2F \cdot \frac{l}{2} - F_{Ay}l = 0$$

$$\sum_{i=1}^{n} F_{ix} = 0, F_{Bx} = 0$$

$$\sum_{i=1}^{n} F_{iy} = 0, F_{Ay} + F_{By} - 2F = 0$$

求解得 $F_{Ay} = F, F_{By} = F, F_{Bx} = 0$。

(2)求各杆件的内力

设各杆均承受拉力,若计算结果为负,表示杆实际受压力。设想将杆件截断,取出各节点为研究对象,作 A、D、C 节点受力图(图 4 - 11(b)),其中 $F'_{S1} = F_{S1}$,$F'_{S2} = F_{S2}$,$F'_{S3} = F_{S3}$。

平面汇交力系的平衡方程只能求解两个未知力,故首先从只含两个未知力的节点 A 开始,逐次列出各节点的平衡方程,求出各杆内力。

节点 A:

$$\sum_{i=1}^{n} F_{iy} = 0, F_{Ay} + F_{S1}\sin 30° = 0, F_{S1} = -2F_{Ay} = -2F(压)$$

$$\sum_{i=1}^{n} F_{ix} = 0, F_{S2} + F_{S1}\cos 30° = 0, F_{S2} = -0.866F_{S1} = 1.73F(拉)$$

节点 D:

$$\sum_{i=1}^{n} F_{ix} = 0, -F'_{S2} + F_{S5} = 0, F_{S5} = F'_{S2} = F_{S2} = 1.73F(拉)$$

$$\sum_{i=1}^{n} F_{iy} = 0, F_{S3} - 2F = 0, F_{S3} = 2F(拉)$$

节点 C：

$$\sum_{i=1}^{n} F_{ix} = 0, -F'_{S1}\sin 60° + F_{S4}\sin 60° = 0, F_{S4} = F'_{S1} = -2F(压)$$

至此已经求出各杆内力,节点 C 的另一个平衡方程可用来校核计算结果:

$$\sum_{i=1}^{n} F_{iy} = 0, -F'_{S1}\cos 60° - F_{S4}\cos 60° - F'_{S3} = 0$$

各杆内力计算结果见表4-2。

表4-2　例4-8计算结果

杆号	1	2	3	4	5
内力	$-2F$	$1.73F$	$2F$	$-2F$	$1.73F$

【例4-9】 试求图4-12(a)所示的平面桁架中各杆件的内力,已知 $\alpha = 30°$, $G = 40$ kN。

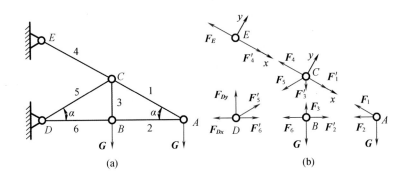

图4-12　例4-9图

解 (1)画出各节点受力图,如图4-12(b)所示,其中 $F'_i = F_i (i = 1, 2, \cdots, 6)$。各点未知力个数、平衡方程数见表4-3。由于 A 点的平衡方程数与未知力个数相等,所以首先讨论 A 点。

表4-3　未知力个数、平衡方程数

节点	A	B	C	D	E
未知力个数	2	3	4	4	2
平衡方程数	2	2	2	2	1

(2)逐个取节点,列平衡方程并求解。

节点 A：

$$\sum_{i=1}^{n} F_{iy} = 0, F_1 \sin 30° - G = 0, F_1 = \frac{G}{\sin 30°} = 80 \text{ kN(拉)}$$

$$\sum_{i=1}^{n} F_{ix} = 0, -F_1 \cos 30° - F_2 = 0, F_2 = -F_1 \cos 30° = -69.2 \text{ kN(压)}$$

节点 B：

$$\sum_{i=1}^{n} F_{iy} = 0, F_3 - G = 0, F_3 = G = 40 \text{ kN(拉)}$$

$$\sum_{i=1}^{n} F_{ix} = 0, F'_2 - F_6 = 0, F_6 = F'_2 = -69.2 \text{ kN(压)}$$

节点 C：

$$\sum_{i=1}^{n} F_{iy} = 0, -F_5 \cos 30° - F_3 \cos 30° = 0, F_5 = -F_3 = -40 \text{ kN(压)}$$

$$\sum_{i=1}^{n} F_{ix} = 0, F'_1 - F_4 + F'_3 \cos 60° - F_5 \cos 60° = 0$$

$$F_4 = F'_1 + F'_3 \cos 60° - F_5 \cos 60°$$

$$= 80 + 40\cos 60° - (-40)\cos 60°$$

$$= 120 \text{ kN(拉)}$$

各杆内力计算结果见表 4-4。

表 4-4　各杆内力计算结果

杆号	1	2	3	4	5	6
内力/kN	80	-69.2	40	120	-40	-69.2

4.2.2　截面法

节点法适用于求桁架全部杆件内力的场合。如果只要求计算桁架内某几个杆件所受的内力,则可采用截面法。这种方法是适当地选择一截面,在需要求解其内力的杆件处假想地把桁架截为两部分,然后考虑其中任一部分的平衡,应用平面任意力系平衡方程求出这些被截断杆件的内力。

【例 4-10】　如图 4-13(a)所示的平面桁架,各杆件的长度都等于 1.0 m,在节点 E 上作用荷载 $F_1 = 21$ kN,在节点 G 上作用荷载 $F_2 = 15$ kN,试计算杆 1,2,3 的内力。

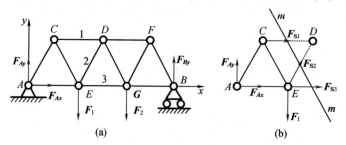

(a) 　　　　　　　　(b)

图 4-13　例 4-10 图

解 （1）求支座反力

以整体桁架为研究对象，受力图如图 4 – 13（a）所示，列平衡方程：

$$\sum_{i=1}^{n} M_A(F_i) = 0, F_{By} \cdot 3 - F_1 \cdot 1 - F_2 \cdot 2 = 0$$

$$\sum_{i=1}^{n} F_{ix} = 0, F_{Ax} = 0$$

$$\sum_{i=1}^{n} F_{iy} = 0, F_{Ay} + F_{By} - F_1 - F_2 = 0$$

解得

$$F_{By} = \frac{F_1 + 2F_2}{3} = 17 \text{ kN}, F_{Ay} = F_1 + F_2 - F_{By} = 19 \text{ kN}$$

（2）求杆 1，2，3 的内力

作截面 m—m 假想将此三杆截断，并取桁架的左半部分为研究对象，设所截三杆都受拉力，这部分桁架的受力图如图 4 – 13（b）所示。列平衡方程：

$$\sum_{i=1}^{n} M_E(F_i) = 0, -F_{S1} \cdot 1 \cdot \sin 60° - F_{Ay} \cdot 1 = 0$$

$$\sum_{i=1}^{n} M_D(F_i) = 0, F_1 \cdot 0.5 + F_{S3} \cdot 1 \cdot \sin 60° - F_{Ay} \cdot 1.5 = 0$$

$$\sum_{i=1}^{n} F_{iy} = 0, F_{Ay} + F_{S2} \cdot \sin 60° - F_1 = 0$$

解得

$$F_{S1} = -\frac{F_{Ay}}{\sin 60°} = -21.9 \text{ kN（压）}$$

$$F_{S2} = \frac{F_1 - F_{Ay}}{\sin 60°} = 2.3 \text{ kN（拉）}$$

$$F_{S3} = \frac{1.5F_{Ay} - 0.5F_1}{\sin 60°} = 20.8 \text{ kN（拉）}$$

如果选取桁架的右半部分为研究对象，可得到相同的计算结果。

【例 4 – 11】 平面桁架结构尺寸如图 4 – 14（a）所示，试计算杆 1，2，3 的内力。

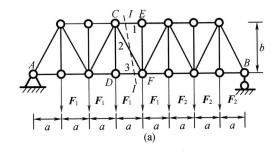

(a)

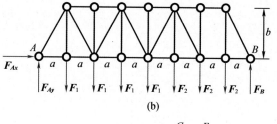

(b)

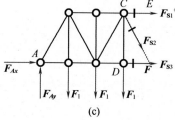

(c)

图 4 – 14   例 4 – 11 图

解　（1）求支座反力

以整体桁架为研究对象,受力图如图 4 – 14(b)所示,列平衡方程如下:

$$\sum_{i=1}^{n} M_A(F_i) = 0$$

$$F_B \cdot 8a - F_1 \cdot a - F_1 \cdot 2a - F_1 \cdot 3a - F_1 \cdot 4a - F_2 \cdot 5a - F_2 \cdot 6a - F_2 \cdot 7a = 0$$

$$\sum_{i=1}^{n} F_{ix} = 0, F_{Ax} = 0$$

$$\sum_{i=1}^{n} F_{iy} = 0, F_{Ay} + F_B - 4F_1 - 3F_2 = 0$$

解得

$$F_B = \frac{10F_1 + 18F_2}{8} = \frac{5F_1 + 9F_2}{4}, F_{Ay} = -F_B + 4F_1 + 3F_2 = \frac{11F_1 + 3F_2}{4}$$

（2）求杆 1,2,3 的内力

作截面 I—I 假想将杆 1,2,3 截断,并取桁架的左半部分为研究对象,设所截三杆都受拉力,这部分桁架的受力图如图 4 – 14(c)所示。列平衡方程如下:

$$\sum_{i=1}^{n} M_F(F_i) = 0, \ -F_{S1}b - F_{Ay} \cdot 4a + F_1 \cdot a + F_1 \cdot 2a + F_1 \cdot 3a = 0$$

$$\sum_{i=1}^{n} M_C(F_i) = 0, F_{S3}b - F_{Ay} \cdot 3a + F_1 \cdot a + F_1 \cdot 2a = 0$$

$$\sum_{i=1}^{n} F_{iy} = 0, F_{Ay} - 3F_1 - F_{S2}\frac{b}{\sqrt{a^2 + b^2}} = 0$$

解得

$$F_{S1} = -\frac{a}{b}(5F_1 + 3F_2)（压）$$

$$F_{S2} = \frac{\sqrt{a^2 + b^2}}{4b}(3F - F_1)（拉）$$

$$F_{S3} = \frac{a}{4b}(21F_1 + 9F_2) \, (\text{拉})$$

由上面的两个例子可见,采用截面法求内力时,如果矩心取得恰当,力矩平衡方程中往往仅含一个未知力,求解方便。另外,由于平面任意力系只有三个独立平衡方程,因此作假想截面时,一般每次最多只能截断三根杆件,如果截断的杆件多于三根时,它们的内力一般不能全部求出。

习　　题

4 - 1　图 4 - 15 所示的 6 种情形中哪些是静定问题,哪些是静不定问题?

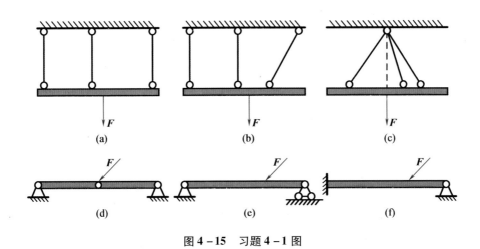

图 4 - 15　习题 4 - 1 图

4 - 2　静定梁的荷载及尺寸如图 4 - 16 所示,其中 $M = pa$,求支座 A、B 处的约束反力。

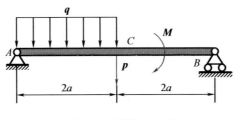

图 4 - 16　习题 4 - 2 图

4 - 3　如图 4 - 17 所示,杆 AB 所受重力为 G、长度为 l,A 端用光滑铰链连接在水平面上,B 端通过绳子系在墙上,各处摩擦均不计,求杆 AB 平衡时 A 处约束力及绳中拉力(α、β 均为已知)。

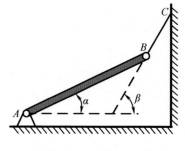

图 4 - 17　习题 4 - 3 图

4 - 4　如图 4 - 18 所示,曲柄连杆机构在图示位置时,$F = 600$ N,试求曲柄 OA 上加多大的力矩 M 才能使机构平衡?

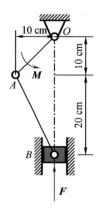

图 4 - 18　习题 4 - 4 图

4 - 5　如图 4 - 19 所示,折梯由两个相同的部分 AC 和 BC 构成,这两部分所受重力分别为 0.1 kN,在 C 点用铰链连接,并用绳子连接 D、E 点,梯子放在光滑的水平地板上,今在销钉 C 上悬挂 $G = 0.5$ kN 的重物,已知 $AC = BC = 4$ m,$DC = EC = 3$ m,$\angle CAB = 60°$,求绳子的拉力和 AC 作用于销钉 C 的力。

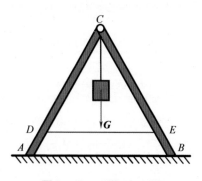

图 4 - 19　习题 4 - 5 图

4 - 6　三脚架如图 4 - 20 所示,$F_p = 20.0$ kN,$r = 0.3$ m,试求支座 A、B 的约束反力。

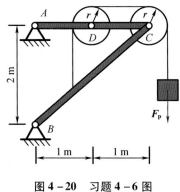

图4-20 习题4-6图

4-7 如图4-21所示,起重机停在水平组合梁板上,载有 $G=10$ kN 的重物,起重机自身所受重力 G_0 为50 kN,其重心位于垂线 EC 上。如不计梁板自重,求 A、B、D 处的约束反力。

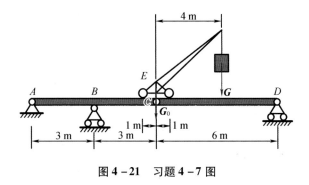

图4-21 习题4-7图

4-8 平面桁架的结构尺寸如图4-22所示,荷载 F 已知,求各杆的内力。

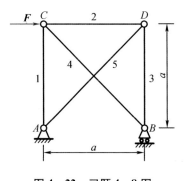

图4-22 习题4-8图

4-9 求图4-23所示桁架中1,2,3各杆的内力,各杆长度均为10 m。

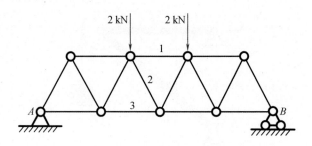

图 4 – 23　习题 4 – 9 图

4 – 10　桁架尺寸如图 4 – 24 所示，主动力 $F = 6$ kN，求桁架中 1，2，3 各杆的内力。

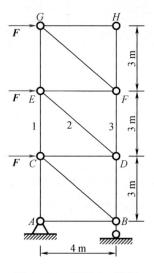

图 4 – 24　习题 4 – 10 图

模块2 材料力学

第5章　材料力学基础概念

工程静力学研究对象为刚体,实际上任何固体受力后均会产生形变,材料力学是研究弹性体构件承载能力的基础学科,其基本任务是:将工程结构和机械中的简单构件简化为一维杆件,计算杆中的应力、变形并研究杆的稳定性,以保证结构能承受预定的载荷;选择适当的材料、截面形状和尺寸,以便设计出既安全又经济的结构构件和机械零件。

在结构承受载荷或机械传递运动时,为保证各构件或机械零件能正常工作,构件和零件必须符合如下要求:一是不发生断裂,即具有足够的强度(构件抵抗破坏的能力);二是构件所产生的弹性变形应不超出工程上允许的范围,即具有足够的刚度(构件抵抗变形的能力);三是在原有形状下的平衡应是稳定平衡,也就是构件不会失去稳定性(构件保持原有平衡形态的能力)。对强度、刚度和稳定性这三方面的要求,有时统称为"强度要求",而材料力学在这三方面对构件所进行的计算和试验,统称为强度计算和强度试验。

为了确保设计安全,通常要求多用材料和用高质量材料;而为了使设计符合经济原则,又要求少用材料和用廉价材料。材料力学的目的之一就在于合理地解决这一矛盾,为实现既安全又经济的设计提供理论依据和计算方法。

5.1　关于材料的假设

实际构件中,材料的结构和性能较为复杂,为便于理论分析,在材料力学中需要对材料做出一些合理的假设。在材料力学中,将研究对象看作均匀、连续且具有各向同性的线性弹性物体,在此基础上对材料进行理论分析,然后结合材料试验数据对理论分析进行针对性改善,指导工程设计。

(1)均匀连续性假设——组成固体的物质内毫无空隙地、均匀地充满了固体的体积;

(2)各向同性假设——材料沿各方向的力学性能均相同;

(3)小变形——构件受力产生的变形量远小于构件的主体尺寸,考察受力稳定问题时可以忽略小变形影响。

5.2　基　础　术　语

5.2.1　外力、内力、截面法

外力是指外部物体对构件的作用力,包括载荷和约束力。外力按作用方式分为体积力和表面力。体积力连续分布于物体内部各点,如物体的重力、磁力和惯性力。表面力作用于物体表面,可分为分布力和集中力。

材料力学中的内力:弹性体在外力作用下产生变形,内部各点相对位置发生改变滋生相互作用力。内力随外力的增大而增大,达到极限时构件损坏,构件强度越大,它能承载的内力越大,越不易损坏。

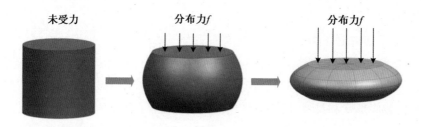

图5-1　弹性体损坏过程

截面法:采用假想截面实现弹性体内力分析的分析方法。下面通过举例分析来了解截面法的具体应用。

【例5-1】　如图5-2所示,圆柱形实心杆在拉力或压力作用下保持平衡,分析实心杆目标位置内力时,在该处取假想截面 $m—m$ 将杆分为Ⅰ、Ⅱ两段,则每段仍处于平衡状态,以此进行假想截面受力分析,即内力分析。

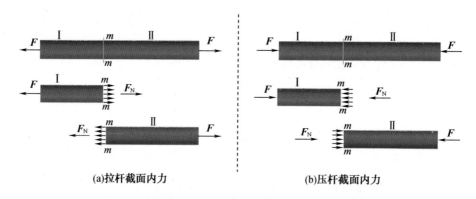

(a)拉杆截面内力　　　　　　　　　　(b)压杆截面内力

图5-2　拉杆与压杆截面内力

对拉杆截面进行受力分析时,以Ⅰ段为例。Ⅰ段仍保持平衡,则其所受合力为0,Ⅰ段左端面受力为 F,方向沿轴向向左,则截面 $m—m$ 上分布的内力合力必须沿杆轴方向,且 $F_N = F$,指向背离截面。同理可分析拉杆Ⅱ段即压杆两段处的截面内力,完成杆件内力分析。

例5-1阐述了截面法在杆件仅受轴向力作用状态下实现内力分析的应用原理,当杆件受力更加复杂时,比如同时受到力矩(弯矩和扭矩)和力的共同作用时,同样可以采取截面法进行内力分析,此时杆件假想截面上的受力情况如图5-3所示。

轴力:沿轴向引起杆件伸长或缩短的力,又分为轴向拉力和轴向压力,如 F_N。

剪力:使截面在本平面处沿径向发生相对错动的力,如 F_{Sy},F_{Sz}。

弯矩:使杆向一侧弯曲的力偶矩,如 M_y、M_z。

扭矩:使杆产生绕轴心扭转变形的力偶矩,如 $\pmb{M}_\mathrm{T}$。

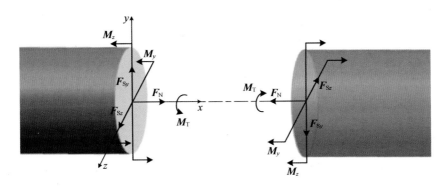

图 5-3　复杂受力杆截面内力

5.2.2　应力、应变、泊松比

1.应力

用截面法确定的内力,是截面上分布内力系的合成结果,这在研究构件强度时是不够的,如图 5-2(a)拉杆,在拉力 $\pmb{F}$ 不变时,不管杆件粗细程度如何变化,截面内力始终不变,当拉力 $\pmb{F}$ 增大时,杆件越细越容易被破坏拉断,因为其截面面积小,截面上内力分布密集程度大。因此,需要引入应力的概念,应力是反应分布内力在一点处的集度。截面内力系分布如图 5-4 所示。

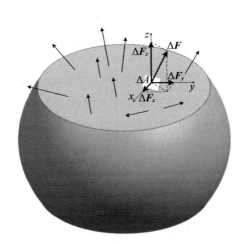

图 5-4　截面内力系分布

由图 5-4 可看出任意实体某截面上的内力系分布情况,以该截面处某一微小面积 ΔA 为研究对象,假设 ΔA 所受合力为 ΔF,可将 ΔF 沿坐标轴分解为三个分量,即 ΔF_x、ΔF_y、ΔF_z,其中 ΔF_z 与截面垂直,ΔF_x、ΔF_y 与截面相切。当 ΔA 足够小无限接近于一个点时,ΔF 各分量与 ΔA 的比值称为应力,用以描述截面上某点内力的集度,其中:

正应力:垂直作用于 ΔA 上的内力的集度称为正应力,用 σ 表示,如

$$\sigma_z = \lim_{\Delta A \to 0} \frac{\Delta F_z}{\Delta A}$$

切应力：与面积 ΔA 相切的内力的集度称为切应力，用 τ 表示，如

$$\tau_{zx} = \lim_{\Delta A \to 0} \frac{\Delta F_x}{\Delta A}$$

$$\tau_{zy} = \lim_{\Delta A \to 0} \frac{\Delta F_y}{\Delta A}$$

应力的单位为 Pa(帕)或 MPa(兆帕)，$1\ \mathrm{MPa} = 10^6\ \mathrm{Pa} = 1\ \mathrm{N/mm^2}$。

2. 应变

同以截面法引入应力的概念相似，弹性体受力而整体变形时，可以将弹性体看作许多微小单元体(简称微元)，弹性体的整体变形也是所有微元变形的叠加，微元的变形与其所受作用力有关。

以长度为 l，直径为 d 的弹性杆件为例，杆件在拉力或压力作用下发生均匀变形。在轴向方向均匀伸长或缩短的量称为杆件轴向绝对变形，用 Δl 表示，$\Delta l = l_1 - l$；同时杆件在横向方向缩短或伸长的量称为杆件横向绝对变形，用 Δd 表示，$\Delta d = d_1 - d$。

因为绝对变形与杆件原尺寸有关，为消除原尺寸的影响，以单位长度的绝对变形来衡量杆件的变形程度，称为线应变或正应变，用 ε 表示。即

$$\varepsilon = \Delta L / L \quad (\text{轴向线应变})$$

$$\varepsilon' = \Delta d / d \quad (\text{横向线应变})$$

在拉伸时，ε 为正，ε' 为负；压缩时，ε 为负，ε' 为正。

泊松比：是指材料在单向受拉或受压时，横向正应变与轴向正应变的绝对值的比值，是反应材料横向变形的弹性常数，也叫横向变形因数，用符号 μ 表示，量纲为 1。

$$\mu = \left| \frac{\varepsilon'}{\varepsilon} \right| \text{ 或 } \varepsilon' = -\mu\varepsilon$$

如图 5-5 所示，以弹性体中的任意微小单元体为研究对象，研究其受力后在长度和角度上发生的变形，其中正应变也可表述为：正应力作用下微元沿着正应力方向和垂直于正应力方向将产生伸长或缩短，描写弹性体各点处线性变形程度的量为正应变。

$$\varepsilon = \frac{\mathrm{d}u}{\mathrm{d}x}$$

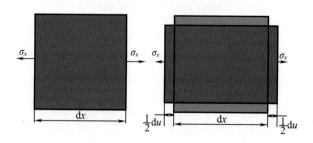

图 5-5　正应变

切应变：如图 5 - 6 所示，切应变指切应力作用下微元体直角的改变量，用 γ 表示，单位为 rad（弧度）。

$$\gamma = \alpha + \beta$$

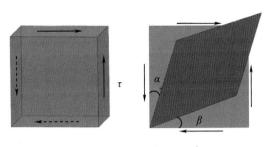

图 5 - 6　切应变

符号：一般约定，拉应力及其对应的拉应变为正；压应力及其对应的压应变为负。切应力及切应变符号将在后续章节描述。

5.2.3　材料的强度指标

1. 弹性变形

弹性变形指卸载后会消失的变形。

2. 塑性变形

塑性变形指卸载后不会消失的变形，又称残余变形。

3. 比例极限 σ_p

比例极限 σ_p 指应力与应变成正比阶段的最大应力。

4. 弹性极限 σ_e

弹性极限 σ_e 指只发生弹性变形阶段的最大应力，与 σ_p 大致相同。

5. 屈服现象

屈服现象指超出弹性极限后，应力基本维持不变而应变却保持显著增加的现象，材料暂时丧失了变形抗力。

5.2.4　材料的韧（塑）性指标及相关术语

材料的韧（塑）性指标包括伸长率与截面收缩率，可表征材料的韧性与延展性。计算式见表 5 - 1。

表 5 - 1　伸长率和截面收缩率的计算式

伸长率	$\delta = \dfrac{l' - l_0}{l_0} \times 100\%$	式中，l_0 为试样的初始长度；l' 为试样拉伸断裂时的长度
截面收缩率	$\psi = \dfrac{A_0 - A'}{A_0} \times 100\%$	式中，A_0 为试样初始横截面积；A' 为试样拉伸断裂时的横截面积

1. 韧（塑）性材料

伸长率 $\delta>5\%$ 的材料指所有在断裂前能够承受大应变的材料,典型例子为低碳钢,其拉伸破坏过程如图 5-7 所示。韧（塑）性材料有较为明显的颈缩现象,即拉伸过程中,应力超过强度极限后试样会出现局部变形,其纵向伸长,横向急剧收缩,如图图 5-7(b)所示,使试样继续伸长所需的拉力也相应减少。

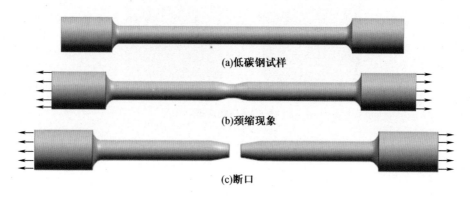

(a)低碳钢试样

(b)颈缩现象

(c)断口

图 5-7　低碳钢试样拉伸

2. 脆性材料

伸长率 $\delta<5\%$ 的材料指破坏前只有很小的或没有屈服现象的材料,试样从开始拉伸直至拉断变形都很小,典型例子为灰口铸铁如图 5-8 所示。

图 5-8　灰口铸铁试样拉伸

3. 屈服极限 σ_s

屈服极限 σ_s 指屈服阶段中排除初始瞬时效应后的最小应力(即下屈服点),塑性材料拉伸或压缩时的屈服极限大致相同。

4. 名义屈服极限 $\sigma_{0.2}$

对于没有明显屈服阶段的韧（塑）性材料(如铝合金、锰钒钢等),一般规定以产生 0.2% 的塑性变形时所对应的应力值作为屈服极限。

5. 强度极限 σ_b

强度极限 σ_b 指材料拉伸(压缩)断裂前所能承受的最大应力。脆性材料压缩时的强度极限 σ_{bc} 明显大于其拉伸时的强度极限 σ_b。

6. 应力-应变曲线

承受轴向载荷的拉压杆件在工程中应用广泛,如柴油机连杆及各种紧固螺旋等。材料在拉伸和压缩时的力学性能(获得应力-应变 $\sigma-\varepsilon$ 曲线)可通过试验获得。首先将待测材料制成标准试样,然后将标准试样置于夹具内进行拉伸或压缩试验,试验机可自动获取材料的 $\sigma - \varepsilon$ 曲线。标准样件拉伸试验如图5−9所示。

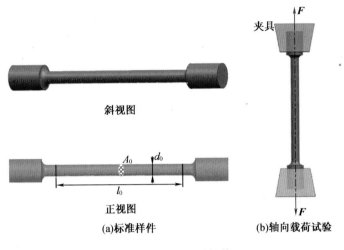

图5−9 标准样件拉伸

如图5−9(a)所示,规定圆截面标准样件的工作长度为 l_0,也称标距,样件直径为 d_0。国家标准规定:对长样件,$l_0 = 10d_0$,一般取 $l_0 = 100$ mm,$d_0 = 10$ mm;对短试样,$l_0 = 5d_0$,一般取 $l_0 = 50$ mm,$d_0 = 10$ mm。试验时,通过夹具将试样安装于试验机,如图5−9(b)所示。以低碳钢和灰口铸铁为例,两种材料在拉伸和压缩试验下测得的 $\sigma - \varepsilon$ 曲线如图5−10所示。

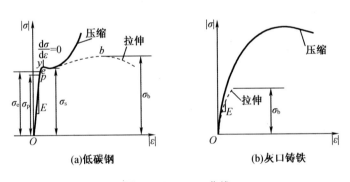

图5−10 $\sigma - \varepsilon$ 曲线

(1)弹性阶段

图5−10(a)为低碳钢 $\sigma - \varepsilon$ 曲线,以拉伸为例,$\sigma - \varepsilon$ 曲线在 Op 段为直线,即应力 σ 与应变 ε 成正比,$\sigma = E\varepsilon$,直线段斜率 E 称为弹性模量,因应变量纲为1,所以 E 的量纲与 σ 相同,常用单位为 GPa(1 GPa $= 10^9$ Pa)。因此,Op 段又被称为弹性阶段,从图中还可以看出,在弹性阶段,压缩与拉伸两种情况下的 $\sigma - \varepsilon$ 曲线基本重合。从图5−9(b)可以看出,脆性材料一般没有明显的直线部分。

应力超过比例极限 σ_p 后,$\sigma - \varepsilon$ 曲线不再为直线,在 pe 范围内,卸载后应力减小至0,

应变也会随之消失。但应力超过 e 点时,卸载后有一部分应变不能消失,仍然残留在试样上,这部分应变称为永久应变或塑性应变。因此,弹性区内应力的最高限即 e 点对应的应力,称为弹性极限 σ_e,由于 p、e 两点非常接近,工程上对 σ_p、σ_e 并不严格区分。

(2)屈服阶段

如前所述,屈服现象是指试样超出材料弹性极限后,应力基本维持不变而应变却保持显著增加的现象,材料暂时丧失了变形抗力。在图 5 – 10(a)中,屈服起始点为 y 点,屈服过程应力会出现小幅波动,通常取屈服阶段的最小应力值作为屈服应力值,称为屈服应力或屈服强度,也称屈服极限,用 σ_s 表示。对于没有明显屈服阶段的韧(塑)性材料,采用名义屈服极限 $\sigma_{0.2}$ 代替。

(3)强化阶段

韧(塑)性材料经过屈服阶段之后,材料又恢复了抵抗变形能力,要使它继续变形必须增加载荷。这一阶段称为强化阶段,其最高点 b 的应力值称为强度极限,用 σ_b 表示。

(4)局部变形阶段

过了 b 点之后,试样开始出现局部变形,其纵向伸长,横向急剧收缩,即颈缩现象,直至拉断。

在压缩情况下,韧(塑)性材料屈服后,由于试样越压越扁,$\sigma - \varepsilon$ 曲线不断上升,试样不会发生破坏。

如图 5 – 10(b)所示,脆性材料的整个拉伸过程,从加载至拉断试样变形都很小,且拉伸 $\sigma - \varepsilon$ 曲线没有明显的直线段,常用曲线上一点处的斜率作为该材料的弹性模量 E。脆性材料在拉伸过程没有明显的塑性变形,也不会出现屈服和颈缩现象,测定断裂时的应力值为其强度极限值 σ_b。图 5 – 8 为脆性材料试样断裂示意图,从图 5 – 10(b)还可以看出,以灰口铸铁为例,该脆性材料压缩时的强度极限通常是拉伸时强度极限的 4 ~ 5 倍,通常用于制作受压构件。

7. 应力集中

构件几何形状突变处往往伴随产生很高的局部应力,这里也是构件最容易失效的部位,其应力分布示意图如图 5 – 11 所示。

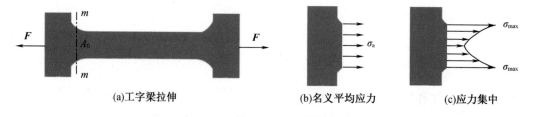

(a)工字梁拉伸   (b)名义平均应力   (c)应力集中

图 5 – 11   应力集中现象

假设截面 m—m 处截面积为,在轴向力拉伸下,其名义平均应力如图 5 – 11(b)所示。

$$\sigma_a = F/A_0$$

而在截面 m—m 处的实际应力分布如图 5 – 11(c)所示,出现应力集中现象,其中定

义应力集中系数 K 来表示应力集中程度, $K = \sigma_{max}/\sigma_a$ 。

8.热应力与装配应力

温度的变化将引起构件尺寸的变化,一般而言,温度升高,物体将膨胀;温度降低,物体就会缩小,即热胀冷缩现象。构件在约束限制下,温度发生改变时,受热胀冷缩和周围限制作用而产生的应力称为热应力。

装配应力是由于构件在加工时存在误差而导致在装配时产生的应力。

9.强度失效

受拉伸作用力时,塑(韧)性材质构件的强度失效有两种形式——屈服与断裂,其对应的强度失效应力分别为屈服强度 σ_s(名义屈服强度 $\sigma_{0.2}$)和强度屈服极限 σ_b;脆性材质构件的强度失效一般表现为断裂,其对应的强度失效应力为强度极限 σ_b。受压缩作用力时,构件被压碎、压扁也属于强度失效。

10.许用应力与安全系数

许用应力是构件保持正常工作能力、不发生强度失效时允许承受的最大应力,记为 $[\sigma]$, $\sigma_{max} \leqslant [\sigma]$。构件工作时要留有一定的安全裕度,裕度值的大小与材料性能及工作要求有关,通常定义安全系数 n, $n = \sigma^0/[\sigma]$, n 必须大于1,其中, σ^0 为材料的极限应力,即材料强度失效时的应力值,如前文所述 σ_s、 $\sigma_{0.2}$、 σ_b 等,具体选取时视材料类型及受力情况而定。

5.3　工程材料力学的研究方法

材料力学的研究方法主要分为三种,即理论解析法、数值仿真法和试验法。

5.3.1　理论解析法

材料力学主要依据内力分析、力系简化与力系等效、力系平衡等理论解析法来解决构件的强度、刚度和稳定性问题,在工程应用方面,许多构件的新型结构设计也需要运用理论解析法进行探索性研究和设计。

5.3.2　数值仿真法

计算机硬件和商业仿真软件的不断发展及完善,为工程材料力学提供了更加多样而深刻的强度评估方法。数值仿真法被广泛应用于各工程领域的结构计算和设计分析,通过与实验数据的对比和算法的不断完善,强度预报精度得到不断提高,使得各项强度评估工作更加简便,工作周期大大缩短。下面以简单算例为例,对比理论解析法与数值仿真法的情况。

在结构强度计算中,数值仿真法应用最多的是有限元法。有限元法主要应用于结构分析中,其主题思想是将连续的弹性体离散成有限个小单元,根据已知边界条件(包括载荷和约束等)分别在每个小单元中进行力学计算,然后针对各个小单元进行力学特性总和,近似地认为连续弹性体的特性就是这些单元的特性总和。目前,有限元计算的主流商业软件主要有 ANSYS 和 ABAQUS。

取一段空心轴作为研究对象进行有限元数值仿真计算,对其径向应力、切向应力分别进行理论计算与有限元计算,并将理论解析解与有限元计算值进行对比。该轴的长度为 330 mm,内孔直径为 155 mm,外径为 290 mm,弹性模量取 2.06 GPa,泊松比取 0.3。对该轴系进行网格划分得到其有限元模型,如图 5 - 12 所示,在轴外柱面施加的压力为 128.5 MPa,内柱面施加压力为 103 MPa。

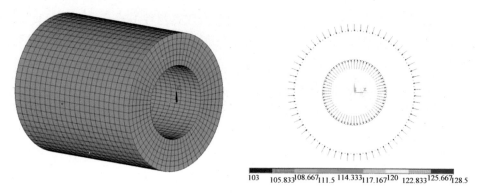

图 5 - 12   有限元模型及内外表面压力载荷

根据厚壁圆筒应力的理论公式,可计算得到厚壁圆筒在任意半径 r 处截面上的径向应力和切向应力分别为

$$S_r = \frac{r_1^2 p_1 - r_2^2 p_2}{r_2^2 - r_1^2} - \frac{r_1^2 r_2^2 (p_1 - p_2)}{r^2 (r_2^2 - r_1^2)} \qquad (5-1)$$

$$S_t = \frac{r_1^2 p_1 - r_2^2 p_2}{r_2^2 - r_1^2} + \frac{r_1^2 r_2^2 (p_1 - p_2)}{r^2 (r_2^2 - r_1^2)} \qquad (5-2)$$

式中,r_1、r_2 分别为圆筒内半径与外半径,p_1、p_2 分别为圆筒的内压力与外压力。

图 5 - 13 显示了采用有限元方法计算的空心轴径向应力分布及径向应力解析解与有限元计算值的对比,结果吻合良好。

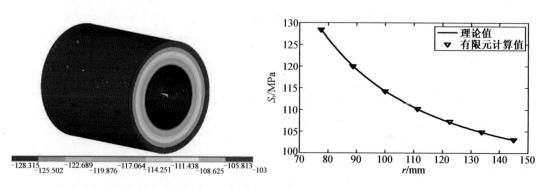

图 5 - 13   径向应力云图和径向应力对比

图 5 - 14 为采用有限元方法计算的空心轴切向应力分布及切向应力解析解与有限元

计算值的对比,结果吻合良好。

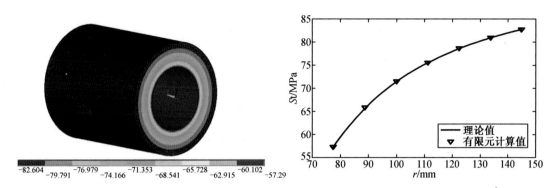

图 5 - 14 切向应力云图和切向应力对比

5.3.3 试验法

在工程力学结构分析中,首先确定研究对象的计算模型,然后选择理论方法或数值仿真方法进行结构的强度和稳定性分析。对于没有经验参数的工程实践问题,为保证理论值或仿真值的准确性,往往还需要试验环节来解决。图 5 - 9 所示即为典型的拉伸试验,其他还有诸如桩基静载试验和桥梁静载试验等。

第6章 轴向拉伸与压缩

如图6-1所示,杆件的拉伸与压缩在轮机工程专业领域中的应用非常普遍,如舰艇轴系、柴油机连杆、螺柱、螺栓等。此类杆件一般为轴向拉压杆,杆件受力平衡,受力方向与杆轴线重合。

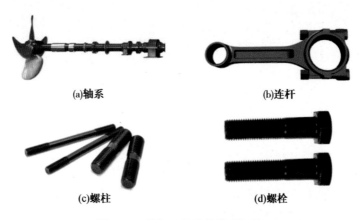

(a)轴系　　　　　　　　　　　　(b)连杆

(c)螺柱　　　　　　　　　　　　(d)螺栓

图6-1　轮机工程中的常用杆件

6.1　杆件内力——轴力

为便于描述,采用截面法对等截面实心杆进行杆件的轴力分析,描述其轴力大小、方向和符号。

如图6-2所示,柱形实心杆在拉力作用下保持平衡,分析实心杆目标位置内力时,在该处取假想截面 m—m 将杆分为Ⅰ、Ⅱ两段,则每段仍处于平衡状态。

取其中任一段作为脱离体(图6-2(b)(c)),去掉部分对脱离体的作用用内力的合力 N 代替,脱离体满足平衡条件,其合力为 $\mathbf{0}$。

$$\sum X = N - F = 0$$

求得内力 $N = F$,由二力平衡可知,N 与 F 大小相等,方向相反,与杆轴线重合,称这个内力的合力为轴力。

为了区别拉伸与压缩,使同一截面轴力 N 在不同脱离体中分析时符号保持不变,规定 N 指向背离截面方向时取正号,N 指向截面时取负号,即受拉的轴力为正,受压的轴力为负。

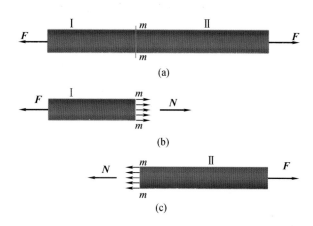

图 6-2 拉杆截面内力分析

6.2 轴 力 图

阶梯轴轴力图如图 6-3 所示。

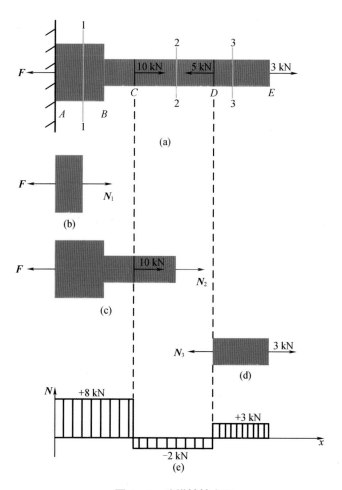

图 6-3 阶梯轴轴力图

阶梯轴及其受力情况如图 6-3(a)所示,试作整根阶梯轴的轴力图。

(1)根据阶梯轴横截面突变位置及受力截面位置,将其分为 AB、BC、CD、DE 四段。阶梯轴横截面虽有变化,但各段受力大小与横截面无关,只与受力位置及受力变化有关。因此可以判断,AB 段与 BC 段中任意截面的轴力均相同,可统一记为 AC 段,任意截面处轴力等于假想截面 1—1 处轴力;CD 段任意截面处轴力等于假想截面 2—2 处轴力;DE 段任意截面处轴力等于假想截面 3—3 处轴力。即求解阶梯轴轴力分布而对其分段时,只需在受力截面处进行分段。

(2)基于平衡条件,采用截面法求解 AC、CD、DE 段轴力,也就是求解假想截面 1—1、2—2、3—3 处轴力。

记杆件受力向右为正,整轴平衡。

$$\sum X = -F + 10 - 5 + 3 = 0, F = 8 \text{ kN}$$

如图 6-3(b)所示,以假想截面 1—1 为基准将整轴分为两段,取左段为脱离体进行分析,可得

$$\sum X = N_1 - 8 = 0, N_1 = 8 \text{ kN}$$

N_1 背离截面,为拉力,符号为正。

(3)同理,如图 6-3(c)所示,以假想截面 2—2 为基准将整轴分为两段,取左段为脱离体进行分析,可得

$$\sum X = N_2 + 10 - 8 = 0, N_2 = -2 \text{ kN}$$

实际所求 N_2 符号为负,代表其方向指向截面,为压力。

(4)同理,如图 6-3(d)所示,以假想截面 3—3 为基准将整轴分为两段,为便于求解,此处取右段为脱离体进行分析,可得

$$\sum X = 3 - N_3 = 0, N_3 = 3 \text{ kN}$$

实际所求 N_2 符号为正,代表其方向背离截面,为拉力。

(5)作轴力图。取如图 6-3(e)所示坐标系,纵坐标 N 表示阶梯轴任意截面处轴力大小,横坐标 x 表示对应截面位置,根据各截面轴力大小和符号画出阶梯轴轴力图。从轴力图可以看出,AC 段轴力最大,为拉力,大小为 8 kN;CD 段轴力最小,为压力,大小为 2 kN;DE 段轴力为拉力,大小为 3 kN。

6.3 应力求解

轴力只是所分析截面上内力系的合力,不管杆件截面如何变化,截面轴力始终不变,但越细处越容易被破坏拉断,原因是较细的截面上内力分布的密集程度大,即应力大。因此,工程实际中需要关注的不是轴力而是应力,尤其是最大应力,计算其最大应力 σ_{max} 是否未超过许用应力 $[\sigma]$ 而保持正常工作能力、不发生强度失效,即 $\sigma_{max} \leq [\sigma]$。

【例 6-1】 某低碳钢长方体杆件如图 6-4 所示,长宽高分别为 5 cm × 5 cm × 15 cm,弹性模量 E 为 210 GPa,泊松比 μ 为 0.3。在两端施加集中力,力方向与轴线重合,

通过刚性平板对杆件进行拉伸,忽略自身所受重力影响,各横截面均只发生轴向均匀变形,求解杆件内横截面正应力 σ 的大小。

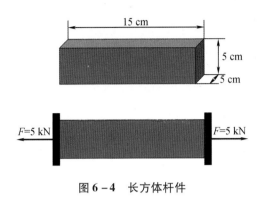

图 6-4 长方体杆件

解法 1 理论解析解。

轴力 F 可表示为横截面正应力 σ 的积分式

$$\sigma = \lim_{\Delta A \to 0} \frac{\Delta F}{\Delta A} \to F = \int dF = \int_A \sigma dA = \sigma \int_A dA = \sigma A$$

式中,A 为长方体杆件横截面面积,为定值。杆件内各横截面处正应力 σ 相等。

因此,$\sigma = \dfrac{F}{A} = \dfrac{5 \times 10^3}{25 \times 10^{-4}} = 2 \ \text{MPa}$。

解法 2 数值仿真法。

进行有限元数值仿真计算时,首先对低碳钢长方体杆件进行三维建模和网格离散,然后基于题干受力情况在杆件两端面进行施加均匀分布力,具体如图 6-5(a)所示;对杆件进行有限元强度计算,应力分布云图如 6-5(b)所示,云图显示:杆件内部任意部位正应力均为 2.0×10^6 Pa,即 2 MPa,与理论解析解一致。

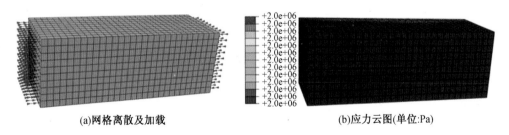

(a)网格离散及加载   (b)应力云图(单位:Pa)

图 6-5 均匀分布载荷下应力分布

当杆端承受集中载荷或其他非均匀分布载荷时,杆件中并非所有横截面都只发生轴向均匀变形,上述正应力公式不再对杆件上所有横截面都适用。如图 6-6 所示,同样以例 6-1 中杆件为研究对象,但是在其两端的刚性平板直径较小,此时在平板处施加同样的集中力,忽略杆件自身所受重力影响,采用有限元方法求解得到杆件内正应力 σ 分布如图6-6所示。

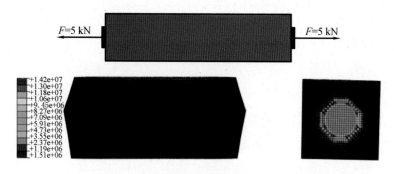

图 6 - 6　非均匀分布载荷下应力分布

从图 6 - 5 和图 6 - 6 对比可以看出,当对杆件两端施加均匀分布载荷时,杆件内部应力均为 2 MPa,与解析解一致,正应力公式成立。当对杆件两段施加非均匀分布载荷时,则在载荷附近区域的变形是不均匀的:一是横截面不再保持平面(从网格分布情况可以看出),二是在载荷处出现应力集中,最大值可达 14.2 MPa,正应力公式不再成立;但是在距离载荷稍远处,轴向变形及应力值分布依然均匀,应力值仍为 2 MPa,正应力公式依然成立,该现象又被称为圣维南原理,已被实验所证实。

6.4　胡 克 定 律

实验证明:当正应力不超过材料的比例极限 σ_p 时,正应力应力 σ 与正应变 ε 成正比,即弹性阶段,对材料进行拉伸或压缩时,其变形遵守胡克定律。回顾 5.2.2 节内容亦可知,横截面面积为 A、长度为 L 的等直杆在轴力 N 作用下处于拉压弹性阶段,假设其轴向绝对变形为 ΔL,则其轴向正应变 $\varepsilon = \Delta L / L$,正应力 $\sigma = E\varepsilon$。因此,胡克定律的两种常见表达式为

$$\varepsilon = \frac{\sigma}{E} \tag{6-1}$$

$$\Delta L = \frac{NL}{EA} \tag{6-2}$$

【例 6 - 2】　变截面直杆受力情况如图 6 - 7 所示,已知 $A_1 = 500 \ \text{mm}^2$,$A_2 = 300 \ \text{mm}^2$,$L_1 = 0.1 \ \text{m}$,$L_2 = 0.12 \ \text{m}$,$E = 200 \ \text{GPa}$,$F_1 = 76 \ \text{kN}$,$F_2 = 36 \ \text{kN}$,试计算杆件变形。

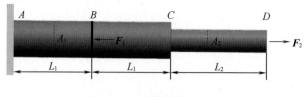

图 6 - 7　变截面直杆受力

解　(1)求各段内力

$$N_{AB} = 36 - 76 = -40 \ \text{kN}$$

$$N_{BC} = N_{CD} = 36 \ \text{kN}$$

（2）求 ΔL

$$\Delta L = \sum \Delta L_i$$

$$= \Delta L_1 + \Delta L_2 + \Delta L_3 = \frac{N_{AB}L_1}{EA_1} + \frac{N_{BC}L_1}{EA_1} + \frac{N_{CD}L_2}{EA_2}$$

$$= \frac{-40 \times 10^3 \times 0.1}{200 \times 10^9 \times 500 \times 10^{-6}} + \frac{36 \times 10^3 \times 0.1}{200 \times 10^9 \times 500 \times 10^{-6}} + \frac{36 \times 10^3 \times 0.12}{200 \times 10^9 \times 300 \times 10^{-6}}$$

$$= -0.04 + 0.036 + 0.072$$

$$= 0.068 \ \text{mm}$$

习　　题

6-1　已知 $F_1 = 40 \ \text{kN}, F_2 = 15 \ \text{kN}, F_3 = 20 \ \text{kN}$，用截面法求图 6-8 所示杆件指定截面处的轴力。

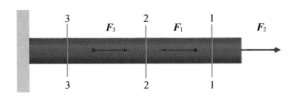

图 6-8　习题 6-1 图

6-2　如图 6-9 所示受力杆，其中较粗段 AB 段的截面积 $A_1 = 200 \ \text{mm}^2$，较细段 BC 截面积 $A_2 = 100 \ \text{mm}^2$，$F_A = 40 \ \text{kN}, F_B = 60 \ \text{kN}, F_C = 20 \ \text{kN}$，求各段截面的应力。

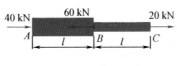

图 6-9　习题 6-2 图

6-3　如图 6-10 所示支架，AB 杆为钢杆，横截面 $A_1 = 100 \ \text{mm}^2$，许用应力 $[\sigma_1] = 160 \ \text{MPa}$；$BC$ 杆为木杆，横截面 $A_2 = 200 \ \text{mm} \times 100 \ \text{mm}$，许用应力 $[\sigma_2] = 5 \ \text{MPa}$，试确定支架的许可载荷 $[G]$。

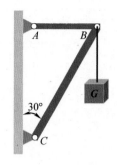

图 6 – 10   习题 6 – 3 图

6 – 4   如图 6 – 11 所示，油缸盖与缸体采用 6 个内径 $d = 10$ mm 的螺栓连接，已知油缸内径 $D = 200$ mm，油压 $p = 3$ MPa，若螺栓材料的许用应力 $[\sigma] = 180$ MPa，试校核螺栓的强度。

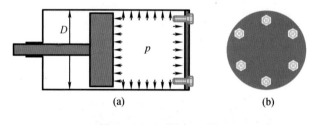

图 6 – 11   习题 6 – 4 图

6 – 5   如图 6 – 12 所示阶梯轴，较细段 $A_1 = 200$ mm^2，较粗段 $A_2 = 400$ mm^2，$E = 200$ GPa，$l = 100$ mm，求杆件的变形。

图 6 – 12   习题 6 – 5 图

6 – 6   某钢的拉伸试件，直径 $d = 10$ mm，标距 $l_0 = 50$ mm。在试验的比例阶段测得拉力增至 $F = 10$ kN、对应伸长量 $\Delta l = 0.025$ mm，屈服点时拉力 $F_s = 20$ kN，拉断前最大拉力 $F_b = 35$ kN，拉断后量得标距 $l_1 = 62$ mm、断口处直径 $d_1 = 7.0$ mm，试计算该钢的弹性模量 E、屈服极限 σ_s、强度极限 σ_b、伸长率 δ 和截面收缩率 ψ 值。

6 – 7   某钢拉索长 $L = 5$ m，承受拉力 $F = 25$ kN，钢索的 $E = 200$ GPa，$[\sigma] = 125$ MPa，若要使钢索的伸长量不超过 2.5 mm，问钢索的截面面积至少应多大？

第7章 剪切与挤压

本章将介绍剪切构件的受力和变形特点,剪切构件可能的破坏形式,以及螺栓、键、销等联结件的剪切和挤压的实用计算。

7.1 剪切的概念

机器中的一些连接件常遇到剪切变形的情形,如连接两钢板的螺栓(图7-1)、连接齿轮与轴的键(图7-2)等。在外力的作用下,将沿着 m—m 截面发生剪切变形。同样在日常生活中,剪刀剪纸、剪布等,也是剪切的例子。

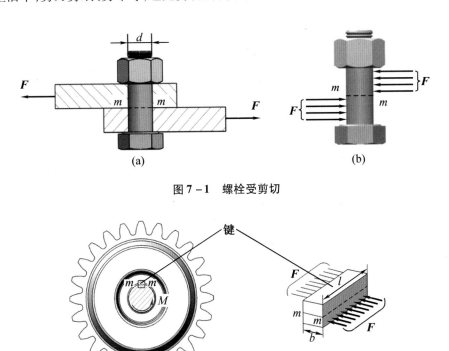

图7-1 螺栓受剪切

图7-2 齿轮与轴键

下面以剪床剪钢板为例来阐明剪切的概念。剪钢板时(图7-3(a)),剪床的上下两个刀刃以大小相等、方向相反、作用线相距很近的两个力 F 作用于钢板上(图7-3(b)),迫使钢板在 m—m 截面的两侧部分沿 m—m 截面发生相对错动,当 F 增加到某一极限值时,钢板将沿截面 m—m 被剪断。构件在这样一对大小相等、方向相反、作用线相隔很近的外力作用下,截面沿着力的方向发生相对错动的变形,称为剪切变形。

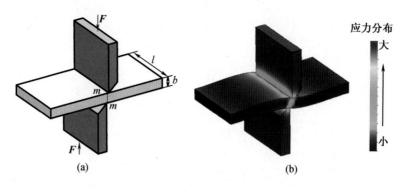

图 7 - 3　剪钢板

在变形过程中,产生相对错动的截面(如 m—m)称为剪切面。它位于方向相反的两个外力之间,且与外力的作用线平行。图 7 – 1 中的螺栓、图 7 – 2 中的键、图 7 – 3 中的钢板各有一个剪切面,而有些连接件,如图 7 – 4(a)中的销钉、图 7 – 4(b)中的焊缝则均有两个剪切面 m—m 和 n—n。

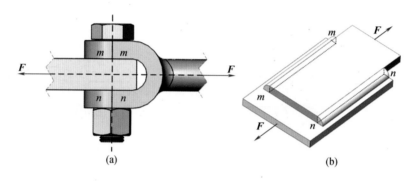

图 7 – 4　双面剪切

7.2　剪切的实用计算

7.2.1　剪力及切应力

一般情况下,为了保证机器、结构正常工作,连接件必须具有足够的抵抗剪切的能力;但有时,例如机器超载越过允许范围,安全销要自动被剪断。为此,需要对连接件进行剪切的实用计算。

为了对构件进行切应力计算,首先要计算剪切面上的内力。现以图 7 – 1 所示的连接螺栓为例,进行分析。

运用截面法,假想将螺栓沿剪切面(m—m)分成上下两部分,如图 7 – 5(a)所示,任取其中一部分为研究对象。根据力的平衡可知,剪切面上内力的合力 Q 必然与外力 F 平行,大小相等,即 $Q = F$。因 Q 与剪切面相切,故称为剪力。

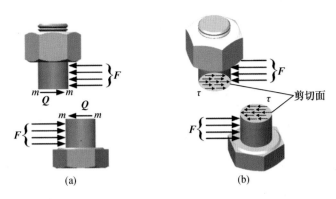

图 7 – 5　受剪切作用的螺栓

　　与求直杆拉伸、压缩时横截面上的应力一样,求得剪力以后,我们进一步确定剪切面上应力的数值(图 7 – 5(b))。由于剪力在剪切面上的分布情况比较复杂,用理论的方法计算切应力非常困难,工程上常以经验为基础,采用近似但切合实际的实用计算方法。在这种实用计算(或称假定计算)中,假定内力在剪切面内均匀分布,以 τ 代表切应力,A 代表剪切面的面积,则

$$\tau = Q/A \tag{7-1}$$

7.2.2　剪切的强度条件

　　为了保证构件在工作中不被剪断,必须使构件的实际剪应力不超过材料的许用切应力,这就是剪切的强度条件。其表达式为

$$\tau = \frac{Q}{A} \leqslant [\tau] \tag{7-2}$$

式中,$[\tau]$ 为许用切应力,可根据试验测出抗剪强度极限 τ_0,并考虑适当的安全储备,得出许用切应力为

$$[\tau] = \frac{\tau_0}{n}$$

式中,n 是安全系数。许用切应力 $[\tau]$ 可以从有关设计手册中查得。此外对于钢材,根据试验结果,$[\tau]$ 常可以取值为

$$[\tau] = (0.6 \sim 0.8)[\sigma]$$

式中,$[\sigma]$ 为其许用拉应力。

　　【例 7 – 1】　如图 7 – 6 所示,已知钢板厚度 $t = 10$ mm,其抗剪强度极限为 $\tau_0 = 300$ MPa。若用冲床将钢板冲出直径 $d = 40$ mm 的孔,问需要多大的冲剪力 F?

　　解　剪切面是钢板内被冲床冲出的圆饼体的柱形侧面,如图 7 – 6(b)所示,其面积为

$$A = \pi dt = \pi \times 40 \times 10 = 1.26 \times 10^{-3} \text{ m}^2$$

冲孔所需要的冲剪力应为

$$F \geqslant A\tau_0 = 1.26 \times 10^{-3} \times 300 \times 10^6 = 3.78 \times 10^5 \text{ N} = 378 \text{ kN}$$

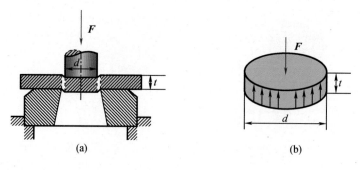

图 7 - 6　例 7 - 1 图

【例 7 - 2】　如图 7 - 7(a)所示,两块钢板焊接连接,作用在钢板上的拉力 $F = 141.4$ kN,高度 $h = 10$ mm,焊缝的许用切应力 $[\tau] = 100$ MPa。试求所需焊缝的长度 l。

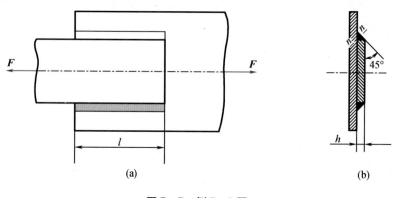

图 7 - 7　例 7 - 2 图

解　焊缝破坏时,沿焊缝最小宽度 n—n 的纵截面被剪断(图 7 - 7(b)),焊缝的横截面可认为是一个等腰三角形。

剪切面 n—n 上的剪力 $Q = F/2 = 70.7$ kN,剪切面积 $A = lh\cos 45° = 7.07 \times 10^{-3}l$。由抗剪强度条件得

$$\tau = \frac{Q}{A} = \frac{70.7 \times 10^3}{7.07 \times 10^{-3}l} \leqslant [\tau]$$

故得到焊缝长度为

$$l \geqslant \frac{70.7 \times 10^3}{7.07 \times 10^{-3}[\tau]} = \frac{70.7 \times 10^3}{7.07 \times 10^{-3} \times 100 \times 10^6}\ \text{m} = 100\ \text{mm}$$

考虑到焊缝两端强度较差,在确定实际长度时,将每条焊缝长度加长 10 mm,取 $l = 110$ mm。

7.2.3　剪切胡克定律

为了分析剪切变形,在构件的受剪部位,绕 A 点取一直角六面体(图 7 - 8(a)),并把该六面体放大,如图 7 - 8(b)所示。当构件发生剪切变形时,直角六面体的两个侧面 $abcd$ 和 $efgh$ 将发生相对错动,使直角六面体变为平行六面体。图中线段 ee' 或 ff' 为相对的滑移

量,称为绝对剪切变形。而矩形直角的微小改变量 $\gamma \approx \tan\gamma = ee'/ae$,称为切应变,即相对剪切变形。

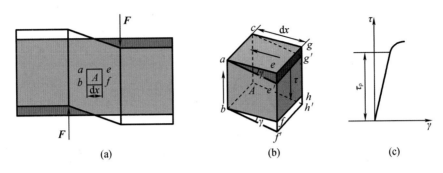

图 7 - 8　受剪直角六面体

实验证明:当剪力不超过材料的剪切比例极限 τ_p 时,切应力 τ 与切应变 γ 成正比,如图 7 -8(c)所示,这就是材料的剪切胡克定律,可用下式表示:

$$\tau = G\gamma \tag{7-3}$$

式中,比例常数 G 称为材料的剪切弹性模量。因 γ 是一个无量纲的量,所以 G 的量纲与 τ 相同,常用的单位是 GPa。钢的剪切弹性模量 G 约为 80 GPa。

另外对各向同性材料,剪切弹性模量 G、弹性模量 E 和泊松比 μ 三个弹性常数之间存在如下关系

$$G = \frac{E}{2(1+\mu)} \tag{7-4}$$

7.3　挤压的实用计算

机械中的连接件如螺栓、销钉、键、铆钉等,在承受剪切的同时,还将在连接件和被连接件的接触面上相互压紧,这种现象称为挤压。如图 7 -1 所示的连接件中,螺栓的左侧圆柱面在上半部分与钢板相互压紧,而螺栓的右侧圆柱面在下半部分与钢板相互挤压。其中相互压紧的接触面称为挤压面,挤压面的面积用 A_{bs} 表示。

7.3.1　挤压应力

通常把作用于接触面上的压力称为挤压力,用 F_{bs} 表示。而挤压面上的压强称为挤压应力,用 σ_{bs} 表示。挤压应力与压缩应力不同,压缩应力分布在整个构件内部,且在横截面上均匀分布;而挤压应力则只分布于两构件相互接触的局部区域,在挤压面上的分布也比较复杂。像切应力的实用计算一样,在工程实际中也采用实用计算方法来计算挤压应力。即假定在挤压面上应力是均匀分布的,则

$$\sigma_{bs} = \frac{F_{bs}}{A_{bs}} \tag{7-5}$$

挤压面面积 A_{bs} 的计算要根据接触面的情况而定。当接触面为平面时,如图 7-2 中所示的键连接,其接触面面积为挤压面面积,即 $A_{bs} = hl/2$(图 7-9(a) 中带阴影部分的面积);当接触面为近似半圆柱侧面时,如图 7-1 中所示的螺栓连接,钢板与螺栓之间挤压应力的分布情况如图 7-9(b) 所示,圆柱形接触面中点的挤压应力最大。若以圆柱面的正投影作为挤压面积(图 7-9(c) 中带阴影部分的面积),计算而得的挤压应力,与接触面上的实际最大应力大致相等。故对于螺栓、销钉、铆钉等圆柱形连接件的挤压面积计算公式为 $A_{bs} = dt$,d 为螺栓的直径,t 为钢板的厚度。即求解挤压应力时,若挤压面为平面,实际挤压面就是该面;若挤压面为弧面,挤压面积取实际受力面对半径的投影面。

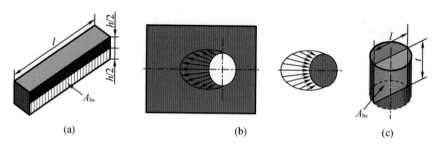

(a)　　　　　　　　(b)　　　　　　　　(c)

图 7-9　挤压面积的计算

7.3.2　挤压的强度条件

在工程实际中,往往由于挤压破坏使连接松动而不能正常工作。如图 7-10(a) 所示的螺栓连接,钢板的圆孔可能被挤压成如图 7-10(b) 所示的长圆孔,或螺栓的表面被压溃。

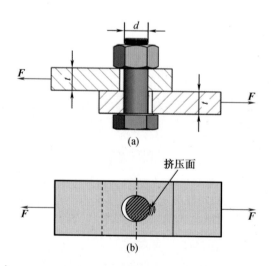

(a)

挤压面

(b)

图 7-10　螺栓表面和钢板圆孔受挤压

因此,除了进行剪切强度计算外,还要进行挤压强度计算。挤压强度条件为

$$\sigma_{bs} = \frac{F_{bs}}{A_{bs}} \leqslant [\sigma_{bs}] \qquad\qquad (7-6)$$

式中,$[\sigma_{bs}]$为材料的许用挤压应力,可以从有关设计手册中查得。对于钢材,也可以按经验公式(7-7)确定。

$$[\sigma_{bs}] = (1.7 \sim 2.0)[\sigma_-] \tag{7-7}$$

式中,$[\sigma_-]$为材料的许用压应力。必须注意:如果两个相互挤压构件的材料不同,则必须对材料挤压强度小的构件进行计算。

【例 7-3】 有一铆钉接头如图 7-11(a)所示,已知拉力 $F = 150$ kN。铆钉直径 $d = 16$ mm,钢板厚度 $t = 18$ mm,$t_1 = 12$ mm。铆钉和钢板的许用应力 $[\sigma] = 160$ MPa,$[\tau] = 140$ MPa,$[\sigma_{bs}] = 320$ MPa。试确定所需铆钉的个数 n 及钢板的宽度 b。

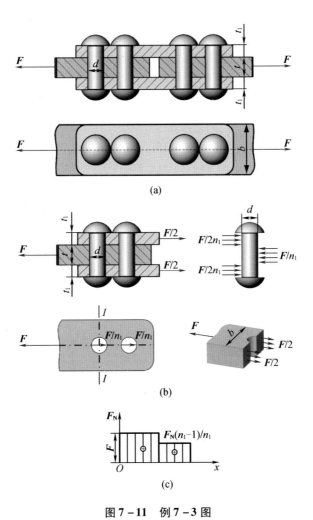

图 7-11 例 7-3 图

解 (1)按剪切强度条件计算铆钉的个数 n

由于铆钉左右对称,故可取一边进行分析。现取左半边,假设左半边需要 n_1 个铆钉,则每个铆钉的受力图如图 7-11(b)所示,按剪切强度条件公式(7-2)可得

$$\tau = \frac{F/n_1}{2 \cdot \frac{\pi}{4}d^2} \leqslant [\tau]$$

$$n_1 \geqslant \frac{4F}{2\pi d^2 [\tau]} = \frac{4 \times 150 \times 10^3}{2\pi \times 0.016^2 \times 140 \times 10^6} = 2.67 \ 个$$

取整得 $n_1 = 3$，故共需铆钉数 $n = 2n_1 = 6$ 个。

（2）校核挤压强度

上、下副板厚度之和为 $2t_1$，中间主板厚度为 t，由于 $2t_1 > t$，故主板与铆钉间的挤压应力较大。按挤压强度公式（7－6）得

$$\sigma_{bs} = \frac{F_{bs}}{A_{bs}} = \frac{F/n_1}{dt} = \frac{150 \times 10^3/3}{0.016 \times 0.018} \ Pa = 173.6 \ MPa < [\sigma_{bs}]$$

故挤压强度也足够。

（3）计算钢板宽度 b

钢板宽度要根据抗拉强度确定，由 $2t_1 > t$，可知主板抗拉强度较低，其轴力图如图 7－11（c）所示，由图可知截面 $I—I$ 为危险截面。按拉伸强度条件公式得

$$\sigma = \frac{F_N}{A} = \frac{F}{(b-d)t} \leqslant [\sigma]$$

$$b \geqslant \frac{F}{t[\sigma]} + d = \frac{150 \times 10^3}{0.018 \times 160 \times 10^6} + 0.016 \ m = 68.1 \ mm$$

取 $b = 69$ mm。

【例7－4】 某电动机轴与皮带轮用平键连接，如图 7－12 所示。已知轴的直径 $d = 50$ mm，键的尺寸 $b \cdot h \cdot l = 16 \ mm \times 10 \ mm \times 50 \ mm$，传递的力矩 $M = 500 \ N \cdot m$。键材料为 45 号钢，许用切应力 $[\tau] = 60$ MPa，许用挤压应力 $[\sigma_{bs}] = 100$ MPa。试校核键连接的强度。

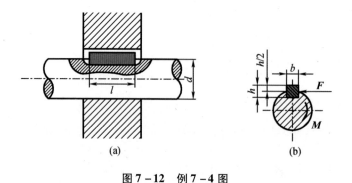

图7－12　例7－4图

解　（1）计算作用于键上的力 F

取轴和键一起为研究对象，其受力分析如图 7－12（b）所示。由平衡条件 $\sum_{i=1}^{n} M_0(F_i) = 0$ 得

$$F = \frac{M}{d/2} = \frac{500}{50 \times 10^{-3}/2} \ N = 20 \ kN$$

（2）校核键的剪切强度

剪切面的剪力为 $Q = F = 20$ kN，键的剪切面积为 $A = bl = 16 \times 50 = 800 \ mm^2$。按剪力

计算公式(7-1)得

$$\tau = \frac{Q}{A} = \frac{20 \times 10^3}{800 \times 10^{-6}} \ \text{Pa} = 25 \ \text{MPa} \leqslant [\tau]$$

故剪切强度足够。

(3)校核键的挤压强度

键所受的挤压力为 $F_{bs} = F = 20 \ \text{kN}$,挤压面积为

$$A_{\text{bs}} = \frac{hl}{2} = \frac{10 \times 50 \times 10^{-6}}{2} = 2.5 \times 10^{-4} \ \text{m}^2$$

按挤压应力强度条件即公式(7-6),得

$$\sigma_{\text{bs}} = \frac{F_{\text{bs}}}{A_{\text{bs}}} = \frac{20 \times 10^3}{2.5 \times 10^{-4}} \ \text{Pa} = 80 \ \text{MPa} < [\sigma_{\text{bs}}]$$

故挤压强度也足够。

综上所述,整个键的连接强度足够。

习　　题

7-1　剪切和挤压实用计算采用了什么假设,为什么?

7-2　挤压面面积是否与两构件的接触面积相同? 试举例说明。

7-3　挤压和压缩有何区别,试指出图7-13中哪个物体应考虑压缩强度,哪个物体应考虑挤压强度?

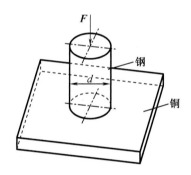

图7-13　习题7-3图

7-4　图7-14中拉杆的材料为钢材,在拉杆和木材之间放一金属垫圈,该垫圈起何作用?

7-5　如图7-15所示,切料装置用刀刃把直径为15 mm的棒料切断,棒料的抗剪强度 $\tau_\text{b} = 320$ MPa。试确定切断力 F 的大小。

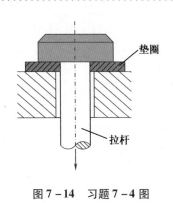

图 7 – 14　习题 7 – 4 图

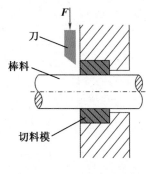

图 7 – 15　习题 7 – 5 图

7 – 6　图 7 – 16 所示为测定圆柱试件剪切强度的实验装置,已知试件直径 $d = 15$ mm,剪断时的压力 $p = 31.5$ kN,试求该材料的抗剪强度极限 τ_0。

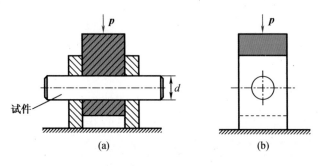

(a)　　　　　(b)

图 7 – 16　习题 7 – 6 图

7 – 7　车床的传动光杆装有安全联轴器,如图 7 – 17 所示。当超过一定载荷时,安全销即被剪断。已知光杆直径为 20 mm,安全销的平均直径为 5 mm,材料为 45 号钢,其抗剪强度极限 $\tau_0 = 370$ MPa,求安全联轴器所能传递的最大力偶矩。

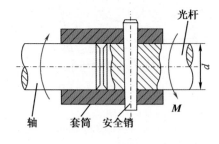

图 7 – 17　习题 7 – 7 图

7 – 8　如图 7 – 18 所示,螺栓受拉力 F 作用,材料的许用切应力为 $[\tau]$、许用拉应力为 $[\sigma]$,已知 $[\tau] = 0.7[\sigma]$,试确定螺栓直径 d 与螺栓头高度 h 的合理比例。

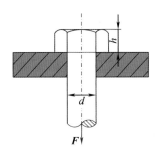

图 7 − 18 习题 7 − 8 图

7 − 9　如图 7 − 19 所示,冲床的最大冲力为 400 kN,冲头直径 $d = 34$ mm,冲头材料的许用应力$[\sigma] = 440$ MPa,被冲钢板的抗剪强度极限 $\tau_0 = 360$ MPa。试求在此冲床上,能冲剪圆孔的最大厚度 t。

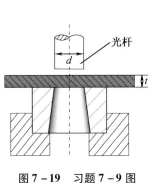

图 7 − 19 习题 7 − 9 图

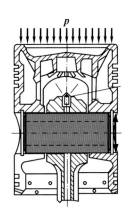

图 7 − 20 习题 7 − 10 图

7 − 10　如图 7 − 20 所示柴油机活塞,已知活塞销材料为 20Cr,$[\tau] = 70$ MPa,$[\sigma_{bs}] = 100$ MPa,活塞销外径 $d_1 = 48$ mm,内径 $d_2 = 26$ mm,长度 $l = 130$ mm,活塞销与连杆小段接触段长度 $a = 50$ mm,活塞直径 $D = 135$ mm。气体爆发压强 $p = 7.5$ MPa。试对活塞销进行剪切和挤压强度校核。

第8章 扭 转

扭转是杆变形的一种基本形式,是由一对转向相反、作用在垂直于杆轴线的两个平面内的外力偶所引起的。如图 8 – 1 所示,舰船动力装置中的各类传动轴及钻杆等类似工具均是以扭转为主要变形的杆件,工程上传递功率的轴大多数为圆轴,主要用于承受扭转力矩。

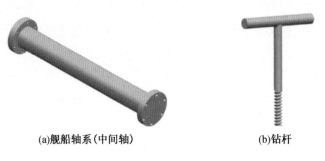

(a)舰船轴系(中间轴)　　　　　　(b)钻杆

图 8 – 1　受扭杆实例

以图 8 – 1(a)中一段中间轴为例,先将该轴段进行网格划分,离散为诸多小单元,整段轴可视为小单元的集合;然后在该轴两端面施加较大的扭转力矩,采用有限元仿真法求解其应力分布及变形情况,如图 8 – 2(b)所示。可以看出,扭转力矩会使轴各横截面发生一定程度的翘曲(内凹或外凸),使轴各部位在切向产生较为明显的位移,轴上应力分布规律为从轴心向外柱面逐步增大。

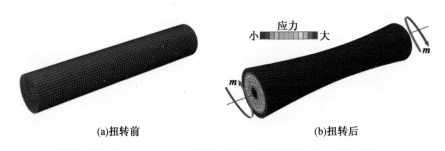

(a)扭转前　　　　　　　　(b)扭转后

图 8 – 2　扭转力矩作用效果

8.1　扭　矩

扭矩是使构件绕其轴线扭转的力矩,单位为 N・m 或 kN・m。扭转产生的应力和变形在传动轴设计中是首要考虑的问题,需要结合所用材料的力学性能和对杆件的使用需求建立其强度条件和刚度条件,例如限制舰船主机超负荷使用时就有功率超负荷和力矩超负荷之说。

　　求解受扭杆内力(扭矩)的方法与求解拉压杆轴力方法类似,仍采用截面法。如图 8-3(a)所示杆,在其两端受一对值为 m 但方向相反的外力偶作用,在杆上任取一横截面 n—n 求解其扭矩时,可设想将杆沿截面 n—n 分为两段,并取其中一段为脱离体,根据脱离体静力平衡条件,可由

$$\sum M_x = 0 = m - M_n$$

求得横截面上的扭矩为: $M_n = m$,其方向判定方法采用前述右手定则法,扭矩方向背离横截面时为正值,指向横截面时为负值。可以判断,在同一截面 n—n 上扭矩方向一致,均为正值。

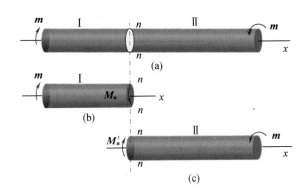

图 8-3　截面法求扭矩

8.1.1　扭矩的求解及扭矩图

　　当一杆同时受到多个外力偶作用时(如柴油机凸轮轴),其各段杆横截面上扭矩同样可以用截面法求解。如图 8-4(a)所示阶梯轴,试作整根阶梯轴的扭矩图(图 8-4)。

　　(1)根据阶梯轴横截面突变位置及力偶截面位置,将其分为 AB、BC、CD、DE 四段。阶梯轴横截面虽有变化,但各段承受扭矩的大小与横截面积无关,只与力偶位置及变化有关。因此可以判断,AB 段与 BC 段中任意截面的扭矩均相同,可统一记为 AC 段,任意截面处扭矩等于假想截面 1—1 处扭矩;CD 段任意截面处扭矩等于假想截面 2—2 处扭矩;DE 段任意截面处扭矩等于假想截面 3—3 处扭矩。即求解阶梯轴扭矩分布而对其分段时,只需在力偶作用截面处进行分段。

　　(2)基于平衡条件,采用截面法求解 AC、CD、DE 段扭矩,也就是求解假想截面 1—1、2—2、3—3 处扭矩。

　　整轴平衡,则

$$\sum M_x = m - 10 + 5 - 3 = 0, m = 8 \ \mathrm{N \cdot m}$$

　　即图 8-4(a)所注方向即为 m 扭矩方向,如图 8-4(b)所示,以假想截面 1-1 为基准将整轴分为两段,取左段为脱离体进行分析,可得

$$\sum M_x = m - m_1 = 0, m_1 = 8\ \text{N} \cdot \text{m}$$

根据右手定则，m_1 指向截面，符号为负，$m_1 = -8\ \text{N} \cdot \text{m}$。

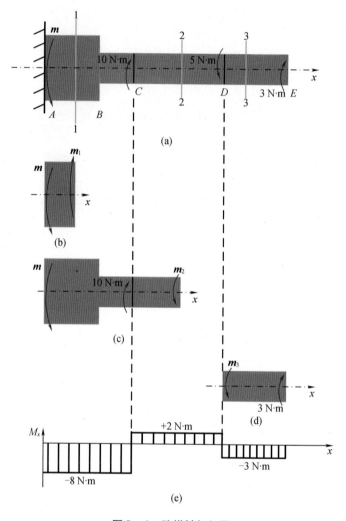

图 8 – 4　阶梯轴扭矩图

（3）同理，如图 8 – 4(c)所示，以假想截面 2 – 2 为基准将整轴分为两段，取左段为脱离体进行分析，可得

$$\sum M_x = m_2 + m - 10 = 0, m_2 = 2\ \text{N} \cdot \text{m}$$

根据右手定则，m_2 背离截面，符号为正，$m_2 = 2\ \text{N} \cdot \text{m}$。

（4）同理，如图 8 – 4(d)所示，以假想截面 3—3 为基准将整轴分为两段，为便于求解，此处取右段为脱离体进行分析，可得

$$\sum M_x = m_3 - 3 = 0, m_3 \overset{*}{=} 3\ \text{N} \cdot \text{m}$$

根据右手定则，m_3 指向截面，符号为负，$m_3 = -3\ \text{N} \cdot \text{m}$。

（5）作扭矩图。取如图 8 – 4(e)所示坐标系，纵坐标 M_x 表示阶梯轴任意截面处扭矩

大小,横坐标 x 表示对应截面位置,根据各截面扭矩大小和符号画出阶梯轴扭矩图。从扭矩图可以看出,AC 段扭矩最大,大小为 8 N·m;CD 段扭矩最小,大小为 2 N·m。

8.1.2 柴油机额定力矩公式推导

在工程实际中,作用在传动轴上的外力偶往往不是直接给出的,需要通过轴的转速即传递功率综合确定。如图 8 – 5 所示,以某舰船推进装置轴系中某段中间轴为例,其右侧法兰段接收主机输出功率 P,此时对应轴转速为 n,试求解中间轴所承受扭矩。

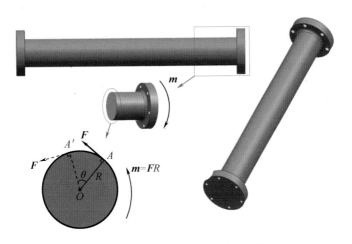

图 8 – 5 舰船推进装置中间轴扭矩分析

中间轴仅在两端法兰处承受扭矩作用,整个轴段处各截面扭矩值相等,假设其右侧法兰端从主机处承受扭矩为 m,中间轴半径为 R,取轴段内任意截面为研究对象,该圆截面扭矩值 m 等效于持续作用于圆周上 A 点、大小恒等于 F 的切向力与轴半径 R 之积,即$m = FR$。假设在研究时间段 Δt 内轴旋转角度为 θ,即切向力作用点由 A 旋转至 A',在 Δt 时间内主机输出功为 $W = P\Delta t$,力 F 做功值为 $W' = FR\theta$,$\theta = n\Delta t$,$W = W'$。将公式联立如下:

$$\begin{cases} W = P\Delta t = FR\theta \\ \theta = n\Delta t \Rightarrow W = m\theta \Rightarrow m = W/\theta = p/n \\ m = FR \end{cases}$$

统一单位:一般柴油机功率 P 单位为 kW,1 kW = 1 000 W;转速 n 单位为 r/min,1 r/min = $(2\pi/60)$ rad/s。因此可求得

$$m = \frac{1\ 000P}{(2\pi/60)n} = 9\ 549\ \frac{P}{n}\ \text{N·m} \tag{8 – 1}$$

比如,主机功率为 1 000 kW,转速为 1 000 r/min,则其轴系所承受扭矩值为 9 549 N·m。

8.2　圆轴扭转的切应力分析

同轴力性质类似,扭矩只用于分析截面所承受的宏观力矩,不管杆件截面如何变化,截面扭矩始终不变,但越细处越容易被破坏扭断,原因是此处与扭矩相对应的分布内力密集程度大,即切应力大。因此,工程实际中需要关注的不是扭矩而是切应力,尤其是最大切应力,计算其最大切应力 τ_{max} 是否未超过许用切应力 $[\tau]$ 而保持正常工作能力、不发生强度失效,即满足强度设计准则: $\tau_{max} \leqslant [\tau]$。

8.2.1　切应力互等定理

重新分析图 8-2 有限元数值仿真结果可以发现:扭矩会使圆轴各部位在切向产生较为明显的位移,表明圆轴在各横截面上存在切应力;同时扭矩会使轴各横截面发生一定程度的翘曲(内凹或外凸),表明圆轴在通过轴线的各纵截面上也存在切应力。

取 x 向为轴向,在图 8-2(b)中任取一网格单元作为脱离体微元研究对象进行分析,如图 8-6 所示,微元与横截面对应的一对面上存在切应力 τ,对应合力为 $f = \tau \mathrm{d}y\mathrm{d}z$,对应力偶矩值为 $m = f\mathrm{d}x = \tau \mathrm{d}x\mathrm{d}y\mathrm{d}z$;微元能够保持平衡则在与纵截面对应的一对面上必然存在切应力 τ',使纵截面对应面上的合力为 $f' = \tau'\mathrm{d}x\mathrm{d}z$,对应力偶矩值为 $m' = f'\mathrm{d}x = \tau'\mathrm{d}x\mathrm{d}y\mathrm{d}z$。微元保持平衡,则满足 $\sum m = 0$, $m = m'$,因此 $\tau = \tau'$。

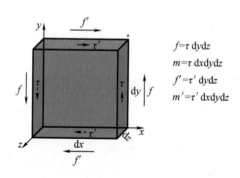

图 8-6　微元切应力分析

上述结果表明:如果在微元的一对面上存在切应力,另一对与切应力相互垂直的面上必然有大小相等、方向或相对(切应力作用线箭头相对)或相背(切应力作用线箭尾相背)的一对切应力,以使微元保持平衡,即切应力互等定理。

8.2.2　切应变关系式

对于传递功率的圆轴,大多数没有限制其绕轴线转动的固定约束,故采用"相对位移"的概念,即一截面相对于另一截面绕轴线转过的角度,称为相对扭转角,记为 $\mathrm{d}\varphi$。圆轴扭转的平面假设:圆轴扭转时,横截面依然保持平面且绕轴线刚性地转过一角度(相对扭转角)。

在图 8-2(b)中任取一微元薄壁圆筒作为脱离体研究对象进行分析,如图 8-7 所示,在 dx 长度上,在扭矩 $\boldsymbol{m}$ 作用下,虽然圆筒各横截面绕轴线刚性旋转角度均为 dφ,但半径不同的圆柱面产生的切应变不同,半径越小则切应变越小,内壁面对应切应变为 $\gamma(r')$,外壁面对应切应变为 $\gamma(r)$。

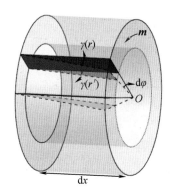

图 8-7 微元扭转切应变分析

设圆柱面对应半径为 ρ,对应切应变记为 $\gamma(\rho)$,则

$$\gamma(\rho) = \rho \frac{\mathrm{d}\varphi}{\mathrm{d}x} \tag{8-2}$$

式(8-2)表明:圆轴扭转时,其横截面上任意点处的切应变与该点至截面中心点的距离成正比。式中,$\frac{\mathrm{d}\varphi}{\mathrm{d}x}$ 为单位长度相对扭转角,记为 θ,对于两相邻截面,θ 为常量。对于主要承受扭转的圆轴,刚度设计主要是使轴上最大单位长度相对扭转角满足扭转刚度条件:

$$\theta = \frac{\mathrm{d}\varphi}{\mathrm{d}x} \leqslant [\theta] \tag{8-3}$$

式中,$[\theta]$ 称为许用单位长度相对扭转角,不同用途的轴,其许用单位长度相对扭转角的数值可在相关的设计手册中查到。例如,精密机械的轴 $[\theta] = (0.25 \sim 0.35)(°)/m$,一般传动轴 $[\theta] = (0.5 \sim 1.0)(°)/m$,刚度要求不高的轴 $[\theta] = 2(°)/m$。

8.2.3 剪切胡克定律

若在弹性范围内加载,即切应力小于某一极限值时,对于大多数各项同性材料,切应力与切应变呈线性关系。

$$\tau = G\gamma \tag{8-4}$$

式(8-4)即为剪切胡克定律,式中 G 为材料剪切模量,类似于 $\sigma = E\varepsilon$ 式中弹性模量 E,单位一般为 GPa。

$$\tau(\rho) = G\gamma(\rho) = \left(G\frac{\mathrm{d}\varphi}{\mathrm{d}x}\right)\rho \tag{8-5}$$

对于确定的横截面 dφ 不变,因此式(8-5)中 $G\frac{\mathrm{d}\varphi}{\mathrm{d}x}$ 为定值,表明横截面上各点的切应

力与点到截面中心的距离成正比,图 8 – 8 与图 8 – 2(b)中间轴有限元数值仿真所求解应力分布一致性较好,得以相互验证:切应力沿横截面的半径呈线性分布,从轴心向外柱面逐步增大。

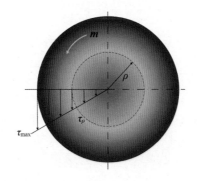

图 8 – 8   圆轴扭转时的切应力分布

8.2.4   静力学关系

如图 8 – 8 所示,作用在横截面上的切应力对应的剪切内力实际为一分布力系,这一力系向截面中心简化结果为一力偶,其力偶矩即为该截面上的扭矩。于是有

$$m = \int_A \left[\tau(\rho) \, dA \right] \rho = \int_A \left(G \frac{d\varphi}{dx} \rho dA \right) \rho = G \frac{d\varphi}{dx} \int_A \rho^2 dA = GI_P \frac{d\varphi}{dx}$$

$$\frac{d\varphi}{dx} = \frac{m}{GI_P}$$

式中, $I_P = \int_A \rho^2 dA$,是只与截面形状和尺寸有关的几何量,称为截面对其形心的极惯性矩, GI_P 称为圆轴的扭转刚度。

$$\theta = \frac{d\varphi}{dx} = \frac{m}{GI_P} \Rightarrow d\varphi = \frac{m}{GI_P} dx \Rightarrow \varphi = \int_l \frac{m}{GI_P} dx = \frac{ml}{GI_P} \tag{8-6}$$

式中, l 为两截面相对距离, m 、 G 、 I_P 均为常量,两截面相对扭转角 φ 单位为 rad(弧度)。

结合式(8 – 5)同样可以推导出

$$\tau(\rho) = \frac{m\rho}{I_P} \tag{8-7}$$

式(8 – 7)中 m 可由截面法求得,式(8 – 7)可用来计算圆轴扭转时横截面上任意点的切应力,按实际积分求解,例如,对于直径为 d 的实心截面圆轴有

$$I_P = \int_A \rho^2 dA = \int_0^{\frac{d}{2}} \rho^2 d(\pi\rho^2) = \frac{\pi d^4}{32} \tag{8-8}$$

对于内径为 d 、外径为 D 的空心截面圆轴:

$$I_P = \frac{\pi D^4}{32}(1 - \alpha^4), \alpha = \frac{d}{D} \tag{8-9}$$

不难看出,最大切应力发生在横截面边缘上各点,其值为

$$\tau_{max} = \frac{m\rho_{max}}{I_P} = \frac{m}{W_P} \qquad (8-10)$$

式中，$W_P = \dfrac{I_P}{\rho_{max}}$，称为圆截面的抗扭截面系数。

同样，对于实心圆截面，有

$$W_P = \frac{\pi d^3}{16} \qquad (8-11)$$

对于空心圆截面，有

$$W_P = \frac{\pi D^3}{16}(1 - \alpha^4), \alpha = \frac{d}{D} \qquad (8-12)$$

8.3 圆轴扭转破坏分析及性能设计

从工程实际角度考虑，承受扭转作用的圆轴能够安全可靠地工作，除了需满足前文所述扭转刚度条件（$\theta \leqslant [\theta]$）保持圆轴不变形失效外，还需保持强度条件（$\tau_{max} \leqslant [\tau]$）。

8.3.1 扭转破坏

为了测定扭转时材料的力学性能，需要将材料制成扭转式样在扭转试验机上进行试验，对于低碳钢，采用薄壁圆筒进行试验，使薄壁面上的切应力接近均匀分布，以得到反应切应力和切应变关系的曲线。对于铸铁等脆性材料，由于基本不发生塑性变形，所以采用实心圆截面式样也能得到反应切应力与切应变关系的曲线。扭转时，韧性材料（低碳钢）和脆性材料（灰铸铁）的试验应力 - 应变曲线分别如图 8 - 9 所示。

试验结果表明：低碳钢的切应力 - 切应变关系曲线与拉伸正应力 - 正应变关系曲线类似，也存在线弹性、屈服和破坏三个主要阶段。屈服强度和强度极限分别用 τ_s 和 τ_b 表示；铸铁扭转过程没有明显的线弹性阶段和塑性阶段，最后发生脆性断裂，其强度极限用 τ_b 表示。

韧性材料与脆性材料扭转破坏时，试样端口有着明显的区别：韧性材料沿横截面剪断，端口比较光滑凭证，如图 8 - 10(a)所示；脆性材料沿 45°螺旋面断开，端口呈细小颗粒状，如图 8 - 10(b)所示。

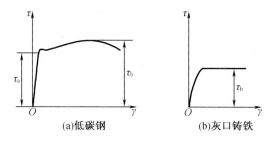

图 8 - 9　扭转试验应力 - 应变曲线

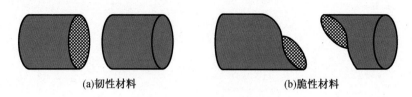

(a)韧性材料   (b)脆性材料

图 8 – 10   扭转试验破坏现象

8.3.2   扭转强度设计

进行扭转强度设计与弯曲强度设计类似,首先根据圆轴情况找出危险截面,然后根据危险截面应力分布规律确定危险点,圆轴扭转强度设计准则为

$$\tau_{max} \leqslant [\tau]$$

式中,$[\tau]$为许用剪切应力。

对于脆性材料,$[\tau] = \tau_b/n_b$;对于韧性材料,$[\tau] = \tau_s/n_s$。

许用切应力与许用正应力之间存在如下关系:对于脆性材料,$[\tau] = [\sigma]$;对于韧性材料,$[\tau] = (0.5 \sim 0.577)[\sigma]$。如果进行强度设计时不能提供$[\tau]$值,可根据上述关系式由$[\sigma]$值求得$[\tau]$值。

另外,式 $\tau_{max} = \dfrac{m\rho_{max}}{I_P}$ 不适用于轴横截面积突变区域,在这种局部区域切应力和切应变分布较为复杂,会出现应力集中现象,应力集中处产生裂纹的概率较高,更容易发生突然破裂。

图 8 – 11 所示为工程实际中常见的三种横截面突变情况:图 8 – 11(a)为传动轴与法兰交接处的横截面突变情况;图 8 – 11(b)为齿轮轴,轴的横截面突变位置处于将齿轮连接在轴上的键槽处;图 8 – 11(c)为阶梯轴中横截面过度处的截面积突变。在这些情况下,最大切应力分布在面积突变的尖锐区域,如图中红点标注处。

对横截面突变处进行应力分析时需要知道扭转应力集中系数 K,K 值可通过试验数据图表查取。如图 8 – 12 阶梯轴台肩圆角应力集中系数曲线所示,先根据阶梯轴大端与小端部分的直径比 D/d 来确定目标曲线,然后以阶梯轴台肩过渡圆角半径与小端直径比 r/d 为横坐标,即可从对应的纵坐标确定扭转应力集中系数 K 值。

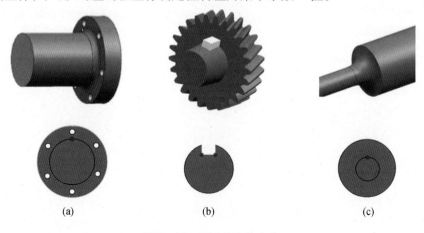

(a)   (b)   (c)

图 8 – 11   常见应力集中点

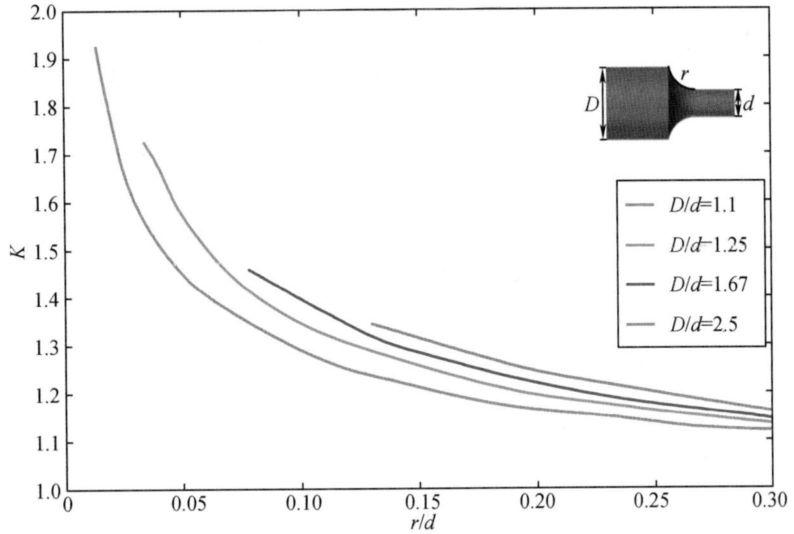

图 8-12　阶梯轴台肩圆角应力集中系数曲线

应力集中处最大应力由式(8-13)确定。

$$\tau_{\max} = K\frac{m\rho_{\max}}{I_{\mathrm{P}}} \tag{8-13}$$

由于 $\tau_{\max}$ 发生在小轴根部,式(8-13)中各参数(除 K 外)均取阶梯轴小端参数,即

$$\tau_{\max} = K\frac{m\rho_{\max}}{I_{\mathrm{P}}} = K\frac{16m}{\pi d^3}$$

从图 8-12 中还可以看出,阶梯轴大、小端直径之比 D/d 越小,K 值越低;随过渡圆角半径 r 增大,扭转应力集中系数 K 值减小。

8.4　非圆实心截面轴

本章 8.1~8.3 节已经证明:在圆轴横截面上作用扭矩时,由于圆轴结构的轴对称性质,横截面上的切应力和切应变从截面中心处的 0 值开始,沿半径方向线性增加,在横截面外缘上的点达到最大值。而且,由于横截面同一半径上所有点切应变相等,扭转后轴的横截面将不会发生变形,即横截面依然保持平面。

非圆形横截面轴属于非轴对称结构,非圆截面轴的扭转分析较为复杂,此处不做过多讨论。基于弹性理论的数学分析,可以确定一些较为常见截面形状轴上的应力分布,如正方形截面轴、三角形截面轴和椭圆形截面轴等。分析表明,在所有情形下,最大切应力都发生在横截面边缘距离轴的中心线最近的点上,将这些点以圆点的形式进行标注,各不同形状截面轴所对应的最大切应力和扭转角见表 8-1,表中 G 为剪切模量,m 为截面扭矩,l 为两截面相对距离。

表 8 - 1　各不同形状截面轴所对应的最大切应力和扭转角

横截面形状	τ_{max}	φ
	$\dfrac{4.81m}{a^3}$	$\dfrac{7.10ml}{a^4 G}$
	$\dfrac{20m}{a^3}$	$\dfrac{46ml}{a^4 G}$
	$\dfrac{2m}{\pi ab^2}$	$\dfrac{(a^2 - b^2)ml}{\pi a^3 b^3 G}$

由表 8 - 1 可以看出,在承受扭转作用时,轴的最优截面形状为圆形,因为在具有相同大小的横截面、承受相同扭矩的情形下,与非圆形截面轴相比,圆形截面轴会承受较小的最大切应力和较小的扭转角。

习　　题

8 - 1　作图 8 - 13 所示杆的扭矩图,并指出最大扭矩的值及其所在的横截面。

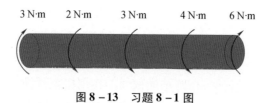

3 N·m　2 N·m　3 N·m　4 N·m　6 N·m

图 8 - 13　习题 8 - 1 图

8 - 2　图 8 - 14 所示阶梯圆轴,已知 AB 段直径 $d_1 = 100$ mm,BC 段直径 $d_2 = 70$ mm;扭转外力偶矩 $m_1 = 10$ kN · m,$m_2 = 6$ kN · m,$m_3 = 4$ kN · m;材料的许用扭转切应力 $[\tau] = 65$ MPa,试校核该轴强度。

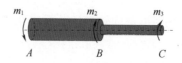

m_1　　　m_2　　m_3

A　　　　B　　　C

图 8 - 14　习题 8 - 2 图

8 - 3　图 8 - 15 所示实心圆轴杆,材料剪切模量 $G = 100$ GPa。直径 $d = 100$ mm,长

$l = 1$ m,作用在两个端面上的外力偶之矩均为 $m = 10$ kN·m,转向相反。试求:(1)横截面上的最大切应力以及两个端面的相对扭转角;(2)图示横截面上 A、B、C 三点处切应力的大小及指向。

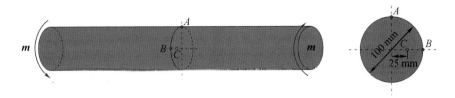

图 8–15 习题 8–3 图

8–4 如图 8–16 所示空心圆轴,外直径 $D = 100$ mm,内直径 $d = 80$ mm,外力偶之矩为 $m = 1$ kN·m,但转向相反。材料的剪切模量 $G = 100$ GPa。试求:(1)横截面上切应力的分布图;(2)最大切应力和单位长度扭转角。

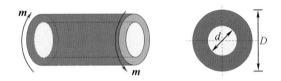

图 8–16 习题 8–4 图

8–5 图 8–17 所示轴的许用切应力 $[\tau] = 40$ MPa,剪切模量 $G = 100$ GPa,单位长度杆的许用扭转角 $[\theta] = 0.4(°)/m$。试按强度条件及刚度条件选择此实心圆轴的直径。

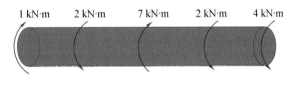

图 8–17 习题 8–5 图

8–6 如图 8–18 所示空心圆轴,外径 $D = 100$ mm,内径 $d = 90$ mm,两端分别施加大小相等方向相反的扭矩,扭矩值 $m = 5$ kN·m,$[\tau] = 80$ MPa。(1)试校核该轴强度;(2)若将该轴替换为强度相同的实心轴,求实心轴直径 D' 值,两轴所受重力比 G/G' 为多少?

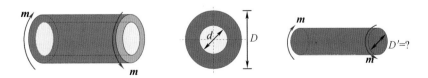

图 8–18 习题 8–6 图

8–7 如图 8–19 图所示圆轴,直径为 D,皮带轮 A、B、C 处输出功率分别为 $P_A =$

10 kW,$P_B = 6$ kW,$P_C = 4$ kW。轴剪切模量 $G = 100$ GPa,转速为 200 r/min,强度条件及刚度条件分别为$[\tau] = 40$ MPa 和$[\theta] = 1(°)/\text{m}$,求轴直径 D 取值范围。

图 8-19　习题 8-7 图

8-8　如图 8-20 所示阶梯轴,$d_1 = 10$ cm,$d_2 = 5$ cm,$m_A = 1\,500$ N·m,$m_B = 1000$ N·m,$m_C = 500$ N·m。$[\tau] = 25$ MPa,$G = 80$ GPa,$[\theta] = 1(°)/\text{m}$,试校核轴的强度和刚度。

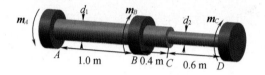

图 8-20　习题 8-8 图

第9章 弯　　曲

杆件承受垂直于其轴线的外力或位于其轴线所在平面内的力偶作用时,其轴线将弯曲成曲线,这种受力与变形形式称为弯曲,承受垂直于轴线的载荷的细长构件称为梁。

工程中常见梁的横截面往往至少具有一根纵向对称轴,如图9-1所示的矩形梁、工字梁、T字梁及圆形梁等。横截面对称轴与梁轴线所确定的面称为梁的纵向对称面,如图9-2(a)所示,简称对称面;当梁上的所有外力(包括力偶)均作用在对称面上且垂直于梁的轴线时,变形后的梁轴线也将在该对称面内,这种弯曲称为对称弯曲,如图9-2(b)所示。

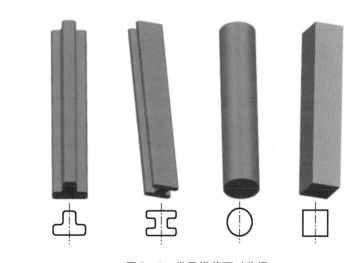

图9-1　常见横截面对称梁

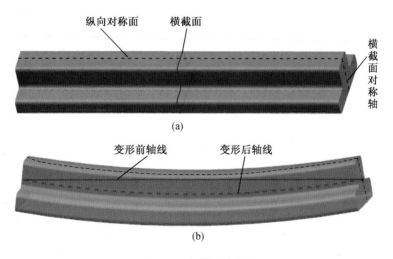

图9-2　梁的对称弯曲

梁的横截面如果没有对称轴,载荷只要施加在特定平面内,梁变形后的轴线也会位于载荷作用面内,这种弯曲统称为平面弯曲。对称弯曲是平面弯曲的一种特殊情形,而平面弯曲既可以是对称弯曲也可以不是对称弯曲。

在工程实际中,梁的截面、支座与载荷复杂多样,为便于分析计算,必须对实际梁进行简化:以梁轴线代替梁本身,梁长度称为跨度;将梁载荷简化为集中力、线分布力或力偶;将梁支撑方式简化为三种典型支座,工程中常见的静定梁通常可归纳为简支梁、外伸梁和悬臂梁三种基本形式,下面以工字梁为例,对三种结构进行简要分析。

1. 简支梁

梁的一端为固定铰支座(可以转动,水平、垂直方向不能移动),另一端为辊轴支座(垂直方向不能移动,可水平位移,可转动)。即指梁的两端搁置在支座上,支座仅约束梁的垂直位移,梁端可自由转动,如图9－3(a)所示。简支梁所对应的典型工程案例有行车大梁、桥梁等。

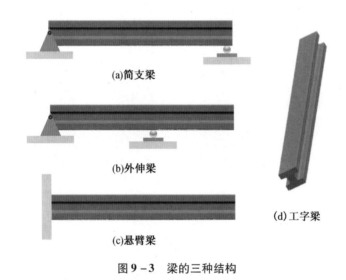

(a)简支梁

(b)外伸梁

(c)悬臂梁

(d)工字梁

图9－3 梁的三种结构

2. 外伸梁

一端或两端伸出支座的简支梁为外伸梁,如图9－3(b)所示,其所对应的典型工程案例有火车轮轴、废气涡轮增压器轴等。

3. 悬臂梁

梁的一端固定,另一端自由为悬臂梁,如图9－3(c)所示,其所对应的典型工程案例有螺旋桨桨轴、悬臂吊等。

图9－4为三种梁结构所对应的工程实际案例,这三种梁的共同特点是支座反力仅有三个,可由静力平衡条件全部求得,故也称为静定梁。

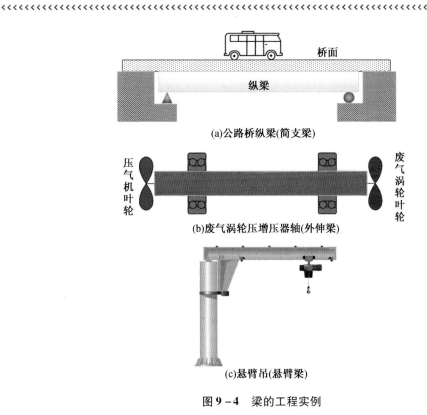

(a)公路桥纵梁(简支梁)

(b)废气涡轮压增压器轴(外伸梁)

(c)悬臂吊(悬臂梁)

图9-4 梁的工程实例

9.1 剪力与弯矩

在垂直于梁轴线载荷的作用下,梁的横截面上的分布内力可划分为两个内力分量——剪力 Q(垂直于轴线的内力系的合力)和弯矩 M(垂直于横截面的内力系的合力偶矩)。一般情况下,沿梁轴线方向,各横截面上的剪力和弯矩各不相同。对于梁的设计,确定梁内所有横截面中的最大剪力与最大弯矩至关重要。

求解梁的内力时仍然采用截面法,以图 9 - 5(a)简支梁为例,梁在外力 P 和支座反力作用下处于平衡状态,在待求内力 x 处设置假想界面 n—n 将梁截开分为两段,由于梁原来处于平衡状态,取其中任意一段作为脱离体进行分析时,也应视其保持在平衡状态。

如图 9 - 5(b)所示,对左段脱离体进行分析时,其在左端承受支座反力 N_1,假设横截面 n—n 上剪力为 Q、弯矩为 M,若使之保持平衡则必须满足其所受合力及合力偶矩为0。

$$\sum F = 0$$

所以 $N_1 - Q = 0$,$N_1 = Q$。

假设 O 点为横截面 n—n 形心,同理,对右段脱离体进行分析也可求得横截面 n—n 上的剪力 Q、弯矩 M,其结果与左段所求结果大小相等、方向(或转向)相反,互为作用力与反作用力关系。

为使梁同一截面内力符号一致,对剪力 Q 和弯矩 M 的正、负号做如下规定:对于剪力 Q,令引起作用段梁产生顺时针转动效应的剪力为正,反之为负;对于弯矩 M,令引起作用段梁上部受压缩的弯矩为正,反之为负,如图9-6所示。根据上述符号规定,图9-5中 n—n 截面上内力符号均为正。

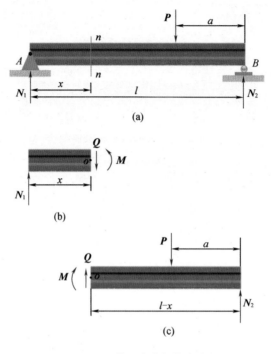

图9-5 截面法求梁的内力

图9-6 梁内力分量正负号规则

9.1.1 剪力图与弯矩图

在一般情况下,梁截面上的内力随截面位置的改变而变化,故横截面上的剪力和弯矩都可表示为截面位置 x 的函数,即 $Q = Q(x)$,$M = M(x)$,通常把它们分别称为剪力方程和弯矩方程。

与绘制轴力图和扭矩图类似,也可以用图形表示剪力和弯矩沿梁轴线方向的变化情况,分别称为剪力图和弯矩图。

依据剪力方程和弯矩方程绘制剪力图和弯矩图的解析步骤及注意事项如下。

1. 求解外力(包括载荷和约束力)

2.确定分段点

在以下集中载荷作用处需要分段：

(1)在集中力作用处；

(2)在集中力偶作用处；

(3)均布载荷(集度相同)起点和终点处。

3.建立坐标系

以便于建立剪力方程和弯矩方程为目的,建立 Oxy 坐标系,其中 O 为坐标原点,一般取在梁的左端,x 坐标轴与梁轴线一致,y 轴正向垂直向上。

4.应用截面法建立剪力方程和弯矩方程

取分析段为脱离体,假设待分析截面上的剪力 Q 和弯矩 M 都是正方向,根据平衡条件建立剪力方程和弯矩方程。

5.求解方程,绘制剪力图和弯矩图

一般规定:坐标原点定在梁左端,x 轴方向自左向右,Q、M 正值点标在 x 轴上方,负值点标在 x 轴下方。

【例9-1】 如图9-7所示简支梁,梁上承受集度为 q 的均布载荷作用,量长度为 l,求解并绘制其剪力图和弯矩图。

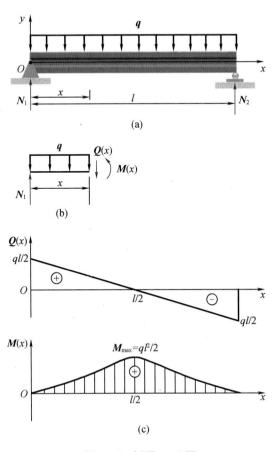

图9-7 例题9-1图

解 （1）求解外力

因为均布载荷垂直于梁且梁结构对称，所以梁在水平方向不受力且在两支座处所受约束力数值相等。根据平衡条件可求得

$$N_1 = N_2 = ql/2$$

（2）确定分段点

因为梁上只有均布载荷，其起点和终点即为支座处，所以梁横截面上的剪力和弯矩可以各用一个方程描述，无须分段。

（3）建立 Oxy 坐标系

以梁的左段支点为坐标原点 O，建立图 9 - 7（a）所示坐标系。

（4）应用截面法建立剪力方程和弯矩方程

如图 9 - 7（b）所示，取距离 O 点任意长度 x 段为脱离体，研究对象为坐标 x 处横截面内力，由平衡方程可得

$$\sum F = 0, N_1 - qx - Q(x) = 0 ; \sum M = 0, M(x) - N_1 x + qx \cdot (x/2) = 0$$

因此，梁的剪力方程和弯矩方程分别为

$$Q(x) = N_1 - qx = N_1 - qx = ql/2 \ - qx \,(0 \leqslant x \leqslant l)$$

$$M(x) = N_1 x - qx \cdot (x/2) = qlx/2 \ - qx^2/2 \,(0 \leqslant x \leqslant l)$$

以上两式表明：梁上的剪力方程是 x 的线性函数，弯矩方程是 x 的二次函数。

（5）求解方程，绘制剪力图和弯矩图

正确建立坐标系，分别根据剪力方程和弯矩方程绘制剪力图和弯矩图，如图 9 - 7（c）所示。

【例 9 - 2】 如图 9 - 8 所示悬臂梁，在 A、B 两处分别承受集中力 $\boldsymbol{F}$ 和集中力偶 $\boldsymbol{M} = 2Fl$，梁全长为 $2l$，求解并绘制其剪力图和弯矩图。

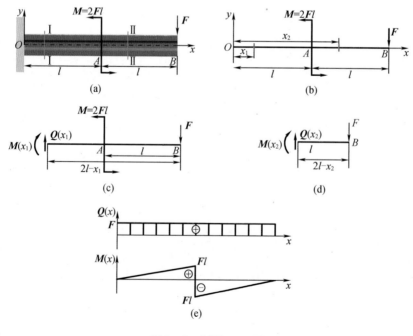

图 9 - 8 例题 9 - 2 图

解 (1)确定分段点。

由于是悬臂梁,故可以不求解固定端约束,以自由端为研究对象,在中点 A 处有集中力偶,因此需要分为 OA 段和 AB 段两段建立剪力方程和弯矩方程。

(2)建立 Oxy 坐标系,以梁左端为坐标原点,如图 $9-8(a)$ 所示。

(3)应用截面法建立剪力方程和弯矩方程。

在 OA 段和 AB 段任取假想截面 Ⅰ—Ⅰ 和 Ⅱ—Ⅱ,对应横坐标分别为 x_1 和 x_2,如图 $9-8(b)$ 所示。假设在两截面处剪力和弯矩均为正向,分别为 $Q(x_1)$、$M(x_1)$ 和 $Q(x_2)$、$M(x_2)$,如图 $9-8(c)$ 和图 $9-8(d)$ 所示。

根据平衡条件,以截面 Ⅰ—Ⅰ 右侧梁为研究对象,如图 $9-8(c)$ 所示,建立平衡方程:

$$\sum F = 0, Q(x_1) - F = 0; \sum M = 0, M(x_1) - M + F \cdot (2l - x_1) = 0$$

解得

$$Q(x_1) = F \ (0 \leqslant x_1 \leqslant l)$$

$$M(x_1) = M - F \cdot (2l - x_1) = 2Fl - 2Fl + Fx_1 = Fx_1 (0 \leqslant x_1 \leqslant l)$$

根据平衡条件,以截面 Ⅱ—Ⅱ 右侧梁为研究对象,如图 $9-8(d)$ 所示,建立平衡方程:

$$\sum F = 0, Q(x_2) - F = 0 ; \sum M = 0, M(x_2) + F \cdot (2l - x_2) = 0$$

解得

$$Q(x_2) = F(l \leqslant x_2 \leqslant 2l)$$

$$M(x_2) = -F \cdot (2l - x_2)(l \leqslant x_2 \leqslant 2l)$$

上述结果表明,OA 段和 AB 段的剪力方程是相同的;弯矩方程则不同;但都是 x 的函数。

(4)求解方程,绘制剪力图和弯矩图

正确建立坐标系,绘制 $Q(x) - x$ 剪力图和 $M(x) - x$ 弯矩图,如图 $9-8(e)$ 所示。

需要指出的是,悬臂梁所考察的是截开后右边部分梁的平衡,与固定端 O 处约束力无关,无须确定约束力。

9.1.2 载荷、剪力与弯矩之间的关系

推导载荷、剪力及弯矩之间的关系需要涉及微积分,本节从简单数学关系进行力学探讨。取图 $9-9$ 所示工字梁中极短的一段作为研究对象,$\mathrm{d}x$ 无限接近于 0,后续称微梁段,由于 $\mathrm{d}x$ 非常小,其载荷分布可视为均匀的,其载荷集度记为 $q(x)$,规定梁上分布载荷向上为正。

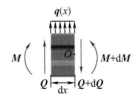

图 9-9 微梁段受力图示

记微梁段左截面剪力和弯矩分别为 Q 和 M,右侧截面剪力和弯矩相对左侧截面增加相应微量值 dQ 和 dM,分别为 $Q+dQ$ 和 $M+dM$,记右侧面中心点为 O。

由于整只梁处于平衡状态,所取微梁段也处于平衡状态,根据平衡方程:

$$\sum F = 0, Q + q(x)dx - Q - dQ = 0 \Rightarrow q(x)dx = dQ$$

$$\sum M_O = 0, M + Qdx + q(x)dx\frac{dx}{2} - M - dM = 0 \Rightarrow Qdx = dM$$

其中,项 $q(x)dx\frac{dx}{2}$ 存在两个微量的乘积(二阶微量,相对其他值极小),可以忽略,得

$$\left.\begin{array}{c} q(x) = \dfrac{dQ}{dx} \\ Q = \dfrac{dM}{dx} \end{array}\right\} \Rightarrow q(x) = \frac{d^2M}{dx^2}$$

剪力 Q 及弯矩 M 也是 x 的函数,可记为 $Q(x)$、$M(x)$。综上所述,在平面载荷作用下,剪力、弯矩与载荷集度之间存在下列微分关系。

$$q(x) = \frac{dQ}{dx} \tag{9-1}$$

$$Q = \frac{dM}{dx} \tag{9-2}$$

$$q(x) = \frac{d^2M}{dx^2} \tag{9-3}$$

9.1.3 叠加原理

当梁在多个载荷作用下产生的变形很小、截面上的剪力或弯矩(包括应力、位移等参量)与载荷保持线性关系时,每个载荷引起的参量变化将不受其他载荷影响。计算梁某处截面某一参量时可分别计算单项载荷独自作用下引起的该截面的参量,然后求解其代数和,该结论称为叠加原理,只要所求参量与载荷是线性关系,该原理成立。

如图 9-10 所示简支梁,承受集度为 q 的均布载荷和集中力 F,求解其剪力图和弯矩图时先分别作出梁在每个载荷单独作用下的剪力图和弯矩图,然后将各图对应的纵坐标叠加起来,就得到梁在两个载荷共同作用下的剪力图和弯矩图,此处仅以剪力图来加以说明。

对其进行求解时,先将简支梁受力分解为集中力 F 单独作用和均布载荷单独作用,如图 9-10(a)所示,然后作出对应单向力作用下的剪力图,最后将两个剪力图的相应纵坐标叠加起来便得到简支梁在集中力 F 和均布载荷 q 共同作用下的剪力图,如图 9-10(b)所示。

9.1.4 纯弯曲梁正应力

一般情况下,平面弯曲时梁的横截面上一般将有两个内力分量,就是剪力 Q 和弯矩 M,如果梁的横截面上只有弯矩 M 一个内力分量,这种平面弯曲称为纯弯曲。

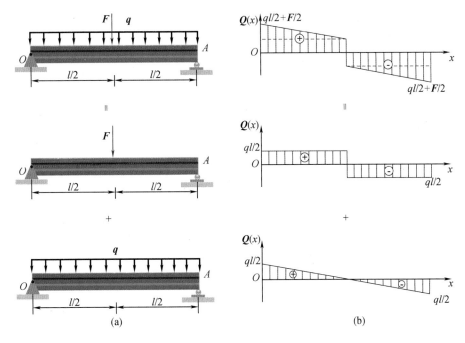

图 9-10 叠加原理

如图 9-11 所示为废气涡轮增压器轴系及其受力简图,轴段整体可看作外伸梁,其两端分别受压气机叶轮和废气涡轮叶轮的重力作用,内侧受轴承支撑力作用。假设废气涡轮叶轮与压气机叶轮重力相等且与内侧对应轴承等距,忽略轴自身重力,则根据平行条件,在两轴承之间(AB 之间)的轴段任意截面上只承受弯矩 M 作用,剪力 Q 为 0,这种梁段称为纯弯曲梁段。显然,在纯弯曲情况下,梁的横截面上只有弯矩,各横截面上只有垂直于横截面的正应力 σ,无切应力 τ 存在。

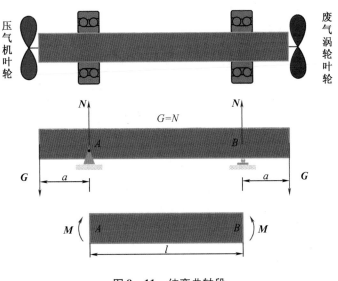

图 9-11 纯弯曲轴段

1. 正应变分布

钢质外伸梁尺寸如图 9 – 12(a) 所示,其横截面为矩形,宽与高均为 30 mm,长为 500 mm,弹性模量 $E = 210$ GPa,泊松比 $\mu = 0.3$。两端均承受垂直向下的集中力作用,大小均为 5 000 N,A 处为固定铰支座,B 处为辊轴支座。采用有限元方法对其弯曲后应力应变分布情况进行分析如下:

对钢质梁进行网格离散并添加相应载荷与约束,具体如图 9 – 12(a) 所示;求解得到梁变形情况及正应力分布情况,如图 9 – 12(b) 所示。

研究纯弯曲现象时只对 AB 段进行分析,从 AB 段变形情况及正应力分布情况可以看出:梁弯曲后顶部若干层正应力 σ 为正值,表示这些层区受拉伸作用发生伸长变形,底部若干层正应力 σ 为负值,表示这些层区反而受压缩作用而缩短。不难想象,在顶部拉伸变长向底部压缩变短的过渡层中必然存在某一层,既不伸长也不缩短,也即正应力 σ 为 0,此层称为中性层或中性面,中性层将梁分割为两个不同性质的区域——压缩区和拉伸区,中性层与梁横截面的交线称为该截面的中性轴。对于具有对称轴的横截面梁,中性轴垂直于各横截面的对称轴。研究弯曲梁微元的变形几何关系时需要在横截面确立参考坐标系 $Oxyz$,其中 z 轴与中性轴重合,y 轴沿横截面高度方向并与加载方向重合,如图 9 – 13 所示。

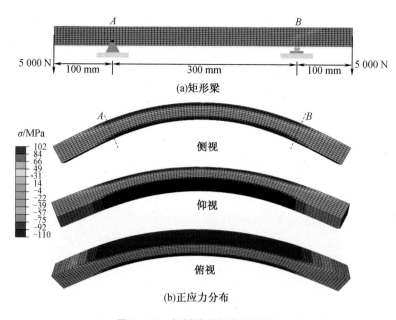

(a)矩形梁

(b)正应力分布

图 9 – 12 钢质外伸梁数值仿真

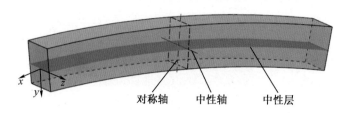

图 9 – 13 中性层与中性轴

在梁上沿 x 方向任意取长度为 $\mathrm{d}x$ 的微段作为研究对象, Ox 为中性层, 微段两截面弯曲转动后延交于 O' 点, O' 点即为中性层的曲率中心, 如图 $9-14$ 所示。中性层的曲率半径用 ρ 表示, 两截面间的夹角以 $\mathrm{d}\theta$ 表示, 则 $\rho = \dfrac{\mathrm{d}x}{\mathrm{d}\theta}$, 距中性层 y 处层面的长度改变量为

$$\Delta \mathrm{d}x = y\mathrm{d}\theta \tag{9-4}$$

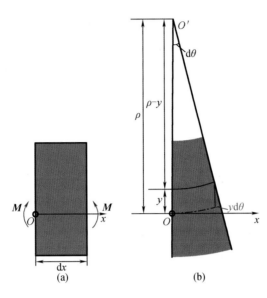

图 9 – 14　微段梁弯曲变形分析

将线段的长度改变量除以原长 $\mathrm{d}x$, 即为线段的正应变(也叫线应变):

$$\varepsilon = \frac{\Delta \mathrm{d}x}{\mathrm{d}x} = y\,\frac{\mathrm{d}\theta}{\mathrm{d}x} = \frac{y}{\rho} \tag{9-5}$$

曲率半径 ρ 反映弯曲程度大小, ρ 值越大, 曲率 $\dfrac{1}{\rho}$ 越小, 弯曲程度越小。梁弯曲程度已定时, ρ 为常数, 与 y 值无关。可见, 正应变与所处层面距中性层的距离 y 成正比, 与中性层曲率半径成反比, 即离中性层越远, 弯曲程度越大, 正应变越大。

2. 正应力分布

根据弹性范围内的应力应变关系, 当横截面上的正应力 σ 不超过材料的比例极限 σ_p 时, 满足 $\sigma = E\varepsilon$, 联立式 $(9-5)$ 可得正应力沿横截面高度分布的数学表达式:

$$\sigma = \frac{Ey}{\rho} \tag{9-6}$$

式中, E 为弹性模量, 式 $(9-6)$ 表明: 横截面上的弯曲正应力沿横截面高度方向从中性轴为 0 开始呈线性分布, 如图 $9-12$ 中 AB 段内数值求解所得应力分布所示。

式 $(9-6)$ 虽然给出了横截面上的应力分布, 但仍然不能用于计算横截面上各点的正应力, 一是因为 y 坐标是从中性轴开始计算的, 而中性轴位置未定; 二是因为中性面的曲率半径 ρ 也没有确定。

3. 中性轴位置及中性面曲率半径确定

纯弯曲时,梁横截面只存在正应力,正应力这种分布力系在横截面上可以产生轴力和弯矩。梁处于平衡状态时轴力为0,此时,梁仅受弯矩作用。结合图9-15所示弯曲梁横截面中的微元正应力示意图,可推导出如下公式:

$$\int_A \sigma \mathrm{d}A = F_x = 0 \tag{9-7}$$

$$\int_A (\sigma \mathrm{d}A)y = M_z \tag{9-8}$$

将式(9-6)代入替换可得

$$F_x = \int_A \sigma \mathrm{d}A = \frac{E}{\rho}\int_A y\mathrm{d}A = \frac{E}{\rho}S_z = 0 \tag{9-9}$$

$$M_z = \int_A (\sigma \mathrm{d}A)y = \frac{E}{\rho}\int_A y^2\mathrm{d}A = \frac{E}{\rho}I_z \tag{9-10}$$

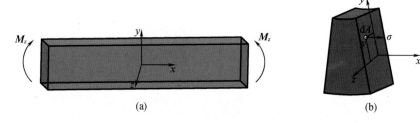

图 9-15 弯曲梁横截面

在式(9-9)中,$\dfrac{E}{\rho}$为非0常量,故有 $S_z = \int_A y\mathrm{d}A = 0$。$S_z$ 称截面对 z 轴的静矩,表示平面图形的面积 A 与其形心到某一坐标轴的距离的乘积。其值为0,表明中性轴必定通过横截面的形心,这样就确定了中性轴的位置。

在式(9-10)中,$I_z = \int_A y^2\mathrm{d}A$ 为横截面对中性轴的截面惯性矩,其既与截面形状有关又与截面尺寸有关。由式(9-10)可以得出曲率表达式:

$$\frac{1}{\rho} = \frac{M_z}{EI_z} \tag{9-11}$$

式中,EI_z 称为梁的抗弯刚度,表示梁抵抗弯曲变形的能力。式(9-11)表明梁的轴线弯曲后,曲率与弯矩成正比,与抗弯刚度 EI_z 成反比。

与式(9-6)联立可以得出:

$$\sigma = \frac{M_z y}{I_z} \tag{9-12}$$

式中 σ——横截面上任一点处的正应力;

M_z——横截面上的弯矩;

y——横截面上任一点到中性轴的距离;

I_z——横截面对中性轴 z 的惯性矩。

应用式(9-12)计算梁横截面上任一点的正应力时,可以采用两种方法决定正应力的正负号:一种是将弯矩 M 和坐标 y 的符号同时带入;另一种方法是直接判别正应力是拉应力还是压应力,以中性层为边界,变形后梁凸出边的正应力必为拉应力,取正值,而凹入边的应力则为压应力,取负值。

4.强度设计应用

从式(9-11)可以看出,在横截面上离中性轴最远的各点处,正应力值最大。这也说明,梁横截面上正应力的最大值永远分布在梁截面的上、下边缘处,如图9-16所示(同样参考图9-12数值仿真结果)。

当中性轴为梁截面的对称轴时,用 y_{max} 表示距中性轴最远处距离,则横截面上最大拉应力 σ_{tmax} 与最大压应力 σ_{cmax} 数值相等,均为 σ_{max}:

$$\sigma_{max} = \sigma_{tmax} = \sigma_{cmax} = \frac{M_z y_{max}}{I_z} \tag{9-13}$$

令 $W_z = \dfrac{I_z}{y_{max}}$,则有

$$\sigma_{max} = \sigma_{tmax} = \sigma_{cmax} = \frac{M_z}{W_z} \tag{9-14}$$

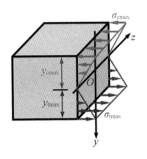

图9-16　正应力分布规律图

W_z 称为抗弯截面系数,它与横截面的几何尺寸和形状有关。对于矩形截面(图9-17),有

$$I_z = \frac{bh^3}{12}, \quad W_z = \frac{bh^2}{6} \tag{9-15}$$

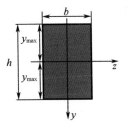

图9-17　矩形截面

同样,对于实心圆截面(图 9 – 18),有

$$I_z = \frac{\pi d^4}{64}, \quad W_z = \frac{\pi d^3}{32} \tag{9-16}$$

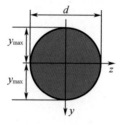

图 9 – 18　实心圆截面

对于空心圆截面(图 9 – 19),有

$$I_z = \frac{\pi D^4}{64}(1 - \alpha^4), W_z = \frac{\pi D^3}{32}(1 - \alpha^4), \alpha = \frac{d}{D} \tag{9-17}$$

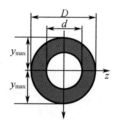

图 9 – 19　空心圆截面

　　另外,有些梁横截面的中性轴不具有对称性(如 T 字梁,如图 9 – 20 所示),则截面上的最大拉应力 σ_{tmax} 与最大压应力 σ_{cmax} 数值不相等,这时可以将距中性轴上、下最远处的 y_{tmax} 和 y_{cmax} 分别代入式(9 – 13)中以求解最大拉应力和最大压应力值。

$$\sigma_{\text{tmax}} = \frac{M_z y_{\text{tmax}}}{I_z} \tag{9-18a}$$

$$\sigma_{\text{cmax}} = -\frac{M_z y_{\text{cmax}}}{I_z} \tag{9-18b}$$

　　在实际计算中,可以不注明应力的负号,只需要在计算结果的后面用括号注明"拉"或"压",至于各种钢截面的惯性矩 I_z 和抗弯截面系数 W_z,可以从型钢规格表中查取。

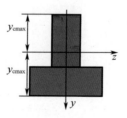

图 9 – 20　T 字梁

9.2 弯曲应力

在 9.1 节中,我们已经掌握了梁横截面上的内力——剪力和弯矩的计算方法。为了进行梁的截面设计和强度校核工作,必须研究梁横截面上的应力分布。本节将研究弯曲梁的正应力和切应力计算方法。对于一般弯曲梁,横截面上同时存在着切应力 τ 和正应力 σ。

9.2.1 横力弯曲正应力

梁在垂直梁轴线的横向力作用下,其横截面上将同时产生剪力和弯矩。这时,梁的横截面上不仅有正应力 σ 还有切应力 τ,这种弯曲称为横力弯曲,简称横弯曲。由于剪应力作用,梁的横截面会出现翘曲变形,弯曲变形后梁的横截面不能保持为平面;又因为梁上一般有垂直于梁轴线的横力存在,必然引起梁的纵向截面上也将出现正应力,从而平面假设和单向受力假设都不成立。

但是,实验和弹性力学分析结果表明,当梁的跨度 l 与梁截面高度 h 之比大于 5 时,横截面的剪力对正应力分布及最大值的影响一般在 5% 以内。即如果梁是细长杆,9.1.4 节中有关纯弯曲的正应力公式也可近似适用,翘曲对正应力分布产生的影响很小,通常可以忽略不计。

【例 9 – 3】 图 9 – 21(a)所示为 56a 号工字形钢简支梁,其尺寸、载荷及截面简化尺寸如标注所示。

(1)假设不计梁自重,试求该梁危险截面上的最大正应力 σ_{max}^F。

(2)考虑梁自重时,试求该梁危险截面上的最大正应力 σ_{max}^G。

解 (1)因不考虑梁自重,作出梁弯矩图(图 9 – 17(b))

$$M_{max} = 50 \times 5 = 250 \text{ kN} \cdot \text{m}$$

危险截面应在梁段 AB 中任一截面。

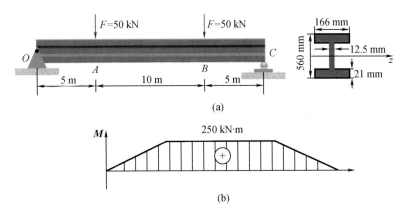

(a)

(b)

图 9 – 21 工字简支梁及弯矩图

利用型钢表,可查得 56a 号工字钢的截面几何性质：$I_z = 65\ 600\ \text{cm}^4$，$W_z = 2\ 340\ \text{cm}^3$。可求得危险截面上的最大正应力为

$$\sigma_{\max}^F = \frac{M_{\max}^F}{W_z} = \frac{250 \times 10^3}{2\ 340 \times 10^{-6}} = 106.84\ \text{MPa}$$

（2）考虑梁自重时,梁自身重力属于均布载荷,查型钢表可得 $q = 1.041\ \text{kN/m}$。由自重引起的最大弯矩为 $M_{\max}^G$，发生在梁段中间横截面处。

$$M_{\max}^G = \frac{q}{8} l^2 = \frac{1}{8} \times 1.041 \times 20^2 = 52.05\ \text{kN}$$

由自重引起的最大正应力为

$$\sigma_{\max}^G = \frac{M_{\max}^G}{W_z} = \frac{52.05 \times 10^3}{2\ 340 \times 10^{-6}} = 22.24\ \text{MPa}$$

根据叠加原理,梁在自重和载荷 $\boldsymbol{F}$ 作用下的最大正应力发生在梁段中间横截面的上、下边缘处。

$$\sigma_{\max} = \sigma_{\max}^F + \sigma_{\max}^G = 106.84 + 22.24 = 129.08\ \text{MPa}$$

结论：

不计自重,梁段 AB 处于纯弯曲状态；考虑自重,则梁段 AB 处于横力弯曲状态。计算公式均采用纯弯曲正应力计算公式,但弯矩值不一样,危险截面位置也不同。对于纯弯曲,AB 段每一截面均为危险截面；考虑自重时,只有中间截面为危险截面。

9.2.2 弯曲切应力

一般对细长梁来说,正应力是强度计算的主要因素,但在某些情况下,如载荷距支座较近、梁截面窄而高时,弯曲切应力也是引起破坏主导因素,此处着重介绍几种常用截面梁的切应力计算方法。

1. 矩形截面梁的切应力（图 9 - 22）

矩形截面梁的切应力公式推导采用了以下两个假设：

假设 1：截面上任一点的切应力方向均平行于剪力。

假设 2：切应力沿矩形截面的宽度均匀分布,即切应力的大小只与 y 坐标有关。

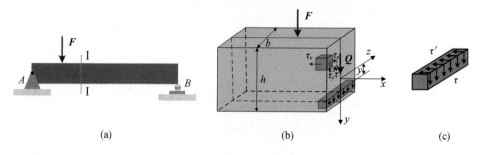

(a)　　　　　　　　　　(b)　　　　　　　　　　(c)

图 9 - 22　矩形截面梁的切应力

（1）假设的合理性说明

如图 9 – 22(a)所示简支梁,力 F 作用在其纵向对称面,对假想截面 I—I 进行切应力分析。如图 9 – 22(b)所示,梁段右端面为假想截面 I—I,紧贴梁前侧面和截面 I—I 取一单元体,假设单元体在截面边界处所受切应力为 τ,可分解为平行于边界的 τ_y 和垂直于边界的 τ_z。由切应力互等定律可知,在此单元体的侧面必存在 τ_x 与 τ_z 大小相等,方向相反,但此侧面为梁的侧表面,属于自由表面,不可能有切应力,故知 $\tau_x = \tau_z = 0$,即说明梁横截面上任一点的切应力 τ 方向均平行于剪力 Q。当截面高度 h 大于宽度 b 时,可近似地认为切应力沿截面宽度均匀分布,因此假设 2 成立。

在距中性层为 y 处取贯穿横侧面的单元长方体,如图 9 – 22(b)(c)所示,根据以上两条假设可知,在单元长方体的竖直面上具有均匀分布的垂直切应力 τ。又由切应力互等定理可知,单元体水平面上有水平切应力 τ',并且 $\tau' = \tau$。由弹性力学可以证明,在此两点假设基础上建立的切应力公式在长梁应用中满足工程需求。

(2) τ 的求解公式

根据上述假设可以推导得出,矩形截面梁横截面上任意一点处的切应力计算公式为

$$\tau = \frac{QS_z^*}{I_z b} \tag{9 – 19}$$

式(9 – 19)称为儒拉夫斯基公式。

式中,Q 为横截面上的剪力;b 为横截面宽度;S_z^* 为横截面上待求切应力处(距中性轴为 y 的横线)以外部分的横截面面积 A^* 对中性轴的面积矩;如图 9 – 23(a)所示,可求得

$$S_z^* = \int_{A^*} y\mathrm{d}A = A^* \bar{y} = \left[b\left(\frac{h}{2} - y \right) \right]\left[\frac{1}{2}\left(\frac{h}{2} + y \right) \right] = \frac{b}{2}\left(\frac{h^2}{4} - y^2 \right)$$

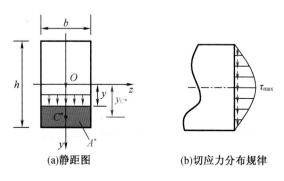

(a)静距图　　　　　(b)切应力分布规律

图 9 – 23　矩形梁截面切应力

I_z 为整个横截面对中性轴的惯性矩(矩形截面梁其值见式(9 – 15)),求得矩形截面梁切应力公式为

$$\tau = \frac{Q}{2I_z}\left(\frac{h^2}{4} - y^2 \right) \tag{9 – 20}$$

计算时,Q 和 S_z^* 均用绝对值代入式(9 – 19)求得切应力 τ 的大小,其中对于同一截面,Q、I_z 及 b 都为常量,因此,截面上切应力是随静矩 S_z^* 变化而变的。

矩形截面梁横截面上的切应力沿截面高度以抛物线规律变化,如图 9 – 23(b)所示。

在截面上、下边缘处$\left(y = \pm\dfrac{h}{2}\right)$,切应力为 0;在中性轴上$(y = 0)$切应力最大,其值为

$$\tau_{max} = \frac{3Q}{2bh} = \frac{3Q}{2A} \tag{9-21}$$

式中,A 为横截面面积,$\dfrac{Q}{A}$ 是梁矩形截面上的平均切应力。

由此可见,式(9-21)说明矩形截面梁的最大切应力为平均切应力的 1.5 倍,发生在中性轴上。因为切应力 τ 与剪力 Q 平行、同向,故根据 Q 的方向即可判断 τ 的方向。

综上可知,梁内的最大切应力发生在剪力最大的截面的中性轴上,此剪力记为 Q_{max},中性轴一侧的面积对中性轴的面积矩如用 S_{zmax}^{*} 表示,则梁的切应力强度条件为

$$\tau_{max} = \frac{Q_{max}S_{zmax}^{*}}{I_z b} \leqslant \left[\tau\right] \tag{9-22}$$

对矩形截面,由式(9-21)有

$$\tau_{max} = \frac{3Q_{max}}{2bh} = \frac{3Q_{max}}{2A} \leqslant \left[\tau\right] \tag{9-23}$$

2. 圆形截面梁

若梁表面上没有切向载荷,对圆形截面周边上任何点处的切应力,其方向必定与该点周边切线的方向一致。这是因为如果在边缘上切应力不与圆周相切,就可以把它分解成一个与边缘相切的分量 τ_t 和另一个在边缘法线方向的分量 τ_r。根据切应力互等定理,对 τ_r 来说其应与梁自由表面上的 τ_r' 相等,如图 9-24(a)所示。但自由表面上不可能有切应力 τ_r',即 $\tau_r = \tau_r' = 0$。

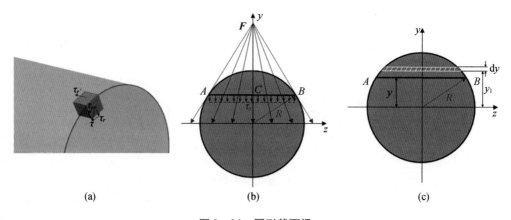

(a)   (b)   (c)

图 9-24 圆形截面梁

这样,在圆截面某一水平弦 AB 的两端,如图 9-24(b)切应力与圆周相切,相交于 y 轴上的 F 点。由于对称的原因,AB 中点 C 的切应力必然是垂直的,因而也过 F 点。由此,假设 AB 弦上任一点的切应力都通过 F 点。若再假设 AB 弦上各点切应力的垂直分量 τ_y 是相等的,亦即假设沿 AB 弦切应力的垂直分量 τ_y 是均匀分布的。这样,对 τ_y 来说与关于矩形截面所作的假设完全相同,因而也就可以由式(9-19)来计算。即

$$\tau_y = \frac{QS_z^*}{I_z b} \qquad (9-24)$$

式中,$b = 2\sqrt{R^2 - y^2}$,为 AB 弦的长度;S_z^* 为横截面上待求切应力处(AB 弦)以外的部分截面面积对中性轴 z 的面积矩,由图 $9-24$(c)可知

$$S_z^* = \int_A y_1 \mathrm{d}A = \int_y^R 2y_1 \sqrt{R^2 - y_1^2}\, \mathrm{d}y_1 = \frac{2}{3}(R^2 - y^2)^{\frac{3}{2}} \qquad (9-25)$$

将式($9-25$)代入($9-24$)式得

$$\tau_y = \frac{Q(R^2 - y^2)}{3I_z} \qquad (9-26)$$

求得切应力的垂直分量 τ_y 后,根据 AB 弦上每一点的切应力都通过 F 点的假设,不难求得每一点的总切应力。例如在 AB 弦的端点 A 或 B,切应力为

$$\tau = \frac{R}{\sqrt{R^2 - y^2}}\tau_y = \frac{QR\sqrt{R^2 - y^2}}{3I_z} \qquad (9-27)$$

这也是 AB 弦上的最大切应力。

从式($9-26$)可看出,在中性轴上,$y=0$ 处切应力达到最大值。对比式($9-26$)可知,在中性轴上各点的 τ_y 也就是各点的总切应力。注意到 $I_z = \dfrac{\pi R^4}{4}$,从式($9-27$)得到

$$\tau_{\max} = \frac{QS_{z\max}^*}{bI_z} = \frac{4Q}{3\pi R^2} = \frac{4Q}{3A} \qquad (9-28)$$

可见,圆形截面上的最大切应力 $\tau_{\max}$ 为平均切应力 $\dfrac{Q}{A}$ 的 4/3。

3. 薄壁截面梁的切应力

在工程上常遇到工字形、槽形和其他形状的薄壁截面(图 $9-25$),它们的壁厚与截面的其他尺寸相比小很多。图 $9-25$ 中的点画线是截面各处壁厚中点的连线,称为薄壁截面的中线。

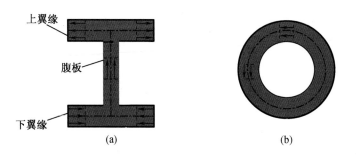

图 9-25 常见薄壁梁截面

(1)工字形截面梁

根据切应力互等定理可知,截面周界上各点切应力的方向必须平行于周界。由于薄壁截面的壁厚非常小,可以认为截面上各点切应力的方向平行于截面中线。如图 $9-25$(a)所示,工字形截面梁由上、下翼缘和腹板组成,在横力弯曲条件下,翼缘和腹板上均有切应

力存在。如图 9 – 26 所示,腹板是一条狭长的矩形。

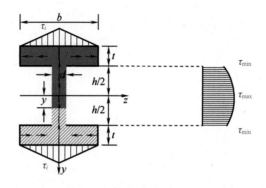

图 9 – 26　工字形截面梁切应力计算

腹板的切应力可参照矩形截面的切应力公式(9 – 19)求得,腹板上距中性轴为 y 处各点的剪应力为

$$\tau = \frac{QS_z^*}{dI_z} \tag{9 – 29}$$

式中,用腹板厚度 d 代替式(9 – 19)中计算宽度 b;S_z^* 仍为 y 以下图形面积(阴影部分)对中性轴 z 的面积矩。S_z^* 和 I_z 最终表达式如下,具体求解过程不予分析。

$$I_z = \frac{b}{12}(h + 2t)^3 - \frac{(b - d)}{12}h^3 \tag{9 – 30}$$

$$S_z^* = \frac{d}{2}\left(\frac{h^2}{4} - y^2\right) + \frac{bt}{2}(h + t) \quad \left(|y| < \frac{h}{2}\right) \tag{9 – 31}$$

切应力沿腹板高度按二次抛物线变化,最大切应力发生在中性轴上,其值为

$$\tau_{max} = \frac{QS_{zmax}^*}{dI_z} = \frac{Q}{d\dfrac{I_z}{S_{zmax}^*}} \tag{9 – 32}$$

此处的 S_{zmax}^* 为中性轴以上(或以下)截面面积对中性轴的面积矩。对于工字形钢,$\dfrac{I_z}{S_{zmax}^*}$ 可以从型钢表中查得。

整个工字形截面上切应力的大小和方向如图 9 – 26 所示,从图中表示切应力的许多小箭头来看,它们好像是两股沿截面流动的水流,从下翼缘的两端开始,共同朝向中间流动,到腹板处汇成一股向上继续流动到上翼缘处再分为两股,然后继续沿上翼缘流向两端。研究表明:对所有薄壁杆,其横截面上的切应力方向都有这个特点,通常把这种现象叫作剪流。掌握了剪流的特性,很容易由剪流的方向确定薄壁杆横截面上切应力变化的方向。

由图 9 – 26 可以看出,腹板上最大切应力与最小切应力相差不大,特别是当腹板厚度比较小时,相差更小,可以认为沿壁厚方向切应力大小不变化,即沿任何一条与中线垂直的横线上各点切应力相同(图 9 – 25(a))所示,近似认为 $\tau_{max} = Q/D(h - 2t) = Q/A_腹$。一

般,工字形截面梁的腹板主要承担截面上的剪力,而上下翼缘主要承担截面上的弯矩。翼缘部分的切应力情况较为复杂,其上的最大切应力相比腹板上最大切应力又小得多,一般情况下不必计算。

(2)圆环形截面梁

如图 9－27 所示薄壁圆环上的切应力,设圆环厚度为 t,圆环平均半径为 R,由于 t 与 R 相比很小,故假设:

①切应力沿壁厚不变;

②任一点处的切应力方向与所在点的圆周边相切。

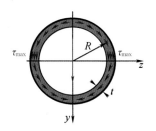

图 9－27　圆环形截面梁切应力计算

根据薄壁截面上剪流的特点,横截面纵向对称轴上各点的切应力必为 0,切应力沿 y 轴对称分布。借鉴圆形截面梁最大切应力公式(9－28),可求得圆环形截面梁处的最大切应力为

$$\tau_{max} = \frac{QS_{zmax}^*}{bI_z} = \frac{Q(2R^2t)}{(\pi R^3)(2t)} = \frac{2Q}{2\pi Rt} = 2\frac{Q}{A} \tag{9-33}$$

对于圆环形截面梁,$S_{zmax}^* = 2R^2t$,$I_z = \pi R^3t$,$b = 2t$,$A = 2\pi Rt$ 为薄壁圆环截面面积。由此可知,薄壁圆环截面梁横截面上的最大切应力是其平均切应力的 2 倍,发生在横截面的中性轴处。

4. 切应力强度条件

综合上述各种截面形状梁的最大切应力,写成一般公式为

$$\tau_{max} = K\frac{Q}{A} \tag{9-34}$$

式中,A 为各截面梁横截面面积。式(9－34)表明最大切应力为截面的平均切应力乘以系数 K。不同截面形状 K 值不同,矩形截面 $K = 3/2$,工字钢截面 $K = 1$,圆形截面 $K = 4/3$,环形截面 $K = 2$。

对等直梁而言,最大工作应力 τ_{max} 发生在最大剪力 $|Q|_{max}$ 的截面内。

切应力强度条件为梁的最大工作应力 τ_{max} 不超过构件的许用切应力 $[\tau]$,即

$$\tau_{max} = K\frac{|Q|_{max}}{A} \leqslant [\tau] \tag{9-35}$$

在进行强度计算时,必须同时满足正应力和切应力强度条件。通常是先按正应力强度条件选择截面的尺寸、形状或确定许可载荷,必要时再用切应力强度条件校核。一般在

下列几种情况才需进行切应力强度校核：

①小跨度梁或载荷作用在支座附近时，梁的 $|M|_{max}$ 可能较小而 $|Q|_{max}$ 较大；

②焊接的组合截面（如工字形）钢梁，当截面的腹板厚度与梁高之比小于型钢截面的相应比值时，横截面上可能产生较大的 τ_{max}；

③对于木梁，它在顺纹方向的抗剪能力差，可能沿中性层发生剪切破坏。

【例9-4】 图9-28所示为矩形截面钢梁，已知 $F_1 = 10$ kN，$F_2 = 4$ kN，$l = 1$ m，材料的许用正应力 $[\sigma] = 160$ MPa，许用切应力 $[\tau] = 80$ MPa。若规定梁横截面的高宽比 $h/b = 2$，试按强度条件设计梁的横截面尺寸。

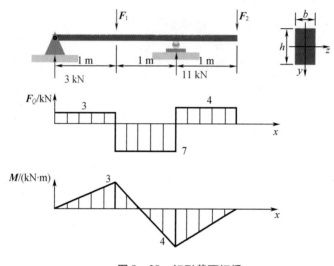

图9-28 矩形截面钢梁

解 （1）作内力图

为了确定所受剪力、弯矩最大的截面，可作出梁的内力图，如图9-28所示。有

$$|Q|_{max} = 7 \text{ kN}, \quad |M|_{max} = 4 \text{ kN} \cdot \text{m}$$

（2）按正应力强度条件选择截面

根据弯曲正应力强度条件确定截面尺寸

$$\sigma_{max} = \frac{|M|_{max}}{W_z} = \frac{|M|_{max}}{\frac{1}{6}bh^2} \leqslant [\sigma]$$

$h = 2b$，求得

$$b \geqslant \sqrt[3]{\frac{3|M|_{max}}{2[\sigma]}} = \sqrt[3]{\frac{3 \times 4 \times 10^3}{2 \times 160 \times 10^6}} = 0.033\ 5 \text{ m} = 33.5 \text{ mm}$$

故取截面尺寸

$$b = 34 \text{ mm}, h = 68 \text{ mm}$$

（3）校核弯曲切应力强度

$$\tau_{max} = \frac{3|F_Q|_{max}}{2A} = \frac{3 \times 7 \times 10^3}{2 \times 34 \times 68 \times 10^{-6}} = 4.5 \text{ MPa} \leqslant [\tau] = 80 \text{ MPa}$$

故取上述截面尺寸,梁的强度足够。

9.2.3 提高梁弯曲强度的常用措施

在工程实际中,为使梁达到既经济又安全的要求,所采用的材料量应较少且价格便宜,同时梁又要具有较高的强度。等直梁弯曲正应力是控制梁强度的主要因素,其最大正应力发生在最大弯矩或较大弯矩所在截面上距中性轴最远的各点处。因此,将最大弯矩或较大弯矩所在的截面称作梁的危险截面,发生最大正应力(包括拉应力和压应力)的各点称作梁的危险点。这里主要依据危险点正应力强度条件来讨论提高梁强度的措施。对于中性轴为截面对称轴的等值梁,危险截面上的最大拉应力和最大压应力的绝对值相等,强度条件公式为

$$\sigma_{max} = \frac{|M|_{max}}{W_z} \leqslant [\sigma]$$

从上式中看出,提高梁的强度主要措施是:降低 $|M|_{max}$ 的数值和增大抗弯截面系数 W_z 的数值,并充分发挥材料的力学性能。

1. 利用下列措施可以降低 $|M|_{max}$

(1)合理布置支座位置

合理布置支座位置可以减小梁的跨度,如图 9 – 29(a)所示的简支梁,其最大弯矩 $M_{max} = \frac{1}{8}ql^2 = 0.125ql^2$,若两端支承均向内移动 $0.2l$(图 9 – 29(b)),则最大弯矩 $M_{max} = 0.025ql^2$,只为前者的 1/5。工程中门式起重机大梁的支座,锅炉筒体的支承,都向内移动一定距离,其原因就在于此。

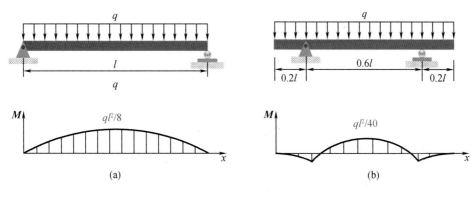

图 9 – 29 合理布置支座位置

(2)改善载荷布置情况

比较图 9 – 30(a)、(b)的最大弯矩 M_{max} 数值,可知后者大约为前者的 1/3。因此,在结构允许的条件下,应尽可能把载荷安排得靠近支座。

将图 9 – 30(a)、图 9 – 31 和图 9 – 29(a)三种加载方式相比较,可知前一种的弯矩最大值 $M_{max} = Fl/4$,后两种的弯矩最大值均为 $M_{max} = Fl/8$。因此,在结构条件允许时,应尽

可能把集中载荷分散成较小的多个载荷或者改变为均布载荷。

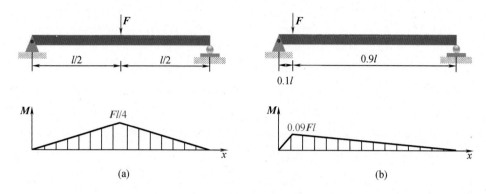

图 9 – 30   改善载荷布置情况 1

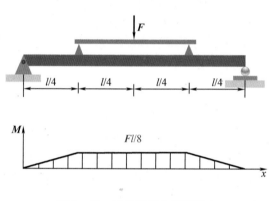

图 9 – 31   改善载荷布置情况 2

2. 选择合理的截面形状提升 W_z

合理的截面应该是,用最小的截面面积 A(即少用材料),得到大的抗弯截面系数 W_z。可采用下列措施:

(1)形状和面积相同的截面。其放置方式不同,则 W_z 值有可能不同,如图 9 – 32 所示。

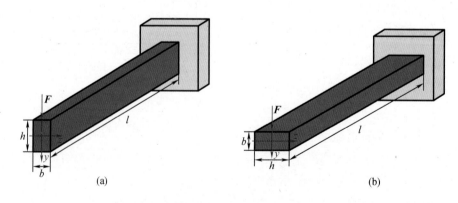

图 9 – 32   形状和面积相同的截面放置方式不同

矩形截面梁($h > b$),竖放时承载能力大,不易弯曲;而平放时承载能力小,易弯曲。两者抗弯截面系数 W_z 之比为

$$\frac{W_{z竖}}{W_{平}} = \frac{\frac{1}{6}bh^2}{\frac{1}{6}hb^2} = \frac{h}{b} > 1,即\ W_{z竖} > W_{z平}$$

因此,对于静载荷作用下的梁的强度而言,矩形截面长边竖放比平放合理。

(2)面积相等而形状不同的截面。为了便于比较各种截面的经济程度,用抗弯截面系数 W_z 与截面面积 A 的比值(W_z/A)来衡量,比值越大,经济性越好。常用截面的比值 W_z/A 已列入表9-1中。

表9-1 常用截面的比值 W_z/A

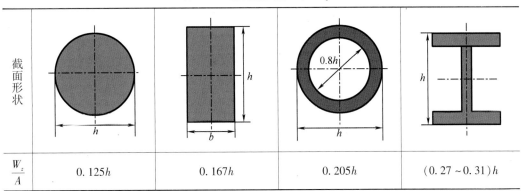

截面形状				
$\dfrac{W_z}{A}$	$0.125h$	$0.167h$	$0.205h$	$(0.27 \sim 0.31)h$

由表9-1可知,工字钢最佳,圆形截面最差。所以工程结构中抗弯杆件的截面常为工字形、槽形或箱形截面等。实际上,从正应力分布规律可知,当离中性轴最远处的 σ_{max} 达到许用应力时,中性轴上及其附近处的正应力分别为零和很小值,材料没有充分发挥作用。为了充分利用材料,应尽可能地把材料放置到离中性轴较远处,如实心圆截面改成空心圆截面;对于矩形截面,则可把中性轴附近的材料移置到上、下边缘处而形成工字形截面。

(3)截面形状应与材料特性相适应。对抗拉和抗压强度相等的塑性材料,宜采用中性轴对称的截面,如圆形、矩形、工字形等,使得上、下边缘的最大拉应力和最大压应力相同,同时达到材料的许用应力值。对抗拉强度小于抗压强度的脆性材料,宜采用中性轴偏向受拉一侧的截面形状。例如,图9-33中的一些截面。

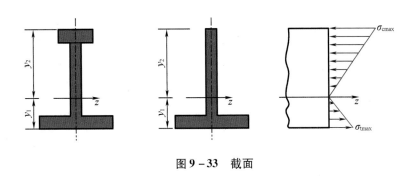

图9-33 截面

如能使 y_1 和 y_2 之比接近下列关系：

$$\frac{\sigma_{tmax}}{\sigma_{cmax}} = \frac{y_1}{y_2} = \frac{[\sigma_t]}{[\sigma_c]}$$

则最大拉应力和最大压应力便可同时接近许用应力。

3. 变截面梁

一般情况下，梁上各个截面上的弯矩并不相等。而截面尺寸是由最大弯矩来确定的。因此，对于等截面梁而言，除了危险截面以外，其余截面上的最大应力都未达到许用应力，材料未得到充分利用。为了节省材料，就应按各个截面上的弯矩来设计各个截面的尺寸，使截面几何尺寸随弯矩的变化而变化，即变截面梁。如果变截面梁各个横截面上的最大正应力都相等，并等于许用应力，则该梁称为等强度梁。设梁在任一截面上的弯矩为 $M(x)$，截面的抗弯截面系数为 $W(x)$。按等强度梁的要求，应有

$$\sigma_{max} = \frac{M(x)}{W(x)} = [\sigma] \ 或 \ W(x) = \frac{M(x)}{[\sigma]} \tag{9-41}$$

由式(9-41)，即可根据弯矩的变化规律确定等强度梁的截面变化规律。

9.3　弯曲变形和刚度

在工程实际中，只对梁进行强度分析保证其不致破坏是不够的。因为梁在载荷作用下还会发生变形，变形过大同样影响梁的正常使用。例如主机轴系的变形过大，将会影响齿轮的正常啮合以及轴与轴承的正常配合，造成不均匀磨损和振动，不但缩短主机使用寿命，还将影响主机工作性能。另外，研究梁的变形还是求解静不定梁时不可缺少的内容。

9.3.1　挠度与转角

如图9-34所示悬臂梁，以梁左端为坐标原点，x 轴和梁变形前的轴线重合，Oxy 坐标系在梁的纵向对称面内。

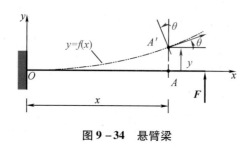

图9-34　悬臂梁

在载荷 F 作用下，梁产生弹性弯曲变形，轴线在 xy 平面内变成一条光滑连续的平面曲线(虚线)，此曲线称为梁的挠曲线。与此同时，梁的横截面将产生两种位移——线位移和角位移(即挠度和转角)。工程中用挠度和转角来度量梁的变形。

(1)挠度 y　梁上任一截面(x 截面)的形心 A，在梁变形后移至 A'，则其沿垂直于梁轴

线方向的线位移 y 称为挠度,单位为 mm。实际上,截面形心还有 x 方向的线位移,但 x 方向线位移极小,可忽略不计。若挠度与 y 轴的正向一致则为正,反之为负。

(2)转角 θ　梁变形时,横截面还将绕其中性轴转过一定的角度,即角位移。梁任意一个横截面绕其中性轴转过的角度称为该截面的转角,用符号 θ 表示,单位为 rad。规定逆时针转向的转角为正,顺时针转向的转角为负。根据平面假设,变形后梁的横截面仍正交于梁的轴线。因此,转角 θ 就是曲线的法线 n 与 y 轴的夹角,它等于挠曲线在该点的切线与轴 x 的夹角。

(3)挠度与转角的关系　由图 9 – 34 可知,挠度 y 与转角 θ 的数值随截面的位置 x 而变,y 为 x 的函数,记为 $y=f(x)$。

此为挠曲线方程的一般形式。由微分学知,挠曲线上任一点的切线斜率 $\tan\theta$ 等于曲线函数 $y=f(x)$ 在该点的一阶导数,即

$$\tan\theta = \frac{\mathrm{d}y}{\mathrm{d}x} = y' = f'(x) \tag{9-37}$$

工程中梁的变形很小,转角 θ 角也很小,则 $\tan\theta \approx \theta$,代入上式得

$$\theta = f'(x) \tag{9-38}$$

即梁上任一截面的转角等于该截面的挠度 y 对 x 的一阶导数,只要求出挠曲线方程,就可以确定梁上任一横截面的挠度和转角。

9.3.2　挠曲线微分方程

在通常情况下,由于剪力对弯曲变形的影响很小,可以忽略不计,故梁的弯曲变形主要与弯矩有关。引用纯弯曲时梁变形的基本公式 $\frac{1}{\rho} = \frac{M}{EI}$ 来建立梁的挠曲线方程。此时,

$\frac{1}{\rho}$ 和 M 分别代表挠曲线上任一点的曲率和该点截面上的弯矩,它们都是 x 的函数,分别

用 $\frac{1}{\rho(x)}$ 和 $M(x)$ 代替,EI 为抗弯刚度。这样梁的挠曲线方程为

$$\frac{1}{\rho(x)} = \frac{M(x)}{EI} \tag{9-39}$$

如图 9 – 35 所示,在梁的挠曲线中任取一微段梁 $\mathrm{d}s$,其长度与曲率半径的关系为

$$\mathrm{d}s = \rho(x)\,\mathrm{d}\theta \Rightarrow \frac{1}{\rho(x)} = \frac{\mathrm{d}\theta}{\mathrm{d}s} \tag{9-40}$$

式中 $\mathrm{d}\theta$ 为微段梁两端面的相对转角,由于梁变形很小,$\mathrm{d}s \approx \mathrm{d}x$,则可近似认为

$$\frac{1}{\rho(x)} = \frac{\mathrm{d}\theta}{\mathrm{d}x} \tag{9-41}$$

与式(9 – 38)联立,可求得

$$\frac{1}{\rho(x)} = \frac{\mathrm{d}^2y}{\mathrm{d}x^2} = y'' = \frac{M(x)}{EI} \tag{9-42}$$

这样,就将描述挠曲线曲率的公式转换为上述微分方程,称为挠曲线近似微分方程。

之所以说近似,是因为推导该公式时,忽略了剪力对变形的影响,并认为 $ds \approx dx$,但这一公式所得到的解在工程应用中是足够精确的。

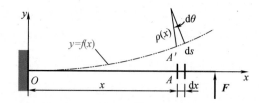

图 9 - 35　在梁的挠曲线中任取一微段梁 ds

需要注意的是,在推导公式时,所取的 y 轴是向上的,只有这样,等式两边的符号才是一致的。因为当弯矩 $M(x)$ 为正时,将使梁的挠曲线呈凹形,由微分学可知,此时曲线的二阶导数 y'' 在所取的坐标系中也为正值;同样,当弯矩 $M(x)$ 为负时,梁挠曲线呈上凸形,此时 y'' 也为负值。由图 9 - 36 可知,当 y 轴的正向向上时,y'' 与 $M(x)$ 始终取相同的正、负号。通过积分法求解此方程,便可求得转角 θ 和挠度 y。

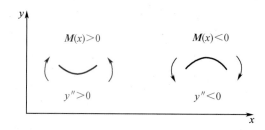

图 9 - 36　当 y 轴的正向向上时,y'' 与 $M(x)$ 始终取相同的正、负号

对于同一材料的等截面梁,其抗弯刚度 EI 为常量。将方程(9 - 42)两边乘以 dx,积分一次得

$$\theta = \frac{dy}{dx} = \frac{1}{EI}\int M(x)\,dx + C \tag{9 - 43}$$

将式(9 - 43)两边乘以 dx,再积分一次得

$$y = \frac{1}{EI}\iint M(x)\,dx\,dx + Cx + D \tag{9 - 44}$$

在式(9 - 43)和式(9 - 44)中出现了两个积分常数 C 和 D,其值可以由梁的约束条件和连续条件确定。

约束条件是指约束对于挠度和转角的限制:在固定铰支座和辊轴支座处,约束条件挠度等于零:如图 9 - 37(a)的简支梁,在 A 点处 $x = 0$,$y = 0$;在 B 点处 $x = l$,$y = 0$。

在固定端处,约束条件为挠度和转角都等于零:如图 9 - 37(b)的悬臂梁,$x = 0$,$y = 0$;$x = 0$,$\theta = 0$。

连续条件是指梁在弹性范围内加载,其轴线将完成一条连续光滑曲线,因此,在集中力、集中力偶以及分布载荷间断处,两侧的挠度和转角对应相等:如图 9 – 37(a)简支梁,在 C 点处, $x = c$, $y_L = y_R$, $\theta_L = \theta_R$。

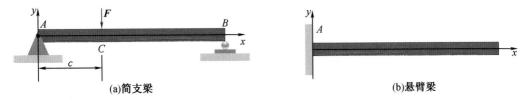

(a)简支梁　　　　　　　　　　　　(b)悬臂梁

图 9 – 37　简支梁和悬臂梁

【例 9 – 5】　如图 9 – 38 所示为圆形截面悬臂梁,自由端承受集中力 F 作用,试建立梁的转角方程和挠曲线方程,并计算最大挠度和最大转角。已知力 $F = 150$ N, $l = 300$ mm, $d = 10$ mm, $E = 200$ GPa。

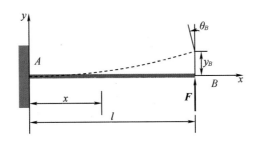

图 9 – 38　圆形截面悬臂梁

解　(1)列弯矩方程

建立图 9 – 38 所示的坐标系,弯矩方程为

$$M(x) = F(l - x)$$

(2)列挠曲线微分方程

$$y'' = \frac{F(l - x)}{EI}$$

积分得

$$\theta = y' = \frac{1}{EI}\int M(x)\,\mathrm{d}x + C = \frac{F}{EI}\left(lx - \frac{1}{2}x^2\right) + C \tag{9 – 44}$$

再次积分得

$$y = \frac{1}{EI}\iint M(x)\,\mathrm{d}x\mathrm{d}x + Cx + D = \frac{F}{EI}\left(\frac{l}{2}x^2 - \frac{1}{6}x^3\right) + Cx + D \tag{9 – 45}$$

(3)确定积分常数

当 $x = 0$ 时, $\theta_A = 0$, $y_A = 0$,将此边界条件代入式(9 – 44)、式(9 – 45)中,得

$$C = 0, D = 0$$

（4）确定梁的转角方程和挠度方程

将 $C=0,D=0,y'=\theta$ 代入式（9-44）、式（9-45），整理得到

$$\theta = \frac{Fx}{2EI}(2l-x) \qquad (9-46)$$

$$y = \frac{Fx^2}{6EI}(3l-x) \qquad (9-47)$$

（5）确定自由端的转角和挠度

由梁的变形图易见，梁的最大挠度和最大转角均发生于 $x=l$ 的自由端面 B 处，故得

$$\theta_{max} = \theta\,\big|_{x=l} = \frac{Fl^2}{2EI}(逆时针)\,, y_{max} = y\,\big|_{x=l} = \frac{Fl^3}{3EI}(\uparrow)$$

$$\theta_{max} = \frac{150 \times 0.3^2}{2 \times 200 \times 10^9 \times \dfrac{\pi 0.01^4}{64}} = 0.069\ \text{rad} = 3.953°$$

$$y_{max} = \frac{150 \times 0.3^3}{3 \times 200 \times 10^9 \times \dfrac{\pi \times 0.01^4}{64}}\ \text{m} = 13.751\ \text{mm}$$

【例 9-6】 图 9-39 所示为简支梁，在截面 C 处受集中力 $\boldsymbol{F}$ 作用，假设 $a \geqslant b$，试建立梁的转角方程和挠曲线方程，并计算最大挠度和最大转角。设梁的抗弯刚度 EI 为常数。

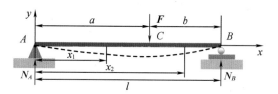

图 9-39 简支梁

解 （1）求支反力。由静力平衡条件可求得

$$N_A = \frac{Fb}{l}, N_B = \frac{Fa}{l}$$

（2）列弯矩方程。因为集中载荷 $\boldsymbol{F}$ 将梁分为 AC 和 CB 两段，各段弯矩方程不同，分别为

AC 段：

$$M(x_1) = N_A x_1 = \frac{Fb}{l}x_1 (0 \leqslant x_1 \leqslant a)$$

CB 段：

$$M(x_2) = N_A x_2 - F(x_2 - a) = \frac{Fb}{l}x_2 - F(x_2 - a)\ (a \leqslant x_2 \leqslant l)$$

（3）列挠曲线微分方程。令 AC 段和 CB 段的微分方程分别为 $y_1 = f_1(x)$ 和 $y_2 = f_2(x)$，积分后可得表 9-2 所示结果。

表 9 - 2 例 9 - 6 结果

AC 段 $(0 \leqslant x_1 \leqslant a)$		CB 段 $(a \leqslant x_2 \leqslant l)$	
$EIy_1'' = M(x_1) = \dfrac{Fb}{l}x_1$		$EIy_2'' = M(x_2) = \dfrac{Fb}{l}x_2 - F(x_2 - a)$	
$EIy_1' = \dfrac{Fb}{l}\dfrac{x_1^2}{2} + C_1$	(1)	$EIy_2' = \dfrac{Fb}{l}\dfrac{x_2^2}{2} - \dfrac{F(x_2 - a)^2}{2} + C_2$	(2)
$EIy_1 = \dfrac{Fb}{l}\dfrac{x_1^3}{6} + C_1 x + D_1$	(3)	$EIy_2 = \dfrac{Fb}{l}\dfrac{x_2^3}{6} - \dfrac{F(x_2 - a)^3}{6} + C_2 x + D_2$	(4)

在对 CB 段进行积分运算时,对含有 $(x_2 - a)$ 的项是以 $(x_2 - a)$ 作为自变量的,这样可使下面确定积分常数的工作得到简化。

在转角方程和挠度方程中共有 4 个积分常数 C_1、D_1、C_2、D_2,为了确定这四个常数,除需要利用边界条件:

当 $x_1 = 0$ 时,$y_1 = 0$;

当 $x_2 = l$ 时,$y_2 = 0$。

此外,根据整个梁的挠曲线为一条光滑而连续的曲线这一特征,利用相邻两段梁在交接处变形的连续条件,即在交接处 C 点,左右两段应有相等的挠度和相等的转角,即

$$x_1 = x_2 = a \text{ 时},\theta_1 = \theta_2, y_1 = y_2$$

由以上四个条件即可求得四个积分常数:

$$D_1 = D_2 = 0, C_1 = C_2 = -\frac{Fb}{6l}(l^2 - b^2)$$

将它们代入表 9 - 2 中的式(1)、式(2)、式(3)、式(4)中,得到两段梁的转角和挠度方程(表 9 - 3 中式(5) ~ 式(8))。

表 9 - 3 两段梁的转角和挠度方程

AC 段 $(0 \leqslant x_1 \leqslant a)$		CB 段 $(a \leqslant x_2 \leqslant l)$	
$\theta_1 = -\dfrac{Fb}{2lEI}\left[\dfrac{1}{3}(l^2 - b^2) - x_1^2\right]$	(5)	$\theta_2 = -\dfrac{Fb}{6lEI}\left[\dfrac{3l}{b}(x_2 - a)^2 + (l^2 - b^2 - 3x_2^2)\right]$	(6)
$y_1 = -\dfrac{Fbx_1}{6lEI}(l^2 - b^2 - x_1^2)$	(7)	$y_2 = -\dfrac{Fb}{6lEI}\left[\dfrac{l}{b}(x_2 - a)^3 + (l^2 - b^2 - x_2^2)x_2\right]$	(8)

(4)计算最大转角和最大挠度

因 $a \geqslant b$,将 $x_1 = 0$ 和 $x_2 = l$ 分别代入表 9 - 3 中的式(5)和式(6)中,即得左、右支座处得转角分别为

$$\theta_A = -\frac{Fb(l^2 - b^2)}{6lEI} = -\frac{Fab(l + b)}{6lEI}, \quad \theta_B = \frac{Fab(l + a)}{6lEI}$$

可得梁最大转角

$$\theta_{\max} = \theta_B = \frac{Fab(l+a)}{6lEI}$$

现在来确定梁的最大挠度。简支梁的最大挠度发生在 $\theta = 0$ 处。本题设 $a > b$,当 $x_1 = 0$ 时,$\theta_A < 0$;当 $x_1 = a$ 时,则 $\theta_C > 0$。故知 $\theta = 0$ 处的位置(即最大挠度 f 所在截面位置)必定发生在 AC 段内。为此令 $\dfrac{\mathrm{d}y_1}{\mathrm{d}x_1} = 0$,求得的 x_1 值就是挠度为极值处的坐标。

$$\frac{\mathrm{d}y_1}{\mathrm{d}x_1} = \theta_1 = -\frac{Fb}{2lEI}\Big[\frac{1}{3}(l^2 - b^2) - x_1^2\Big] = 0$$

由上式可求得 $x_1 = \sqrt{\dfrac{l^2 - b^2}{3}}$,将 x_1 值代入表 9 - 3 中的式(7),经简化后得最大挠度为

$$y_{\max} = -\frac{Fb}{9\sqrt{3}\,lEI}\sqrt{(l^2 - b^2)^3}$$

最大挠度的截面位置将随力 $\boldsymbol{F}$ 位置的改变而改变。当 $b \to 0$ 时,$x_1 = \dfrac{l}{\sqrt{3}} = 0.557l$,$y_{\max} = 0$;当 $a = b = l/2$ 时,$x_1 = 0.5l$,$y_{\max} = -\dfrac{Fl^3}{48EI}$。

综上所述,集中载荷 $\boldsymbol{F}$ 的作用位置对于最大挠度位置的影响并不明显,实际应用中可不考虑集中载荷 $\boldsymbol{F}$ 作用的位置,都认为最大挠度发生在梁跨度的中点。

9.3.3 叠加法求变形

前面在计算梁的弯矩和建立挠曲线近似微分方程时,曾利用了梁的线性弹性、小变形假设,因此当梁上同时有几种载荷共同作用时,根据叠加原理,任意截面的弯矩等于各个载荷分别作用时该截面上弯矩的代数和。即

$$M(x) = M_1 + M_2 + M_3 + \cdots + M_n$$

此处 M_1、M_2、$M_3 \cdots M_n$ 表示各个载荷分别作用时该截面的弯矩。于是

$$\theta = \theta_1 + \theta_2 + \theta_3 + \cdots + \theta_n$$
$$y = y_1 + y_2 + y_3 + \cdots + y_n$$

9.3.2 介绍的积分法是求梁变形的基本方法,当梁上同时作用若干个载荷而且只需求出某几个特定截面的转角和挠度时,积分法就显得过于烦琐。在此情况下使用叠加原理求变形要方便得多。图标太模糊列出了基本梁在简单载荷作用下的变形,供叠加法求变形时使用。

表 9 – 4 梁在简单载荷作用下的变形

序号	梁的简图	挠曲线方程	端截面转角	最大挠度
1		$y = \dfrac{Mx^2}{2EI}$	$\theta_B = \dfrac{Ml}{EI}$	$y_B = \dfrac{Ml^2}{2EI}$
2		$y = \dfrac{Fx^2}{6EI}(3l - x)$	$\theta_B = \dfrac{Fl^2}{2EI}$	$y_B = \dfrac{Fl^3}{3EI}$
3		$y = \dfrac{Fx^2}{6EI}(3a - x)\ (0 \leq x \leq a)$ $y = \dfrac{Fa^2}{6EI}(3x - a)\ (a \leq x \leq l)$	$\theta_B = \dfrac{Fa^2}{2EI}$	$y = \dfrac{Fa^2}{6EI}(3l - a)$
4		$y = \dfrac{qx^2}{24EI}(x^2 - 4lx + 6l^2)$	$\theta_B = \dfrac{ql^2}{6EI}$	$y_B = \dfrac{ql^4}{8EI}$

表 9-4（续）

序号	梁的简图	挠曲线方程	端截面转角	最大挠度
5		$y = \dfrac{-Mx}{6lEI}(l-x)(2l-x)$	$\theta_A = \dfrac{-Ml}{3EI}$ $\theta_B = \dfrac{Ml}{6EI}$	$y_{max} = \dfrac{-Ml^2}{9\sqrt{3}EI}$ $\left(x = \left(1-\dfrac{1}{\sqrt{3}}\right)l\right)$
6		$y = \dfrac{-Mx}{6EIl}(l^2-x^2)$	$\theta_A = -\dfrac{ml}{6EI}$ $\theta_B = \dfrac{ml}{3EI}$	$y_{max} = \dfrac{-Ml^2}{9\sqrt{3}EI}$ $\left(x = \dfrac{l}{\sqrt{3}}\right)$
7		$y = \dfrac{Mx}{6lEI}(l^2-3b^2-x^2)\ (0\le x\le a)$ $y = \dfrac{-M(l-x)}{6lEI}[l^2-3a^2-(l-x)^2]$ $(a\le x\le l)$	$\theta_A = \dfrac{M}{6lEI}(l^2-3b^2)$ $\theta_B = \dfrac{M}{6lEI}(l^2-3a^2)$	$y_{1max} = \dfrac{M(l^2-3b^2)^{\frac{3}{2}}}{9\sqrt{3}lEI}\ \left(x=\sqrt{\dfrac{l^2-3b^2}{3}}\right)$ $y_{2max} = \dfrac{M(l^2-3a^2)^{\frac{3}{2}}}{9\sqrt{3}lEI}\ \left(x=\sqrt{\dfrac{l^2-3a^2}{3}}\right)$
8		$y = \dfrac{-Fbx}{6lEI}(l^2-x^2-b^2)\ (0\le x\le a)$ $y = \dfrac{-Fb}{6lEI}\left[\dfrac{l}{b}(x-a)^3+(l^2-b^2)x-x^3\right]$ $(a\le x\le l)$	$\theta_A = \dfrac{-Fab(l+b)}{6lEI}$ $\theta_B = \dfrac{Fab(l+a)}{6lEI}$	$y_{max} = \dfrac{-Fb\sqrt{(l^2-b^2)^3}}{9\sqrt{3}lEI}\ \left(x=\sqrt{\dfrac{l^2-b^2}{3}}\right)$

表 9 - 4（续）

序号	梁的简图	挠曲线方程	端截面转角	最大挠度
9		$y = \dfrac{-qx}{24EI}[l^3 - 2lx^2 + x^3]$	$\theta_A = -\theta_B = -\dfrac{ql^3}{24EI}$	$y_{\max} = -\dfrac{5ql^4}{384EI}$
10		$y = \dfrac{Fax}{6lEI}(l^2 - x^2)\ (0 \leqslant x \leqslant l)$ $y = \dfrac{-F(x-l)}{6EI}\left[a(3x - l) - (x - l)^2\right]$ $(l \leqslant x \leqslant l+a)$	$\theta_A = -\dfrac{1}{2}\theta_B = \dfrac{Fal}{6EI}$ $\theta_B = \dfrac{Fal}{6EI}$ $\theta_C = -\dfrac{Fa}{6EI}(2l + 3a)$	$y_{\max} = \dfrac{Fal^2}{9\sqrt{3}EI}\left(x = \dfrac{l}{\sqrt{3}}\right)$ $y_C = \dfrac{-Fa^2(l+a)}{3EI}$
11		$y = \dfrac{Mx}{6lEI}(l^2 - x^2)$ $(0 \leqslant x \leqslant l)$ $y = \dfrac{-M}{6EI}(3x^2 - 4xl + l^2)\ (l \leqslant x \leqslant l+a)$	$\theta_A = -\dfrac{1}{2}\theta_B = \dfrac{Ml}{6EI}$ $\theta_C = \dfrac{-M(l+3a)}{3EI}$	$y_{\max} = \dfrac{Ml^2}{9\sqrt{3}EI}\left(x = \dfrac{l}{\sqrt{3}}\right)$ $y_C = \dfrac{-Ma(2l + 3a)}{6EI}$

【例9-7】 简支梁受载荷如图9-40(a)所示,已知抗弯刚度为 EI。试用叠加法求梁跨中点的挠度 y_C 和支座截面处的转角 θ_A、θ_B。

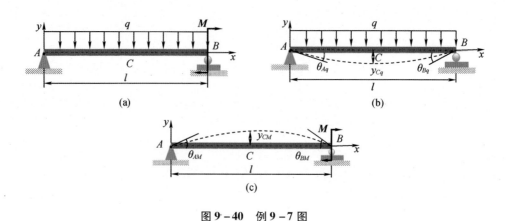

图9-40 例9-7图

解 将作用在此梁上的载荷分为两种简单载荷,如图9-40(b)、(c)所示。由表9-4的相应栏目,查得由 q、m 单独作用引起的梁跨中点 C 的挠度和支座 A、B 处的转角分别为

$$y_{Cq} = -\frac{5ql^4}{384EI}, \qquad \theta_{Aq} = -\frac{ql^3}{24EI}, \qquad \theta_{Bq} = \frac{ql^3}{24EI}$$

$$y_{Cm} = \frac{ml^2}{16EI}, \qquad \theta_{Am} = \frac{ml}{6EI}, \qquad \theta_{Bm} = \frac{-ml}{3EI}$$

于是

$$y_C = y_{Cq} + y_{Cm} = -\frac{5ql^4}{384EI} + \frac{ml^2}{16EI}$$

$$\theta_A = \theta_{Aq} + \theta_{Am} = -\frac{ql^3}{24EI} + \frac{ml}{6EI}$$

$$\theta_B = \theta_{Bm} + \theta_{Bm} = \frac{ql^3}{24EI} - \frac{ml}{3EI}$$

9.3.4 简单静不定梁

前面所研究的梁均为静定梁,在工程实际中,有时为了提高梁的强度和刚度,往往给静定梁增加约束,如第4.1节所述,此时梁的支反力的数目超过有效平衡方程的数目,即成为静不定梁,也称超静定梁。

在静定梁上增加的约束,对于维持构件平衡来说是多余的,因此,习惯上常把这种对维持构件平衡并非必要的约束,称为多余约束。与多余约束所对应的支座反力或反力偶,统称为多余约束反力。

通常把梁具有的多余约束反力数目,称为梁的静不定次数,即

静不定次数 = 未知约束反力个数 – 独立平衡方程数

求解静不定梁问题时,除列出静力平衡方程式外,还需要根据变形协调条件以及力与位移间的物理关系建立本构方程,本构方程个数应与静不定次数相等,这样才能解出全部

约束反力。

下面对静不定梁的解法(图 9 – 41)进行介绍。

以图 9 – 41(a)所示梁为例,进行支反力求解,进而可判断其是否满足刚度、强度条件,其具体求解步骤如下。

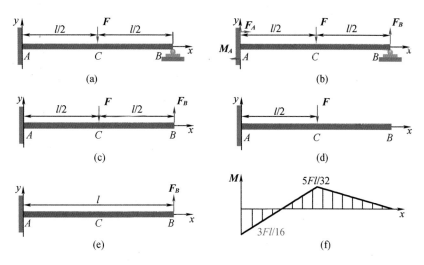

图 9 – 41 静不定梁的解法

解 (1)判断梁的静不定次数

作简要受力分析,如图 9 – 41(b)所示,该梁除受已知集中力 F 作用外,还在固定端 A 和辊轴支点 B 处分别受 M_A、F_A 和 F_B 共计 3 个未知约束反力。

以图 9 – 41(b)所假设的力的方向为准,由静力平衡条件可建立两个独立平衡方程。

$$\sum F_y = 0 \quad F = F_A + F_B \tag{9 – 48}$$

$$\sum M_A(F) = 0 \quad M_A = F_B l - \frac{1}{2} F l \tag{9 – 49}$$

由静不定次数 = 未知约束反力个数 – 独立平衡方程数,因此,是一次静不定梁,即该梁具有一个多余约束,具有一个多余约束反力。

(2)选择相当系统

如以 B 处支座作为多余约束,则相应的多余支反力为 F_B。为了求解,假想地将支座 B 解除,而以支反力 F_B 代替其作用,于是得到一个承受集中力 F 和未知力 F_B 的静定悬臂梁 AB,如图 9 – 41(c)所示。多余约束解除后,所得受力与原静不定梁相同的静定梁,称为原静不定梁的相当系统。

(3)在相当系统上计算解除约束处的变形

根据叠加原理,把图 9 – 41(c)分解为图 9 – 41(d)和图 9 – 41(e),现在利用叠加法求图 9 – 41(c)的梁的 B 点挠度。由力 F 单独作用时,如图 9 – 41(d),B 点挠度记为 y_{BF};由力 F_B 单独作用时,如图 9 – 41(e),B 点挠度记为 y_{BF_B}。则 B 点挠度为

$$y_B = y_{BF} + y_{BF_B}$$

查表 9 - 4 序号 2 得

$$y_{BF_B} = \frac{F_B l^3}{3EI}$$

查表 9 - 4 序号 3 得

$$y_{BF} = \frac{-Fa^2}{6EI}(3l - a)$$

$$a = l/2, y_{BF} = \frac{-5Fl^3}{48EI}$$

(4)将相当系统与原静不定梁的变形进行比较,列出本构方程

相当系统在载荷 F 与未知的多余反力 F_B 作用下发生变形,为了使其变形与原静不定梁相同,在多余约束处的位移,必须符合原静不定梁在该处的约束条件。在本例中,即要求相当系统横截面 B 的挠度为零,则图 9 - 41(c)与图 9 - 41(a)完全吻合(因为 B 处是支座,故挠度为 0)。对于图 9 - 41(c),要求其挠度为零的条件称为变形协调条件。必须强调指出,这一变形协调条件是针对承受给定载荷和未知多余反力的相当系统写出的。

$$y_B = y_{BF} + y_{BF_B} = \frac{F_B l^3}{3EI} - \frac{5Fl^3}{48EI} = 0 \qquad (9-50)$$

(5)列方程求支反力,联立静力平衡方程(9 - 48)、(9 - 49)和本构方程(9 - 50)解得

$$F_A = \frac{11F}{16}, F_B = \frac{5F}{16}, M_A = -\frac{3Fl}{16}$$

F_A、F_B 的正号表示实际方向与图 9 - 41(b)假设的方向相同,M_A 的负号表示实际 M_A 方向与图 9 - 41(b)假设的方向相反,进而可求解出梁各截面弯矩分布图(图 9 - 41(f)),即可进一步完成强度和刚度计算。

由以上的分析可见,解静不定量的方法是:先去掉多余约束得到相当系统;以未知的多余约束反力(或反力偶)代替去掉的多余约束加到相当系统上;写出多余约束处的变形协调条件,解出多余约束反力。需要说明的是,利用变形比较法解静不定梁,解除多余约束取相当系统可以有多种方法,根据解题时的方便而定。

9.3.5 刚度与优化

1. 梁的刚度条件

在工程实际中,按强度条件选择了梁的截面后,还需要进一步按梁的刚度条件检查梁的变形,因为当梁的变形超过一定限度时,梁的正常工作条件就会得不到保证。为此还应重新选择截面以满足刚度条件的要求。根据工程实际的需要,梁的最大挠度和最大转角不得超过某一规定值。由此梁的刚度条件为

$$|y|_{max} \leqslant [y] \qquad (9-51)$$

$$|\theta|_{max} \leqslant [\theta] \qquad (9-52)$$

式中,$[y]$ 为许可挠度,$[\theta]$ 为许可转角。其数值可以从有关工程设计手册中查到。例如一般传动轴,其许用挠度 $[y] = (0.0003 \sim 0.0005)l(l$ 为梁的跨度)。

【例 9 - 8】 如图 9 - 42 所示单梁起重机,跨长 $l = 10$ m,最大起重量 $G = 40$ kN,梁为

工字钢截面,许用应力$[\sigma]=150$ MPa,许可挠度$[y]=\dfrac{l}{400}$,弹性模量$E=200$ GPa。试选

择工字钢型号。

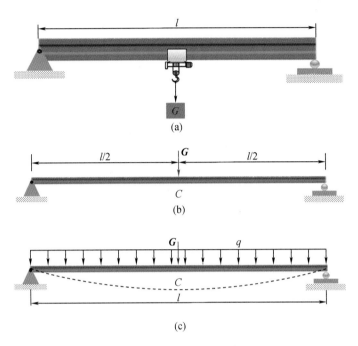

图 9 – 42　单梁起重机

解　(1)强度设计

由于截面尺寸未定,暂不考虑梁的自重影响。由前述章节知识可知,起吊重物在跨中点 C 时,中间截面将产生最大弯矩和最大挠度。最大弯矩为

$$M_{G\max}=\frac{Gl}{4}=\frac{40\times10}{4}=100 \text{ kN}\cdot\text{m}$$

根据强度条件得

$$W_z\geqslant\frac{M_{G\max}}{[\sigma]}=\frac{100\times10^3}{150\times10^6}\text{ m}^3=666.7\text{ cm}^3$$

通过附录 A 型钢表进行选材,初选 32b 号工字钢,$W_z=726\text{ cm}^3$,$I_z=11\ 600\text{ cm}^4$。

(2)刚度设计,由表 9 – 4 序号 8 可知:

$$|y|_{G\max}=\frac{Gl^3}{48EI_z}=\frac{40\times10^3\times10^3}{48\times200\times10^9\times11\ 600\times10^{-8}}=35.9\times10^{-3}\text{ m}=35.9\text{ mm}$$

$$[y]=\frac{l}{400}=\frac{10\ 000}{400}=25\text{ mm}$$

由于$|y|_{\max}>[y]$,则 32b 号工字钢不能满足刚度要求,需根据刚度条件重新选择型

号,由$[y]=\dfrac{F_w l^3}{48EI_z}$得

$$I_z = \frac{Gl^3}{48E[y]} = \frac{40 \times 10^3 \times 10^3}{48 \times 200 \times 10^9 \times 25 \times 10^{-3}} = 1.67 \times 10^{-4} \ \text{m}^4 = 16\ 700 \ \text{cm}^4$$

查型钢表得 36c 号工字钢

$$I_z = 17\ 300 \ \text{cm}^4, W_z = 962 \ \text{cm}^3, 单位长度自重 q \approx 700 \ \text{N/m}$$

（3）确定梁的最终尺寸

按选得的工字钢考虑自重影响，对梁的强度和刚度进行校核，如图 9-42（c）所示，自重同样在梁跨中引起最大弯矩

$$M_{q\max} = \frac{ql^2}{8} = \frac{700 \times 100}{8} \ \text{N} \cdot \text{m} = 8.75 \ \text{kN} \cdot \text{m}$$

载荷和自重共同引起梁的最大弯矩为

$$M_{\max} = M_{G\max} + M_{q\max} = 100 + 8.75 = 108.75 \ \text{kN} \cdot \text{m}$$

故最大正应力为

$$\sigma_{\max} = \frac{M_{\max}}{W_z} = \frac{108.75 \times 10^3}{962 \times 10^{-6}} \ \text{Pa} = 113 \ \text{MPa} < [\sigma] = 150 \ \text{MPa}$$

结合表 9-4 序号，并用叠加法得

$$|y|_{\max} = |y|_{G\max} + |y|_{q\max}$$

$$= \frac{Gl^3}{48EI_z} + \frac{5ql^4}{384EI_z}$$

$$= \left(\frac{40 \times 10^3 \times 10^3}{48 \times 200 \times 10^9 \times 17\ 300 \times 10^{-8}} + \frac{5 \times 700 \times 10^4}{384 \times 200 \times 10^9 \times 17\ 300 \times 10^{-8}} \right) \ \text{m}$$

$$= (24.1 + 2.6) \times 10^{-3} \ \text{m}$$

$$= 26.7 \ \text{mm} > [y]$$

$$= 25 \ \text{mm}$$

故选用 36c 号工字钢也不满足，进一步选用 40a 号工字钢，查型钢表得

$$I_z = 21\ 700 \ \text{cm}^4, W_z = 1\ 090 \ \text{cm}^3$$

单位长度自重 $q \approx 662.5 \ \text{N/m}$

重复步骤（3）计算可得

$$M_{q\max} = \frac{ql^2}{8} = \frac{662.5 \times 100}{8} \ \text{N} \cdot \text{m} = 8.28 \ \text{kN} \cdot \text{m}$$

$$\sigma_{\max} = \frac{M_{\max}}{W_z} = \frac{(M_{G\max} + M_{q\max})}{W_z} = \frac{(100 + 8.28) \times 10^3}{1090 \times 10^{-6}} \ \text{Pa} = 99.3 \ \text{MPa} < [\sigma] = 150 \ \text{MPa}$$

$$|y|_{\max} = |y|_{G\max} + |y|_{q\max}$$

$$= \frac{Gl^3}{48EI_z} + \frac{5ql^4}{384EI_z}$$

$$= \left(\frac{40 \times 10^3 \times 10^3}{48 \times 200 \times 10^9 \times 21\ 700 \times 10^{-8}} + \frac{5 \times 662.5 \times 10^4}{384 \times 200 \times 10^9 \times 21\ 700 \times 10^{-8}} \right)$$

$$= (19.2 + 2.0) \times 10^{-3} \ \text{m}$$

$$= 21.2 \ \text{mm} < [y]$$

$$= 25 \ \text{mm}$$

故最终选用40a号工字钢可同时满足强度需求和刚度需求。

2.提高梁弯曲刚度的措施

梁的变形不仅与梁的支承和载荷情况有关,还与材料、截面形状和跨度有关。要提高弯曲刚度,就应该从以下几个因素入手。

(1)提高梁的抗弯刚度 EI

各类钢材的弹性模量 E 的数值非常接近,故采用高强度优质钢来提高弯曲刚度是不经济的。而增大截面的惯性矩 I 则是提高抗弯刚度的主要途径。与梁的强度问题一样,可以采用槽形、工字形和空心圆等合理的截面形状。

(2)改变梁上的载荷作用位置、方向和作用形式

改变载荷的这些因素,其目的是减小梁的弯矩,这与提高梁的强度措施相同。

(3)减小梁的跨度或增加支承

从例9-6中可以看出,梁受集中力 F 作用时,其挠度与跨度的三次方成正比,若跨度减小一半,挠度减小到原来的1/8。所以,减小梁的跨度是提高弯曲刚度的有效措施。另一方面,增加梁的支座也可以减小梁的挠度。例如,在图9-43(a)所示的简支梁的跨度中点增设一个支座 C,如图9-43(b)所示,就能使梁的挠度显著减小。但采用这种措施后,原来的静定梁就变成静不定梁了。

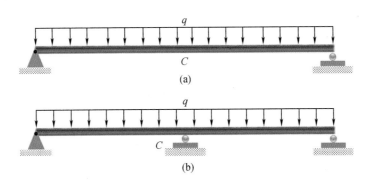

图9-43 在简支梁的跨度中点增设一个支座 C

习 题

9-1 如图9-44所示梁,试求3个横截面上的剪力和弯矩。

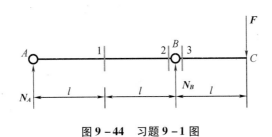

图9-44 习题9-1图

9-2 如图9-45所示梁,试求3个横截面上的剪力和弯矩。

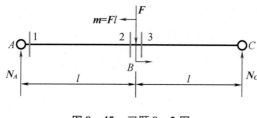

图9-45 习题9-2图

9-3 列出图9-46所示梁的剪力方程和弯矩方程,并作出剪力图和弯矩图。

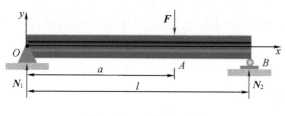

图9-46 习题9-3图

9-4 已知图9-47所示梁的F、l、a,画出其剪力、弯矩图。

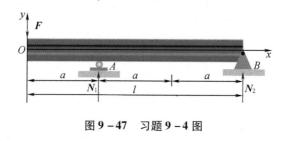

图9-47 习题9-4图

9-5 已知图9-48所示梁的F、分布力q、l,画出其剪力、弯矩图。

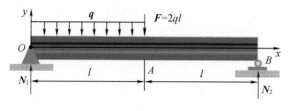

图9-48 习题9-5图

9-6 如图9-49所示矩形截面悬臂梁,$b=60$ mm,$h=100$ mm,梁跨度$l=1$ m,$[\sigma]=150$ MPa,试确定该梁的许可载荷$[F]$。

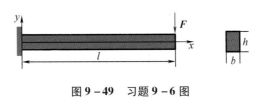

图 9-49 习题 9-6 图

9-7 如图 9-50 所示空心圆截面外伸梁,已知 $m=1.5$ kN·m,$l=300$ mm,$a=100$ mm,$D=60$ mm,$[\sigma]=150$ MPa,试按正应力强度准则设计内径 d。

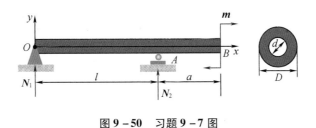

图 9-50 习题 9-7 图

9-8 图 9-51 所示简支梁,已知作用均布载荷 $q=8$ kN/m,$l=5$ m,$[\sigma]=200$ MPa,按正应力强度准则为梁选择工字钢型号。

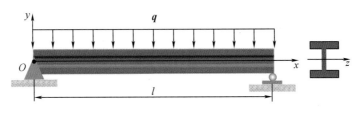

图 9-51 习题 9-8 图

9-9 T 型铸铁架如图 9-52 所示,已知作用力 $F=10$ kN,$l=400$ mm,材料的许用拉应力 $[\sigma^+]=60$ MPa,许用压应力 $[\sigma^-]=160$ MPa。固定端面对中性轴的惯性矩 $I_z=2.0\times10^6$ mm^4,$y_1=25$ mm,$y_2=75$ mm,各截面承载能力大致相同。试校核托架固定端面的正应力强度。

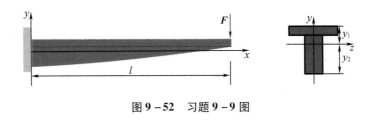

图 9-52 习题 9-9 图

9-10 如图 9-53 所示轧钢机滚道升降台,钢坯重 G,在升降台 OA 上可从 O 移动到 B,欲提高梁的弯曲强度,试确定支座 A 的合理位置。

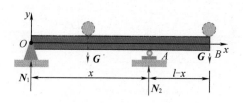

图 9 - 53 习题 9 - 10 图

9 - 11 图 9 - 54 所示悬臂梁 OA，已知 $EI, m = Fa$，用给定变形表求梁 A 端的最大挠度。

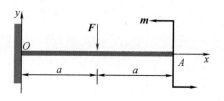

图 9 - 54 习题 9 - 11 图

9 - 12 图 9 - 55 所示桥式起重机大梁为 32a 工字钢，材料的弹性模量 $E = 200$ GPa，梁跨 $l = 10$ m，梁的许可挠度 $[y] = l/500$，若起重机的最大载荷 $G = 20$ kN，试校核梁的刚度。

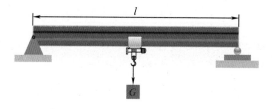

图 9 - 55 习题 9 - 12 图

9 - 13 如图 9 - 56 所示，悬臂梁 OA 和 BA 在 A 处用铰链连接，两梁的弯曲刚度均为 EI，受力及各部分尺寸均示于图中。$F = 40$ kN，$q = 20$ kN/m，求出两段梁的所有约束力。

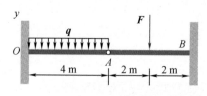

图 9 - 56 习题 9 - 13 图

第 10 章 复杂应力状态和强度理论

在工程实际中,许多杆件在外力作用下往往同时发生两种或两种以上的基本变形,这种变形情况称为组合变形。由于解决组合变形强度问题有时必须以应力状态分析和强度理论为基础,因此,本章介绍应力状态的理论以及材料在复杂应力作用下的破坏,即所谓强度理论。

10.1 应力状态的概念

杆在拉伸和扭转时的斜截面上的应力分析指出,杆内各点应力 σ、τ 的大小和方向不仅与该点所处的位置有关,还与该点所取截面方位 α 有关。过一点所有截面上应力的集合,称为该点的应力状态。

10.1.1 一点处的应力状态

为了解决构件在复杂受力情况下的强度问题,必须了解危险点处在哪一截面的正应力最大,哪一截面的切应力最大,为此有必要研究一点处各截面应力的变化规律,这就是一点的应力状态分析。

下面通过研究拉杆斜截面上的应力(图 10 - 1),介绍一点处的应力状态这一重要概念。

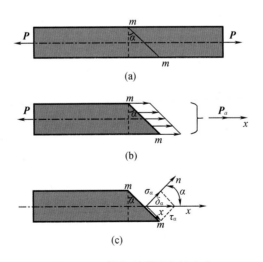

(a)

(b)

(c)

图 10 - 1 拉杆斜截面上的应力

设拉杆的任一斜截面 $m - m$ 与其横截面相交成 α 角,如图 10 - 1(a)所示。采用截面法研究此斜截面上的应力,假想沿此面将杆截开,并研究左边部分(图 10 - 1(b))的平衡。

由平衡方程 $\sum X = 0$ 可以得到斜截面上的内力为

$$P_\alpha = P$$

设想杆由许多纵向纤维组成,杆拉伸时伸长变形是均匀的,由此推断斜截面上分布内力必然是均匀分布的,即各点处的应力也是相等的,记为 δ_α。于是得

$$\delta_\alpha = \frac{P_\alpha}{A_\alpha} = \frac{P}{A_\alpha} \tag{10-1}$$

式中,P_α 为斜截面上任一点处的总应力,其方向沿 x 轴正向,如图 10-1(b)所示,A_α 为斜截面面积。由几何分析得到斜截面面积 A_α 与横截面面积 A 的关系是 $A_\alpha = \dfrac{A}{\cos \alpha}$,将其代入(10-1)式得

$$\delta_\alpha = \frac{P_\alpha}{\dfrac{A}{\cos \alpha}} = \sigma \cos \alpha \tag{10-2}$$

式中,$\sigma = \dfrac{P}{A}$,即杆横截面上的正应力。为研究方便,将 δ_α 分解为沿斜截面 m—m 的法线分量和切线分量,法线分量称为斜截面上的正应力 σ_α,切线分量称为斜截面上的切应力 τ_α,如图 10-1(c)所示。分解后得

$$\sigma_\alpha = \delta_\alpha \cos \alpha, \quad \tau_\alpha = \delta_\alpha \sin \alpha \tag{10-3}$$

将式(10-2)代入式(10-3),整理得到

$$\sigma_\alpha = \sigma \cos^2 \alpha \tag{10-4}$$

$$\tau_\alpha = \frac{\sigma}{2} \sin 2\alpha \tag{10-5}$$

从式(10-4)、式(10-5)可以看到,由于夹角 α 的不断变化,出现对应的各个截面应力也随之变化。将构件受力后,通过其内任意一点的各个截面上在该点处的应力情况,称为该点处的应力状态。

10.1.2　一点处的应力状态的表示方法

为了研究受力构件内某点处的应力状态,可以围绕该点截取一个正方形单元体来代表该点。一般情况下,应力在截面上是连续变化的,但由于单元体的边长趋近于无穷小,所以每个面上的应力可以视为均匀分布,同时每对平行截面的应力大小相等、方向相反,这样 3 对平行截面的应力就代表该点的应力。

如图 10-2(a)所示的轴向拉伸直杆,围绕 A 点用一对横截面和一对与杆轴线平行的纵向截面切出一个单元体,如图 10-2(b)所示。根据拉(压)杆件的应力计算公式可知,此单元的左、右侧面仅有均布正应力 $\sigma = \dfrac{P}{A}$,其上、下侧面和前、后侧面均无应力。

再以扭转圆杆为例(图 10-3(a)),对于其表面上的 B 点,可以围绕该点以杆的横截面和径向、周向纵截面截取代表它的单元体进行研究,如图 10-3(b)所示。

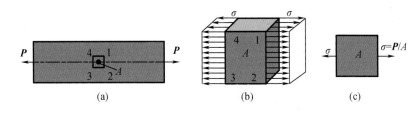

图 10 - 2　轴向拉伸的直杆

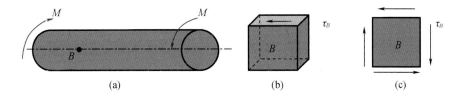

图 10 - 3　扭转圆杆

横截面上在 B 点处的切应力为

$$\tau_B = \tau_{\max} = \frac{M}{W_P}$$

式中,M 为横截面上的扭矩,W_P 为抗扭截面系数,M 为外力矩,杆在周向截面上没有应力。又由切应力互等定理可知,杆在径向截面上 B 点处应该有与 τ_B 相等的切应力。于是此单元体各侧面上的应力如图 10 - 3(b)、(c)所示。

再以横力弯曲下的矩形截面梁为例(图 10 - 4(a)),m—m 截面的正应力 $\sigma = \dfrac{M(x)}{I_z} y$

和切应力 $\tau_{xy} = \dfrac{Q(x)}{bI_z} S_z^*$,$b$ 为矩形截面宽度,如图 10 - 4(b)所示。由切应力互等定理可知 $\tau_y = -\tau_x$,得到应力单元体,如图 10 - 4(c)所示。

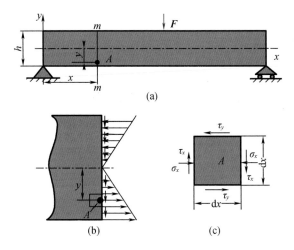

图 10 - 4　横力弯曲下的矩形截面梁

应该指出,所截取的单元体一般都极其微小,可认为单元体各面上的应力是均匀分布的。同时,在两个平行平面上的应力大小相等、方向相反。根据单元体各侧面上的已知应力,借助截面法和静力平衡条件即可通过单元体任何斜截面上的应力确定此点的应力状态。这就是研究一点处应力状态的基本方法。

10.1.3 主平面、主应力、应力状态的分类

一般情况下,表示一点处应力状态的应力单元体在各个表面上同时存在有正应力和切应力。但是可以证明:在该点处以不同方式截取的各个单元体中,必有一个特殊的单元体,在这个单元体的侧面上只有正应力而没有切应力。这样的单元体称为该点处的主应力单元体或主单元体,图 10-2(c)所示的单元体切是主应力单元体。主单元体的侧面称为主平面,主平面上的正应力称为该点处的主应力。

一般情况下,主单元体的 6 个侧面上有 3 对主应力,用 σ_1、σ_2、σ_3 表示,按代数值大小排列,即 $\sigma_1 \geqslant \sigma_2 \geqslant \sigma_3$。

一点处的应力状态按照该点处的主应力有几个不为 0 而分为 3 类。

(1)单元体上只有一个主应力不等于零的称为单向应力状态。轴向拉伸杆或轴向压缩杆内任意一点的应力状态均为单向应力状态(梁的纵向截面上存在正应力)。例如图 10-1 所示的拉杆内任意一点的应力状态即为单向应力状态。

(2)单元体上两个互相垂直的截面上的主应力均不等于零的称为二向应力状态。横力弯曲梁内任意一点(该点不在梁表面)的应力状态均属于二向应力状态(梁的纵向截面上存在正应力)。图 10-4 所示的横力弯曲 A 点属于二向应力状态。

(3)单元体上两个互相垂直的截面上的主应力均不等于零的称为三向应力状态。例如图 10-5(a)所示钢轨,在车轮压力作用下,钢轨受压部分的材料有向四外扩张的趋势,而周围的材料阻止其向外扩张,故受到周围材料的压力。在钢轨受压区域内可取出图 10-5(b)所示的单元体,这个单元体上有三个主应力 σ_1、σ_2、σ_3。这样钢轨与车轮的接触点处的应力状态即为三向应力状态。

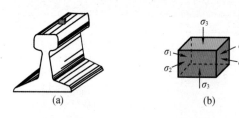

(a)   (b)

图 10-5 三向应力状态

10.2 二向应力状态分析

10.2.1 单元体截面上的应力

在平面应力状态下，图 10-6(a) 表示最一般情况下的应力单元体。在单元体上，与 x 轴垂直的平面称为 x 截面，其上作用有正应力 σ_x 和切应力 τ_x；与 y 轴垂直的平面称为 y 截面，其上作用有正应力 σ_y 和切应力 τ_y；与 z 轴垂直的 z 截面上应力为 0，该平面是主平面。二向应力状态图也可简化为图 10-6(b) 来表示。

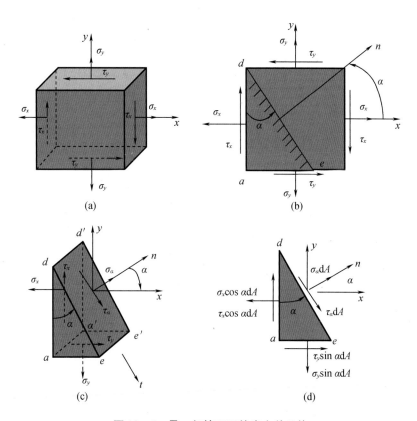

(a) (b) (c) (d)

图 10-6 最一般情况下的应力单元体

应力的符号规则如下：

- 正应力 σ 仍以拉压力为正，压应力为负；
- 切应力 τ 当表示切应力的矢有绕单元体内任一点做顺时针转动趋势时为正，反之为负；
- 斜截面外法线与 x 轴所成角度 α 从 x 轴按逆时针方向转到外法线 n 时为正，反之为负。

根据上述规定，图 10-6(b) 中的 τ_y 为负，其余各应力和 α 角均为正。

与 xy 平面垂直的任意一个斜截面 de，其外法线 n 与 x 轴的夹角为 α。采用截面法，用

de 截面将单元体截开,保留下半部 ade。在图 $10-6(c)$ 所示棱柱体 ad 面上有已知的应力 σ_x、τ_x,在 ae 面上有已知应力 σ_y、τ_y,在 de 面上假设有未知的正应力 σ_α 和切应力 τ_α。

设 de 斜截面面积为 dA,则 ae 面的面积为 $dA \cdot \sin \alpha$,ad 面面积为 $dA \cdot \cos \alpha$。取 τ 和 n 为参考轴,建立棱柱体 ade 的受力平衡方程,则对于参考轴 n 和 τ 分别列写如下方程:

$$\sum F_n = 0$$

则

$$\sigma_\alpha dA + (\tau_x dA\cos \alpha)\sin \alpha - (\sigma_x dA\cos \alpha) \cdot \cos \alpha +$$
$$(\tau_y dA\sin \alpha)\cos \alpha - (\sigma_y dA\sin \alpha)\sin \alpha = 0 \tag{10-6}$$

$$\sum F_\tau = 0$$

则

$$\tau_\alpha dA - (\tau_x dA\cos \alpha)\cos \alpha - (\sigma_x dA\cos \alpha) \cdot \sin \alpha +$$
$$(\tau_y dA\sin \alpha)\sin \alpha + (\sigma_y dA\sin \alpha)\cos \alpha = 0 \tag{10-7}$$

由切应力互等定理有 $\tau_x = \tau_y$,对式 $(10-6)$、式 $(10-7)$ 二式进行整理得

$$\sigma_\alpha = \frac{\sigma_x + \sigma_y}{2} + \frac{\sigma_x - \sigma_y}{2}\cos 2\alpha - \tau_x\sin 2\alpha \tag{10-8}$$

$$\tau_\alpha = \frac{\sigma_x - \sigma_y}{2}\sin 2\alpha + \tau_x\cos 2\alpha \tag{10-9}$$

利用式 $(10-8)$、式 $(10-9)$ 可以求得 de 斜截面上的正应力 σ_α 和切应力 τ_α。

可以看出,斜截面上的应力是角度 α 的函数,正应力 σ_α 和切应力 τ_α 随截面的方位改变而变化。若已知单元体上互相垂直面上的应力 σ_x、τ_x、σ_y、τ_y,则该点处的应力状态即可由式 $(10-8)$、式 $(10-9)$ 完全确定。

【例 10-1】 已知构件内某点处的应力单元体如图 $10-7$ 所示,试求斜截面上的正应力 σ_α 和切应力 τ_α。

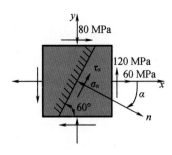

图 $10-7$ 例 $10-1$ 图

解 按照前述正负号规定,$\sigma_x = +60$ MPa,$\tau_x = -120$ MPa,$\sigma_y = -80$ MPa,$\alpha = -30°$。

$$\sigma_\alpha = \frac{\sigma_x + \sigma_y}{2} + \frac{\sigma_x - \sigma_y}{2}\cos 2\alpha - \tau_x\sin 2\alpha$$

$$= \frac{60 - 80}{2} + \frac{60 + 80}{2}\cos(-60°) - (-120)\sin(-60°)$$

$$= -78.9 \text{ MPa}$$

$$\tau_\alpha = \frac{\sigma_x - \sigma_y}{2} \sin 2\alpha + \tau_x \cos 2\alpha$$

$$= \frac{60 + 80}{2} \sin(-60°) + (-120) \cos(-60°)$$

$$= -120.6 \text{ MPa}$$

按照前述正、负号规定,将斜截面上的正应力 σ_α 和切应力 τ_α 的方向表示在单元体上,如图 10 – 7 所示。

10.2.2　主应力和极限切应力

1. 主应力和主平面

由式(10 – 8)可知,斜截面上的正应力 σ_α 是角度 α 的函数,极值正应力作用的平面可由式(10 – 8)求导得到。将式(10 – 8)对 α 求一次导数有 $\dfrac{\mathrm{d}\sigma_\alpha}{\mathrm{d}\alpha} = -2\left(\dfrac{\sigma_x - \sigma_y}{2} \sin 2\alpha + \tau_x \cos 2\alpha\right)$,令 $\dfrac{\mathrm{d}\sigma_\alpha}{\mathrm{d}\alpha}\Big|_{\alpha = \alpha_0} = 0$,显然此时 $\tau_{\alpha_0} = 0$。说明极值正应力所在的平面恰好是切应力等于 0 的面,即主平面。由此可知,极值正应力就是主应力。同时可求得

$$\tan 2\alpha_0 = \frac{-2\tau_x}{\sigma_x - \sigma_y} \tag{10 – 10}$$

因为正切函数的周期为 $180°$,即 $\tan 2\alpha = \tan(2\alpha + 180°)$,所以满足式(10 – 10)的斜截面有角度为 α_0 和 $\alpha_0 + 90°$ 两个,其中一个是最大正应力所在的平面,另一个是最小正应力所在的平面。α_0 和 $\alpha_0 + 90°$ 确定了两个相互垂直的主平面,如图 10 – 8 所示。再考虑到各应力均为零的平面也是主平面,这样平面应力状态下的 3 个主平面是互相垂直的。

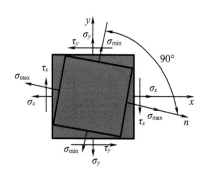

图 10 – 8　主平面相互垂直

由式(10 – 10)求出 $\cos 2\alpha_0$ 和 $\sin 2\alpha_0$,代入式(10 – 8)得到最大主应力和最小主应力。

$$\begin{aligned}\sigma_{\max} \\ \sigma_{\min}\end{aligned} = \frac{\sigma_x + \sigma_y}{2} \pm \sqrt{\left(\frac{\sigma_x - \sigma_y}{2}\right)^2 + \tau_x^2} \tag{10 – 11}$$

确定最大主应力 $\sigma_{\max}$ 和最小主应力 $\sigma_{\min}$ 所在平面方法如下:

(1)如果 σ_x 表示两个正应力中代数值(带符号)较大的角,即 $\sigma_x > \sigma_y$,则公式(10 – 10)确定的两个角度 α_0 和 $\alpha_0 + 90°$ 中,绝对值较小的角确定 $\sigma_{\max}$ 所在的平面;

（2）如果 σ_x 表示两个正应力中代数值较小的角，即 $\sigma_x < \sigma_y$，则公式（10－10）确定的两个角度 α_0 和 $\alpha_0 + 90°$ 中，绝对值较小的角确定 $\sigma_{\min}$ 所在的平面；

（3）当 $\sigma_x = \sigma_y$ 时，如果 τ_x 有使单元体顺时针转动趋势，则 $\sigma_{\max}$ 指向为从 σ_x 所在的 x 轴正向沿顺时针转过 45°，如图 10－9（a）所示；如果 τ_x 有使单元体逆时针转动趋势，则 $\sigma_{\max}$ 指向为从 σ_x 所在的 x 轴正向沿逆时针转过 45°，如图 10－9（b）所示。

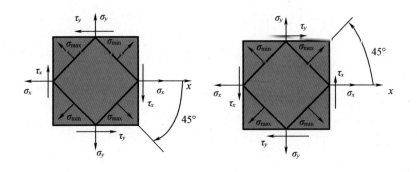

图 10 － 9　$\sigma_x = \sigma_y$ 时的主平面方位

2. 极限切应力及其所在平面

按照与上述完全类似的方法，可以求得最大和最小切应力以及它们所在的平面。将式（10－9）对角度 α 求导数，令 $\dfrac{\mathrm{d}\tau_\alpha}{\mathrm{d}\alpha}\Big|_{\alpha=\alpha_1}=0$，得

$$\tan 2\alpha_1 = \frac{\sigma_x - \sigma_y}{2\tau_x} \qquad (10-12)$$

满足式（10－12）的 α_1 值同样有两个：α_1 和 $\alpha_1 + 90°$，从而可以确定两个互相垂直的平面，分别作用着最大和最小切应力。

由式（10－12）求出 $\cos 2\alpha_1$ 和 $\sin 2\alpha_1$，代入式（10－9）得到最大切应力和最小切应力。

$$\begin{matrix} \tau_{\max} \\ \tau_{\min} \end{matrix} = \pm \sqrt{\left(\frac{\sigma_x - \sigma_y}{2}\right)^2 + \tau_x^2} \qquad (10-13)$$

比较式（10－10）和式（10－12）可得

$$\tan 2\alpha_1 = -\cot 2\alpha_0 = \tan(2\alpha_0 + 90°)$$

所以有 $\alpha_1 = \alpha_0 + 45°$，即两个极限切应力所在平面与主平面各成 45°，如图 10－10 所示。

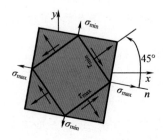

图 10 － 10　极限切应力平面与主平面夹角

【**例 10 – 2**】 扭转试验破坏现象如下：低碳钢试件从表面开始沿横截面破坏，如图 10 – 11(a)所示；铸铁试件从表面开始沿与轴线成 45°倾角的螺旋曲面破坏，如图 10 – 11(b)所示。试分析并解释它们的破坏原因。

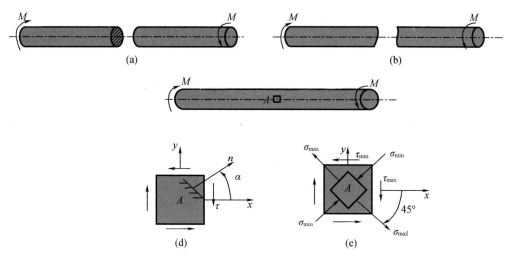

图 10 – 11 例 10 – 2 图

解 圆轴扭转时，试件横截面最外端切应力最大，其数值为

$$\tau = \frac{M}{W_P}$$

所以低碳钢和铸铁两种试件均从表面开始破坏。

解释断口的不同需要确定最大正应力和最大切应力所发生的平面。任取扭转试件表面一点 A 处截取应力单元体（图 10 – 11(c)、(d)），这时 $\sigma_x = \sigma_y = 0$，由式(10 – 8)、式(10 – 9)得到

$$\sigma_\alpha = -\tau \sin 2\alpha \tag{10 – 14}$$

$$\tau_\alpha = \tau \cos 2\alpha \tag{10 – 15}$$

由式(10 – 14)可知，当 $\alpha = -45°$ 时，正应力出现最大值，$\sigma_{max} = \tau$；由式(10 – 15)可知，当 $\alpha = 0°$ 时，切应力出现最大值，$\tau_{max} = \tau$。最大正应力 σ_{max} 和最大切应力 τ_{max} 的表示如图 10 – 11(e)所示。

由于一点处的应力状态与试件材料无关，故图 10 – 11(e)所示的最大应力对低碳钢和铸铁试件分析都适用。低碳钢试件沿横截面($\alpha = 0°$)破坏，对应切应力出现最大值，$\tau_{max} = \tau$，可见低碳钢试件扭转破坏是被剪断的。由于最大切应力 $\tau_{max} = \tau = \sigma_{max}$，所以又说明了低碳钢的抗剪能力低于其抗拉能力。铸铁试件沿与轴线成 45°的螺旋曲面破坏，这正好是 $\alpha = -45°$ 时，正应力出现最大值 $\sigma_{max} = \tau$ 所在的平面。由于最大正应力 $\sigma_{max} = \tau$，所以说明了铸铁的抗拉能力低于其抗剪能力，可见扭转试验中铸铁试件是被拉断的。

【**例 10 – 3**】 图 10 – 12(a)所示单元体，$\sigma_x = 100$ MPa，$\tau_x = -20$ MPa，$\sigma_y = 30$ MPa，试求：

(1)$\alpha = 40°$ 的斜截面上的正应力 σ_α 和切应力 τ_α。

（2）确定 A 点处的最大正应力 σ_{max}、最大切应力 τ_{max} 和它们所在的位置。

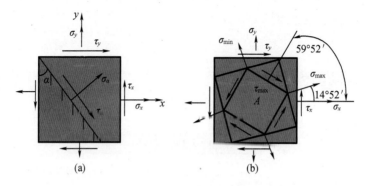

图 10 – 12　例 10 – 3 图

解　（1）由式（10 – 3）、式（10 – 4）得到 $\alpha = 40°$ 的斜截面上的应力。

$$\sigma_{\alpha} = \frac{\sigma_x + \sigma_y}{2} + \frac{\sigma_x - \sigma_y}{2}\cos 2\alpha - \tau_x\sin 2\alpha$$

$$= \frac{100 + 30}{2} + \frac{100 - 30}{2}\cos 80° - (-20)\sin 80°$$

$$= 90.8\ \text{MPa}$$

$$\tau_{\alpha} = \frac{\sigma_x - \sigma_y}{2}\sin 2\alpha + \tau_x\cos 2\alpha$$

$$= \frac{100 - 30}{2}\sin 80° - 20\cos 80°$$

$$= 31.0\ \text{MPa}$$

（2）由式（10 – 11）可知，A 点处的最大正应力

$$\sigma_{max} = \frac{\sigma_x + \sigma_y}{2} + \sqrt{\left(\frac{\sigma_x - \sigma_y}{2}\right)^2 + \tau_x^2}$$

$$= \frac{100 + 30}{2} + \sqrt{\left(\frac{100 - 30}{2}\right)^2 + (-20)^2}$$

$$= 105.3\ \text{MPa}$$

由式（10 – 5）得到

$$\alpha_0 = \frac{1}{2}\tan^{-1}\left(\frac{-2\tau_x}{\sigma_x - \sigma_y}\right) = \frac{1}{2}\tan^{-1}\left[\frac{-2 \times (-20)}{100 - 30}\right] = 14°52',\ \alpha_0 + 90° = 104°52'$$

因为 $\sigma_x > \sigma_y$，故最大正应力 σ_{max} 所在截面的方位角为 α_0 和 $\alpha_0 + 90°$ 中绝对值较小的一个，即为 $14°52'$。

由式（10 – 13）可知，A 点处的最大切应力为

$$\tau_{max} = \sqrt{\left(\frac{\sigma_x - \sigma_y}{2}\right)^2 + \tau_x^2} = \sqrt{\left(\frac{100 - 30}{2}\right)^2 + (-20)^2} = 40.3\ \text{MPa}$$

最大切应力 τ_{max} 所在截面的方位角 $\alpha_1 = \alpha_0 + 45° = 59°52'$，如图 10 – 12（b）所示。

10.3　三向应力状态分析

10.3.1　一点处的最大正应力

设一点处的主应力单元体如图 10 - 13(a)所示,研究证明,当主应力按 $\sigma_1 \geqslant \sigma_2 \geqslant \sigma_3$ 排列时,σ_1 和 σ_3 既是一点处三个主平面上代数值最大和最小的主应力,也是该点处所有截面上代数值最大和最小的正应力。将最大和最小的正应力分别用 $\sigma_{\max}$ 和 $\sigma_{\min}$ 表示,则有

$$\sigma_{\max} = \sigma_1, \sigma_{\min} = \sigma_3 \tag{10-16}$$

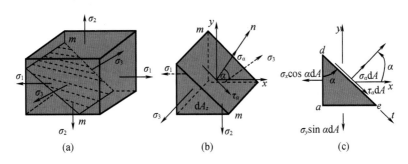

图 10 - 13　基于主应力单元体的切应力分析

10.3.2　一点处的最大切应力

分析平行于一个主应力 σ_3 的任一斜截面 m—m 上的应力,如图 10 - 13(a)所示,用截面法研究其左边部分的平衡,建立图 10 - 13(b)所示坐标系。由于前后两个面上与 σ_3 相应的作用力 $\sigma_3 \mathrm{d}A_z$ 自成平衡,所以平行于 σ_3 的任意斜截面 m—m 上的应力 σ_α、τ_α 与 σ_3 无关,可以按图 10 - 13(c)所示,运用式(10 - 8)、式(10 - 9)计算 σ_α、τ_α。

对于图 10 - 13(c)情形,$\sigma_x = \sigma_1$,$\sigma_y = \sigma_2$,$\tau_x = 0$,代入式(10 - 9)得到切应力表达式

$$\tau_\alpha = \frac{\sigma_1 - \sigma_2}{2} \sin 2\alpha \tag{10-17}$$

式(10 - 17)中,当 $\alpha = 45°$ 时,切应力为最大,等于 $\dfrac{\sigma_1 - \sigma_2}{2}$。我们将平行于主应力 σ_3 的所有斜截面上的正号极值切应力记为 τ_{12},则 $\tau_{12} = \dfrac{\sigma_1 - \sigma_2}{2}$。同样可以得到平行于 σ_1 和 σ_2 的两组截面上的正号极值切应力分别为 $\tau_{23} = \dfrac{\sigma_2 - \sigma_3}{2}$ 和 $\tau_{31} = \left| \dfrac{\sigma_3 - \sigma_1}{2} \right| = \dfrac{\sigma_1 - \sigma_3}{2}$。

由于主应力 $\sigma_1 \geqslant \sigma_2 \geqslant \sigma_3$,所以在 τ_{12}、τ_{23}、τ_{31} 三个极值切应力中,τ_{31} 最大。进一步研究表明,τ_{31} 还是该点处所有截面上的最大切应力。将此最大切应力用 $\tau_{\max}$ 表示,则有

$$\tau_{\max} = \frac{\sigma_1 - \sigma_3}{2} \tag{10-18}$$

10.4 广义胡克定律

设从受力物体内一点取出一主单元体,其上的主应力分别为 σ_1、σ_2 和 σ_3,如图 10 - 14(a)所示,沿三个主应力方向的三个线应变称为主应变,分别用 ε_1、ε_2 和 ε_3 表示。

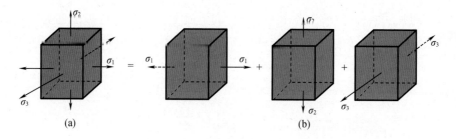

图 10 - 14　主单元体的主应力分解

对于各向同性材料,在最大正应力不超过材料的比例极限条件下,可以应用胡克定律及叠加法来求主应变。为此将图 10 - 14(a)所示的三向应力状态看作是三个单向应力状态的组合(图 10 - 14(b)),先讨论沿主应力 σ_1 的主应变 ε_1。对于 σ_1 单独作用,利用单向应力状态胡克定律可求得 σ_1 方向与 σ_1 相应的纵向线应变 σ_1/E;对于 σ_2 单独作用,将引起 σ_2 方向变形,其变形量为 σ_2/E,令横向变形系数为 μ,则 σ_2 方向变形将引起 σ_1 方向相应的线应变为 $-\mu\sigma_2/E$;同样道理,σ_3 单独作用将引起 σ_1 方向相应的线应变为 $-\mu\sigma_3/E$。三项叠加得

$$\varepsilon_1 = \frac{\sigma_1}{E} - \mu\frac{\sigma_2}{E} - \mu\frac{\sigma_3}{E}$$

同样可以得到

$$\varepsilon_2 = \frac{\sigma_2}{E} - \mu\frac{\sigma_3}{E} - \mu\frac{\sigma_1}{E}$$

$$\varepsilon_3 = \frac{\sigma_3}{E} - \mu\frac{\sigma_1}{E} - \mu\frac{\sigma_2}{E}$$

整理得到以主应力表示的广义胡克定律

$$\begin{cases} \varepsilon_1 = \dfrac{1}{E}\left[\sigma_1 - \mu(\sigma_2 + \sigma_3)\right] \\[2mm] \varepsilon_2 = \dfrac{1}{E}\left[\sigma_2 - \mu(\sigma_3 + \sigma_1)\right] \\[2mm] \varepsilon_3 = \dfrac{1}{E}\left[\sigma_3 - \mu(\sigma_1 + \sigma_2)\right] \end{cases} \qquad (10-19)$$

式(10 - 19)建立了复杂应力状态下一点处的主应力与主应变之间的关系。

10.5　强　度　理　论

构件在轴向拉伸(压缩)和纯弯曲时危险点都是单向应力状态,通过单向拉伸(压缩)试验得到破坏时的正应力,除以相应的安全系数得到许用应力即可建立强度条件;构件扭转时危险点处于纯剪切应力状态,两个主应力绝对值都等于横截面上的最大切应力,通过扭转试验得到破坏时的切应力,由此得到许用切应力即可建立强度条件;构件在剪切弯曲时,危险点一般为单向应力状态,仍可通过单向拉伸(压缩)试验直接建立强度条件。

然而,工程中许多构件的危险点经常处于复杂应力状态,由于复杂应力状态单元体的3 个主应力 σ_1、σ_2 和 σ_3 之间的比值可以有无限多个组合;同时,进行复杂应力状态试验设备和试件加工相当复杂,因此要想通过直接试验来建立强度条件实际上是不可能的。所以需要寻找新的途径,利用简单应力状态的试验结构建立复杂应力状态下的强度条件。

通过长期的实践、观察和分析,人们发现在复杂应力状态下,材料破坏有一定规律。各种材料因强度不足而引起的失效现象虽然是不同的,但大致上,像普通碳钢这样的塑性材料,是以发生屈服现象、出现塑性变形为失效的标志;而像铸铁这样的脆性材料,失效现象是突然断裂。进一步研究表明,不同强度失效现象总是和一定的破坏原因有关,可以归纳为如下两点:

第一,材料在外力作用下的破坏形式不外乎有几种类型;

第二,同一类型材料的破坏是由某一个共同因素引起的。

人们在长期的实践中,综合多种材料的失效现象和资料,对强度失效提出各种假说。这些假说认为,材料断裂或屈服失效,是应力、应变或变形能等其中某一因素引起的。按照这些假说,无论是简单还是复杂应力状态,引起失效的因素是相同的,造成失效的原因与应力状态无关。这些假说称为强度理论。根据强度理论,就可以利用简单应力状态下的试验(例如拉伸试验)结果来推断材料在复杂应力状态下的强度,建立复杂应力状态的强度条件。

强度理论是推测材料强度失效原因的一些假说,它的正确与否以及适用范围必须在工程实践中加以检验,适用于某类材料的强度理论可能并不适用于另一类材料。下面介绍四种在常温静载荷下,适用于均匀、连续、各向同性材料的强度理论。

10.5.1　最大拉应力理论(第一强度理论)

17 世纪,伽利略根据直观提出了这一理论。该理论认为,引起材料脆性断裂破坏的主要因素是最大拉压力,它是人们根据早期使用的脆性材料(如天然石、砖和铸铁等)易于拉断而提出的。该理论认为无论在什么应力状态下,只要构件内一点处的最大拉压力 σ_1 达到单向应力状态下的极限应力 σ_b,材料就要发生脆性断裂。于是危险点处于复杂应力状态的构件发生脆性断裂破坏的条件为

$$\sigma_1 = \sigma_b \tag{10-20}$$

将极限应力 σ_b 除以安全系数得到许用应力 $[\sigma]$,于是危险点处于复杂应力状态的构

件,按第一强度理论建立的强度条件为

$$\sigma_{r1} = \sigma_1 \leqslant [\sigma] \qquad (10-21)$$

铸铁等脆性材料在单向拉伸下,断裂发生于拉应力最大的横截面。脆性材料的扭转也是沿拉应力最大的斜面发生断裂。这些用第一强度理论都能很好地加以解释。但是对于一点处在任何截面上都没有拉应力的情况,第一强度理论就不再适用了,另外该理论没有考虑其他两个应力的影响,显然不够合理。

10.5.2　最大拉应变理论(第二强度理论)

这一理论是 1682 年由马里奥特(E. Mariotte)提出的。该理论认为,最大拉应变是引起断裂的主要因素。即无论什么应力状态,只要最大拉应变 ε_1 达到单向应力状态下的极限值 ε_u,材料就要发生脆性断裂破坏。假设单向拉伸直到断裂仍可用胡克定律计算应变,则拉断时拉应变的极限值 $\varepsilon_u = \sigma_b/E$。于是危险点处于复杂应力状态的构件,发生脆性断裂破坏的条件为

$$\varepsilon_1 = \frac{\sigma_b}{E} \qquad (10-22)$$

由广义胡克定律得 $\varepsilon_1 = \dfrac{1}{E}[\sigma_1 - \mu(\sigma_2 + \sigma_3)]$,代入式(10-22)得到断裂破坏条件

$$\sigma_b = \sigma_1 - \mu(\sigma_2 + \sigma_3) \qquad (10-23)$$

将极限应力 σ_b 除以安全系数得到许用应力 $[\sigma]$,于是危险点处于复杂应力状态的构件,按第二强度理论建立的强度条件为

$$\sigma_{r2} = \sigma_1 - \mu(\sigma_2 + \sigma_3) \leqslant [\sigma] \qquad (10-24)$$

最大拉应变理论能够很好地解释石料、混凝土等脆性材料的压缩试验结果,对于一般脆性材料这一理论也是适用的。铸铁在拉-压二向应力且压应力比较大的情况下,试验结果也与这一理论接近。但对于铸铁二向受拉伸($\sigma_1 > \sigma_2 > 0$),试验结果并不像式(10-23)表明的那样,比单向拉伸安全。另外按照最大拉应变理论,二向受压与单向受压强度不同,但混凝土、花岗石和砂岩的试验表明,二向和单向受压强度没有明显差别。

最大拉压力理论和最大拉应变理论都是以脆性断裂作为破坏标志的,这对于砖、石、铸铁等脆性材料是十分适用的。但对于工程中大量使用的低碳钢这一类塑性材料,就必须用屈服(包含显著的塑性变形)作为破坏标志的另一类强度理论。

10.5.3　最大切应力理论(第三强度理论)

这一理论是库仑(C. A. Coulomb)在 1773 年提出的。该理论认为,最大切应力是引起屈服的主要因素。即无论什么应力状态,只要最大切应力 τ_{max} 达到单向应力状态下的极限切应力 τ_0,材料就要发生屈服破坏。于是危险点处于复杂应力状态的构件发生塑性屈服破坏的条件为

$$\tau_{max} = \tau_0 \qquad (10-25)$$

根据轴向拉伸斜截面上的应力公式(10-5)可知,极限切应力 $\tau_0 = \sigma_s/2$(这时横截面

上的正应力为 σ_s)，由式（10 – 18）得 $\tau_{\max} = \tau_{13} = (\sigma_1 - \sigma_3)/2$ ，将这些结果代入式（10 – 25），则破坏条件改写为

$$\sigma_1 - \sigma_3 = \sigma_s$$

考虑安全系数后得到强度条件为

$$\sigma_{r3} = \sigma_1 - \sigma_3 \leqslant [\sigma] \tag{10 – 26}$$

式中，$[\sigma]$ 为由材料在轴向拉伸时的屈服极限 σ_s 确定的许用应力。

最大剪应力理论能很好地解释塑性材料的屈服现象。例如低碳钢试件拉伸时出现与轴线成45°方向的滑移线，是材料内部沿这一方向滑移的痕迹。沿这一方向的斜面上的切应力也恰为最大。另外最大切应力理论的计算也比较简便，所以应用相当广泛。但式（10 – 26）中未计入 σ_2 的影响，这一点不够合理。

10.5.4 形变能理论（第四强度理论）

这一理论最早是由贝尔特拉米（E. Beltrami）于 1885 年提出，但未被试验证实，后于 1904 年由波兰力学家胡勃（M. T. Huber）修改。该理论不再从应力出发，而是认为形状改变比能（简称：形变能）是引起材料屈服破坏的主要因素。即无论什么应力状态，只要构件内一点处的形状改变比能达到单向应力状态下的极限值，材料就要发生屈服破坏。此处略去详细的推导过程，直接给出按照这一理论建立起来的最后结果。即危险点处于复杂应力状态的构件发生塑性屈服破坏的条件为

$$\sqrt{\frac{1}{2}\left[(\sigma_1 - \sigma_2)^2 + (\sigma_2 - \sigma_3)^2 + (\sigma_3 - \sigma_1)^2\right]} = \sigma_s$$

引入安全系数后，得到第四强度理论的强度条件为

$$\sigma_{r4} = \sqrt{\frac{1}{2}\left[(\sigma_1 - \sigma_2)^2 + (\sigma_2 - \sigma_3)^2 + (\sigma_3 - \sigma_1)^2\right]} \leqslant [\sigma] \tag{10 – 27}$$

形状改变比能理论是从反映受力和变形的应变能出发来研究材料的强度的，因此比较全面和完善。试验证明，根据这一理论建立的强度条件，对钢、铝、铜等金属塑性材料，比第三强度理论更符合实际，主要原因是它考虑了主应力 σ_2 对材料破坏的影响。

10.6 强度理论的应用

强度理论的建立，为人们利用轴向拉伸的试验结果去建立复杂应力状态下的强度条件提供了理论基础。但是，由于材料的破坏是一个非常复杂的问题，而上述四个强度理论都是在一定的历史阶段、一定的条件下，根据各自的观点建立起来的，所以都有一定的局限性，即每个强度理论只适合于某些材料。

一般来说，处于复杂应力状态并在常温和静载荷条件下的脆性材料，破坏形式一般为断裂，所以通常采用最大拉应力或最大拉应变强度理论。最大切应力和形变能强度理论都可以用来建立塑性材料的屈服破坏条件，其中最大切应力理论虽然不如形变能强度理论更适合于塑性材料，但其表达式简单、误差不大，所以对于塑性材料也经常采用。

根据材料来选择相应的强度理论,在大多数情况下是合适的。但是,材料的脆性或塑性还与应力状态有关。例如三向拉伸或三向压缩应力状态,将会影响材料产生不同的破坏形式。因此,也要注意到少数特殊情况下,还须按可能发生的破坏形式和应力状态,来选择合适的强度理论对构件进行强度计算。例如在三向拉伸或三向压缩应力状态的情况下,不论脆性材料还是塑性材料,都应采用最大切应力强度理论或形变能强度理论。此外,如铸铁这类脆性材料,在二向拉伸应力状态下,以及二向拉伸压缩应力状态且拉伸应力较大的情况下,适合采用最大拉应力强度理论。

把四种强度理论的强度条件写成统一的形式

$$\sigma_r \leqslant [\sigma] \tag{10-28}$$

$$\sigma_{r1} = \sigma_1 \quad (\text{第一强度理论}) \tag{10-29}$$

$$\sigma_{r2} = \sigma_1 - \mu(\sigma_2 + \sigma_3) \quad (\text{第二强度理论}) \tag{10-30}$$

$$\sigma_{r3} = \sigma_1 - \sigma_3 \quad (\text{第三强度理论}) \tag{10-31}$$

$$\sigma_{r4} = \sqrt{\frac{1}{2}\left[(\sigma_1 - \sigma_2)^2 + (\sigma_2 - \sigma_3)^2 + (\sigma_3 - \sigma_1)^2\right]} \quad (\text{第四强度理论})$$

$$\tag{10-32}$$

$[\sigma]$代表单向拉伸时材料的许用应力。式(10-28)意味着将一复杂应力状态转换为一强度相当的单向应力状态,故σ_r称为复杂应力状态下的相当应力。需要强调的是,σ_r只是按不同强度理论得出的主应力的综合值,并不是真实存在的应力。

有了强度条件,就可对危险点处于复杂应力状态的杆件进行强度计算。但是,在工程实际问题中,解决具体问题时选用哪一个强度理论是比较复杂的问题,需要根据杆件的材料种类、受力情况、荷载的性质(静荷载还是动荷载)以及温度等因素决定。一般来说,在常温、静荷载作用下,脆性材料多发生断裂破坏(包括拉断和剪断),所以通常采用最大拉应力理论或莫尔强度理论,有时也采用最大拉应变理论,塑性材料多发生屈服破坏,所以通常采用最大切应力理论或形状改变比能理论,前者偏于安全,后者偏于经济。

应该指出,不同的材料固然可以发生不同形式的失效或破坏,即使是同一种材料,在不同的应力状态下,也可能有不同的失效形式,所以也不能采用同一种强度理论。例如,低碳钢在单向拉伸时呈现屈服破坏,宜用第三或第四强度理论;但在三向拉伸状态下,三个主应力数值接近时,很难出现屈服,构件会因脆性断裂而破坏,此时宜用最大拉应力理论或最大拉应变理论。对于脆性材料,在三向压应力相近的情况下,都可发生屈服破坏,故宜用第三或第四强度理论。

进行强度问题的有关计算时,一般均应遵照如下步骤进行:

(1)根据构件受力与变形的特点,判断危险截面和危险点的可能位置;

(2)在危险点上选择并截取单元体并根据构件的受力情况计算单元体上的应力;

(3)利用主应力的计算公式或图解法计算危险点处的主应力;

(4)根据材料的类型和应力状态,判断可能发生的破坏现象,选择合适的强度理论。

进行有关的强度计算包括强度校核、设计截面、计算许可荷载等。

【例10-5】 图10-15所示的二向应力状态在机械设计中常常遇到,例如圆轴扭转和弯曲的联合、圆轴扭转和拉伸的联合以及梁的弯曲等。试分别根据第三强度条件与第四强度条件理论建立相应的强度条件。

解 先将 $\sigma_x = \sigma, \sigma_y = 0, \tau_x = \tau$ 代入式 $(10-11)$,得到

$$\begin{aligned} \sigma_{\max} \\ \sigma_{\min} \end{aligned} = \frac{\sigma}{2} \pm \sqrt{\left(\frac{\sigma}{2}\right)^2 + \tau^2} \qquad (10-33)$$

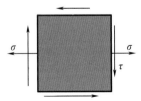

图 10 – 15 二向应力状态

将主应力按其代数值顺序排列,可得此应力状态下的 3 个主应力分别为

$$\sigma_1 = \frac{\sigma}{2} + \sqrt{\left(\frac{\sigma}{2}\right)^2 + \tau^2}, \sigma_2 = 0, \sigma_3 = \frac{\sigma}{2} - \sqrt{\left(\frac{\sigma}{2}\right)^2 + \tau^2} \qquad (10-34)$$

采用最大切应力理论,将式 $(10-34)$ 代入式 $(10-31)$,导出此应力状态下的相当应力

$$\sigma_{r3} = \sqrt{\sigma^2 + 4\tau^2} \qquad (10-35)$$

同理采用形状改变比能理论,将式 $(10-34)$ 代入式 $(10-32)$,整理得到在此应力状态下的相当应力

$$\sigma_{r4} = \sqrt{\sigma^2 + 3\tau^2} \qquad (10-36)$$

【例 10 – 6】 如图 $10-16$ 所示,设钢的许用拉应力 $[\sigma] = 160 \text{ MPa}$,试按最大切应力理论和形状改变比能理论确定其许用切应力 $[\tau]$。

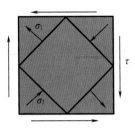

图 10 – 16 例 10 – 6 图

解 将 $\sigma_x = \sigma_y = 0, \tau_x = \tau$ 代入 $(10-11)$ 得

$$\begin{aligned} \sigma_{\max} \\ \sigma_{\min} \end{aligned} = \pm \tau$$

所以

$$\sigma_1 = \tau, \sigma_2 = 0, \sigma_3 = -\tau$$

最大切应力理论强度条件 $\sigma_{r3} = \sigma_1 - \sigma_3 = 2\tau$,有 $2\tau \leqslant [\sigma]$,所以 $[\tau] = 80$ MPa。

同理采用形状改变比能理论有

$$\sigma_{r4} = \sqrt{\frac{1}{2}\left[(\sigma_1 - \sigma_2)^2 + (\sigma_2 - \sigma_3)^2 + (\sigma_3 - \sigma_1)^2\right]} = \sqrt{3}\,\tau \leqslant [\sigma]$$

所以 $[\tau] = 92.4$ MPa。

习　　题

10-1　试用解析法求解图 10-17 所示各单元体斜面 ab 上的应力。应力单位为 MPa。

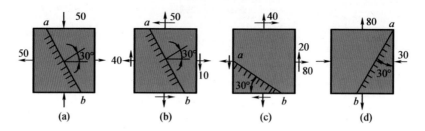

图 10-17　习题 10-1 图

10-2　试用解析法求图 10-18 所示各单元的主应力及主平面的方位。应力单位为 MPa。

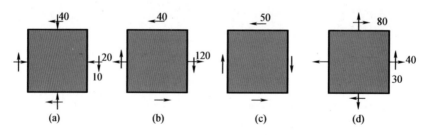

图 10-18　习题 10-2 图

10-3　从构件中取出的微单元受力图如图 10-19 所示,AC 为自由表面(无外力作用)。试求 σ_x 和 τ_x。

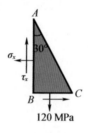

图 10-19　习题 10-3 图

10-4　如图 10-20 所示矩形截面钢杆在轴向拉力 $F = 20$ kN 时,测得试样中段 B 点处与其轴成30°方向的线应变 $\varepsilon_{-30°} = 3.25 \times 10^{-4}$。已知材料的弹性模量 $E = 210$ GPa,试求泊松比。

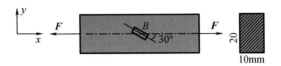

图 10-20 习题 10-4 图

10-5 构件中危险点的应力状态如图 10-25 所示,试对以下两种情况进行强度校核:

(1)构建材料为钢材,$\sigma_x = 45$ MPa,$\sigma_y = 135$ MPa,$\sigma_z = 0$,$\tau_x = 0$,$[\sigma] = 160$ MPa。

(2)构建材料为铸铁,$\sigma_x = 20$ MPa,$\sigma_y = -25$ MPa,$\sigma_z = 30$ MPa,$\tau_x = 0$,$[\sigma] = 30$ MPa。

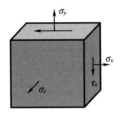

图 10-25 习题 10-5 图

第 11 章　组合变形的强度计算

前面各章节中分别讨论了杆件在拉伸(或压缩)、剪切、扭转和弯曲四中基本变形时的内力、应力及变形计算并建立了应力状态下的强度条件。但在实际工程中杆件的受力相对复杂,本章主要讨论常见的两种组合变形,即轴向拉伸(或压缩)与弯曲的组合变形(包括偏心拉伸或压缩)以及弯曲与扭转的组合变形,介绍运用力的独立作用原理解决上述组合变形的强度计算问题。

11.1　组合变形的概念

在工程实际中,有许多构件在载荷作用下,同时产生两种或两种以上的基本变形,这种变形称为组合变形。例如舰艇桨轴在力 F 和力矩 M 的作用下,产生压缩与扭转的组合变形((图 11–1(a));传动轴在皮带轮张力 F_1、F_2 的作用下,产生弯曲与扭转的组合变形((图 11–1(b));机架立柱在 F 力作用下,产生拉伸与弯曲或压缩与弯曲的组合变形(图 11–1(c)和图 11–1(d))等。

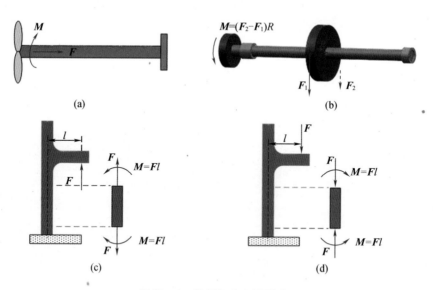

图 11–1　常见组合变形形式

对组合变形进行研究时假设构件的材料符合胡克定律,且变形很小,可认为组合变形中的每一种基本变形都是各自独立互不影响的,在研究组合变形问题时满足叠加原理,可采用叠加法进行计算分析。

11.2　拉伸(压缩)与弯曲的组合变形

当作用在构件对称面内的外力作用线与轴线夹角 $0 < \alpha < 90°$ 时((图 11 - 2(a))),或与轴线平行但不重合时(图 11 - 1(c)、图 11 - 1(d)),外力都将使杆件产生拉弯(或压弯)组合变形。

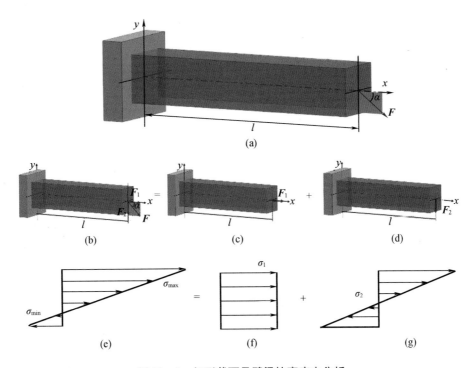

图 11 - 2　矩形截面悬臂梁拉弯应力分析

11.2.1　强度计算方法

下面以矩形截面悬臂梁为例,来说明拉弯(或压弯)组合变形的强度计算方法。

如图 11 - 2(a)所示,在悬臂梁的自由端作用一力 F,力 F 位于梁的纵向对称面内,且与梁的轴线成夹角 α。

1. 外力计算

将力 F 沿轴线和垂直轴线方向分解成两个力 F_1 和 F_2(图 11 - 2(b)),$F_1 = F\cos \alpha$,$F_2 = F\sin \alpha$。显然 F_1 使梁发生拉伸变形(图 11 - 2(c)),而 F_2 使梁发生弯曲变形(图 11 - 2(d)),故梁在力 F 的作用下发生拉伸与弯曲的组合变形。

2. 内力分析,确定危险截面的位置

轴向拉力 F_1 使梁发生拉伸变形,各横截面的轴力相同,均为 $N = F_1$。力 F_2 使梁发生弯曲变形,弯矩方程 $M(x) = F_2(l - x)$,固定端横截面的弯矩最大 $M_{max} = F_2 l$,所以固定端为危险截面。

3. 应力分析,确定危险点的位置

固定端(即危险截面)上由拉力 F_1 引起的正应力均匀分布,记截面积为 A,如图 11-2(f) 所示,其值为

$$\sigma_1 = \frac{F_1}{A}$$

在危险截面上下边缘处,弯曲正应力的绝对值最大,抗弯系数为 W_z,则其应力分布规律如图 11-2(g)所示,最大的应力值为

$$\sigma_{2max} = \frac{M_{max}}{W_z} = \frac{F_2 l}{W_z}$$

根据叠加原理,可将固定端横截面上的拉伸正应力和弯曲正应力进行叠加。当拉伸正应力小于弯曲正应力时,其应力分布规律如图 11-2(e)所示,其中上边缘为拉应力为 σ_{tmax},下边缘为压应力为 σ_{cmax},其值分别为

$$\sigma_{tmax} = \frac{F_1}{A} + \frac{F_2 l}{W_z}, \sigma_{cmax} = \frac{F_2 l}{W_z} - \frac{F_1}{A}$$

由上式可知,固定端上边缘各点是危险点。

4. 强度计算

因危险点的应力是单向应力状态,所以其强度条件为

$$\sigma_{tmax} = \frac{F_1}{A} + \frac{F_2 l}{W_z} \leqslant [\sigma_t], \sigma_{cmax} = \frac{F_2 l}{W_z} - \frac{F_1}{A} \leqslant [\sigma_c] \qquad (11-1)$$

对于抗拉和抗压能力不同的材料(如铸铁、混凝土等),需要分别对危险截面上的最大拉应力和最大压应力分别按 $[\sigma_t]$ 和 $[\sigma_c]$ 进行强度校核。对于抗拉和抗压能力相等的材料(如低碳钢),则只需校核构件应力绝对值最大处的强度即可。当力 F 方向取反向时即为压弯组合变形,求解方法与此类似,此处不再赘述。

11.2.2 数值仿真求解

基于上述解题方法进行原题赋值计算,悬臂梁长度 $l = 0.06$ m, $b = 0.015$ m, $h = 0.02$ m, $F = 2$ kN, $\alpha = 60°$,材料许用应力 $[\sigma] = 140$ MPa。则

$$F_1 = 2\cos 60° = 1 \text{ kN}, F_2 = 2\sin 60° = \sqrt{3} \text{ kN}, W_z = \frac{bh^2}{6} = 1 \times 10^{-6} \text{ m}^3$$

$$\sigma_1 = \frac{F_1}{A} = \frac{1 \times 10^3}{3 \times 10^{-4}} \text{ Pa} = 3.3 \text{ MPa}, \sigma_{2max} = \frac{M_{max}}{W_z} = 6\sqrt{3} \times 10^7 \text{ Pa} = 103.9 \text{ MPa}$$

$$\sigma_{tmax} = 137.2 \text{ MPa} \leqslant [\sigma] = 140 \text{ MPa}$$

对该梁进行网格离散如图 11-3(a)所示,在左端施以固定约束,在右端面中心点施以力 F,忽略梁自身重力,数值求解得到梁正应力分布情况如图 11-3(b)所示。可以看出,在梁左端面上下边缘处正应力值最大,分别为 136.8 MPa 和 -101.4 MPa(压应力),与上述解析解吻合良好。

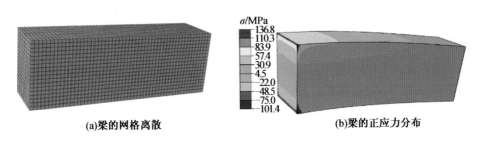

(a)梁的网格离散   (b)梁的正应力分布

图 11 − 3   梁的网格离散与应力分布

11.3   弯曲与扭转的组合变形

机械设备中的传动轴、曲拐等,既承受弯矩又承受扭矩,产生弯曲与扭转的组合变形。

11.3.1   强度计算方法

如图 11 −4(a)所示曲拐,A 端固定,在曲拐的自由端 C 作用有铅垂向下的集中力 $\boldsymbol{F}$。如图 11 −4(b)所示,现以曲拐 AB 段为例说明杆的弯曲与扭转这种组合变形时的强度计算方法和步骤。

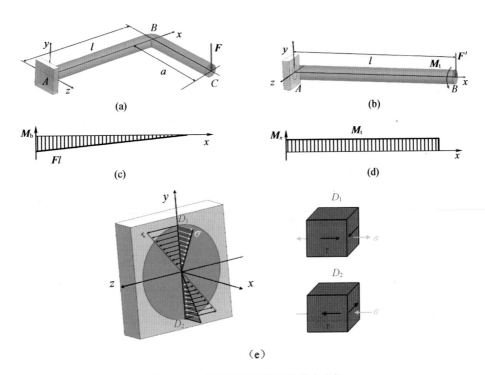

图 11 −4   曲拐组合变形时的应力分析

1.外力分析

先把构件上的载荷进行分解或简化,使分解或简化后的每一种载荷只产生一种基本变形,算出杆件所受的外力值。

将 C 端集中载荷 F 向 AB 杆 B 截面的形心平移,得到一个作用在 B 端与轴线垂直、大小等于 F 的力 F' 和一个作用面垂直于轴线的力偶 M_t,$M_t = Fa$。由图 11-4(b) 可知,力 F' 使轴 AB 产生弯曲变形,力偶 M_t 使轴 AB 产生扭转变形,轴的这种变形称为弯扭组合变形。

2. 内力分析

确定危险截面的位置,画出每一种载荷引起的内力图,根据内力图判断危险截面的位置。

单独考虑力 F' 的作用,画出弯矩图 11-4(c);单独考虑力偶 M_t 的作用,画出扭矩图 11-4(d)。其危险截面 A 弯矩值和扭矩值分别为

$$M_{bmax} = Fl, \quad M_{xmax} = M_{tmax} = Fa \quad (11-2)$$

3. 应力分析

确定危险点位置,根据危险截面的应力分布规律,判断危险点的位置。

危险截面上的弯曲正应力和扭转切应力分布情况见图 11-4(e)。其中 D_1、D_2 两点是危险截面边缘上的点,弯曲正应力和扭转切应力绝对值最大,为危险点,其正应力和剪应力分别为

$$\sigma = \frac{M_{bmax}}{W_z} \quad (11-3)$$

$$\tau = \frac{M_{tmax}}{W_P} \quad (11-4)$$

式中,W_z 为抗弯截面系数,W_P 为抗扭截面系数。

4. 强度校核

根据危险点的应力状态和构件的材料特性,选择合适的强度理论进行强度计算。

因危险点是二向应力状态,所以需用强度理论求出相当应力,建立强度条件,得主应力为

$$\begin{matrix} \sigma_1 \\ \sigma_3 \end{matrix} = \frac{\sigma}{2} \pm \sqrt{\left(\frac{\sigma}{2}\right)^2 + \tau^2}$$

$$\sigma_2 = 0 \quad (11-5)$$

轴类零件一般都采用塑性材料——钢材,所以应选用第三或第四强度理论建立强度条件。现将式(11-5)分别代入第三、第四强度理论的强度条件得

$$\sigma_{r3} = \sigma_1 - \sigma_3 = \sqrt{\sigma^2 + 4\tau^2} \leqslant [\sigma] \quad (11-6)$$

$$\sigma_{r4} = \sqrt{\frac{1}{2}\left[(\sigma_1 - \sigma_2)^2 + (\sigma_2 - \sigma_3)^2 + (\sigma_3 - \sigma_1)^2\right]} = \sqrt{\sigma^2 + 3\tau^2} \leqslant [\sigma] \quad (11-7)$$

因为是圆截面轴,$W_z = \dfrac{\pi d^3}{32}$,$W_P = \dfrac{\pi d^3}{16}$,故

$$W_P = 2W_z \quad (11-8)$$

将式(11-3)、式(11-4)、式(11-8)代入式(11-6)和式(11-7),可得圆轴弯扭组合变形时按第三和第四强度理论计算的强度条件。

$$\sigma_{r3} = \frac{\sqrt{M_{bmax}^2 + M_{tmax}^2}}{W_z} \leqslant [\sigma] \quad (11-9)$$

$$\sigma_{r4} = \frac{\sqrt{M_{bmax}^2 + 0.75M_{tmax}^2}}{W_z} \leqslant [\sigma] \qquad (11-10)$$

将危险截面 A 的弯矩值和扭矩值表达式(11-2)代入式(11-9)、式(11-10),得到按第三强度理论得到的强度条件:

$$\sigma_{r3} = \frac{32F\sqrt{l^2 + a^2}}{\pi d^3} \leqslant [\sigma] \qquad (11-11)$$

按第四强度理论得到的强度条件:

$$\sigma_{r4} = \frac{32F\sqrt{l^2 + 0.75a^2}}{\pi d^3} \leqslant [\sigma] \qquad (11-12)$$

11.3.2 数值仿真求解

基于上述方法对上题进行赋值计算,$l = 0.1$ m,$a = 0.04$ m,$d = 0.02$ m,$F = 1$ kN,材料许用应力$[\sigma] = 140$ MPa。则

$$W_z = \frac{\pi d^3}{32} = 7.85 \times 10^{-7} \text{ m}^3$$

$$\sigma = \frac{M_{bmax}}{W_z} = \frac{Fl}{W_z} = \frac{1\ 000 \times 0.1}{7.85 \times 10^{-7}} \text{ Pa} = 127.4 \text{ MPa}$$

$$\tau = \frac{M_t}{W_P} = \frac{Fa}{2W_z} = \frac{1\ 000 \times 0.04}{1.57 \times 10^{-6}} \text{ Pa} = 25.5 \text{ MPa}$$

$$\sigma_{r3} = \sqrt{\sigma^2 + 4\tau^2} = 137.2 \text{ MPa} \leqslant [\sigma] = 140 \text{ MPa}$$

$$\sigma_{r4} = \sqrt{\sigma^2 + 3\tau^2} = 134.8 \text{ MPa} \leqslant [\sigma] = 140 \text{ MPa}$$

对该梁 AB 段进行网格离散,在 A 端施以固定约束,在 B 端面中心点施以力 $\boldsymbol{F}$ 和力矩 $\boldsymbol{M}_t$,忽略梁自身重力,数值求解得到梁组合应力分布情况如图 $11-5$ 所示。可以看出,在梁固定端上下边缘处正应力值最大,约为 135.3 MPa,与解析解吻合良好。

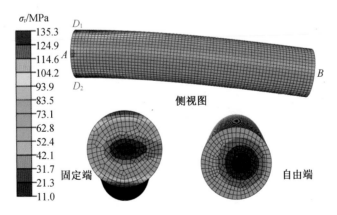

图 11-5 AB 段组合应力分布图

习　题

11-1　图 11-6(a)所示矩形截面梁,已知 $l=1$ m, $b=60$ mm, $h=90$ mm, $F_1=3$ kN, $F_2=1$ kN。试求梁中最大正应力及其作用点位置。若梁改为图 11-6(b)所示的直径 $d=80$ mm 的圆轴,再求其最大正应力。

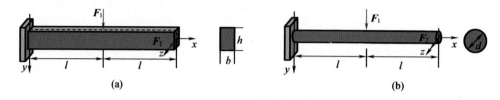

图 11-6　习题 11-1 图

11-2　如图 11-7 所示矩形悬臂梁,自由端端面受外力 F 作用,力 F 位于 yz 平面,过形心(对轴无扭转作用)但不平行于对称轴,试分析其最大拉应力和最大压应力。

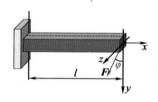

图 11-7　习题 11-2 图

11-3　如图 11-8 所示,一斜梁 OA,其横截面为正方形,边长为 100 mm,若 $F=5$ kN。试求 AB 梁的最大拉应力和最大压应力。

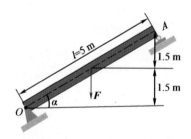

图 11-8　习题 11-3 图

11-4　绞车受力如图 11-9 所示,绞车轴径 $d=40$ mm,轴段长 $l=800$ mm,绞盘直径 $D=400$ mm,位于轴段中间。材料的许用应力 $[\sigma]=160$ MPa,试按第四强度理论确定绞车的许可载荷 $[G]$。

图 11-9　习题 11-4 图

11-5　图 11-10 所示为一钢制实心圆轴,直径为 d,轴上皮带轮受力如图所示,皮带轮 A 直径 $D_1 = 400$ mm,轮 C 直径 $D_2 = 200$ mm。若许用应力 $[\sigma] = 160$ MPa,试按第三强度理论确定轴的直径 d。

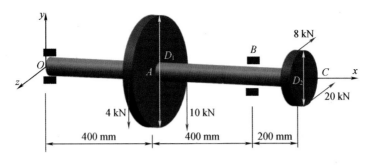

图 11-10　习题 11-5 图

第 12 章　压杆稳定与压杆设计

12.1　压杆稳定的概念

机器或机械中某些承受轴向压力的杆件,例如活塞连杆机构中的连杆,凸轮机构中的顶杆,支承机械的千斤顶等,当压力超过一定数值后,在外界扰动下,其直线平衡形式将转变为弯曲形式,从而使杆件或由其组成的机器丧失正常功能,情形严重者,会造成人员的生命与财产的重大损失,这是区别于强度失效和刚度失效的另一种失效形式,称为稳定失效。稳定问题和强度、刚度问题一样,在机械或其零部件的设计中占有重要地位。

前面对受压杆件的研究,是从强度的观点出发的。即认为只要满足压缩强度条件,就可以保证压杆正常工作。这对短粗的压杆是正确的,但对于细长压杆来说就不适用了。如图 12-1 所示,一根宽为 30 mm、厚为 20 mm、长为 400 mm 的钢板条,设其材料的许用应力 $[\sigma]=160$ MPa。

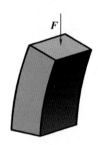

图 12-1　钢板条

按压缩强度条件计算,它的承载能力为

$$F \leqslant A[\sigma] = 30 \times 10^{-3} \times 2 \times 10^{-3} \times 160 \times 10^{6} \text{ N} = 9.6 \text{ kN}$$

但实验发现,压力还没有达到 70 N 时,钢板条已开始弯曲,若压力继续增大,则弯曲变形急剧增加而折断,此时的压力远小于 9.6 kN。钢板条之所以丧失工作能力,是由于它不能保持原来的直线形状造成的。可见,细长压杆的承载能力不取决于它的压缩强度条件,而取决于它保持直线平衡状态的能力。

下面结合图 12-2(a)所示的力学模型,介绍有关平衡稳定性的一些基本概念。刚性直杆 AB,A 端为铰支,杆可绕其旋转,B 端用弹簧常数为 k 的弹簧所支持。在铅垂载荷 F 作用下,该杆在竖直位置保持平衡。现在,给杆以微小的侧向干扰力 ΔQ,使杆端产生微小的侧向位移为 δ(图 12-2(b)),弹簧作用力对 A 点的力矩为 $k\delta l$,该力矩使杆回到原来的竖直平衡位置;力 F 对 A 点的矩 $F\delta$ 则欲使杆继续偏斜,这样当撤去干扰力 ΔQ 时,杆可能出现几种情况:如果 $F\delta < k\delta l$,即 $F < kl$,则杆将自动恢复到原来的竖直平衡位置,说明杆原来的竖直平衡状态是稳定的;如果 $F\delta > k\delta l$,即 $F > kl$,则杆不能回复到原来的竖直平衡位置,杆将继续偏斜,所以其原来的竖直平衡状态是不稳定的;如果 $F\delta = k\delta l$,即 $F = kl$,则杆既可在竖直位置保持平衡,也可在偏斜状态保持平衡。由上述分析知道,在 k、l 不变的情况下,杆 AB 在竖直位置的平衡性质,由轴向载荷 F 的大小确定。

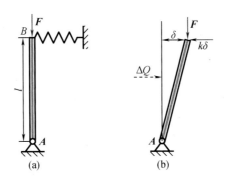

图 12 - 2　刚性直杆的平衡稳定性分析模型

为了进一步介绍压杆稳定性的概念,现研究一根理想状态下的等直细长压杆(图 12 - 3),即弹性压杆的平衡稳定性及临界载荷的问题。杆的两端铰支,并受轴向力 F 作用,压杆处于直线形状的平衡状态。当压力 F 逐渐增加,但小于某一极限值时,压杆保持其直线形状的平衡,此时即使作用一微小的侧向干扰力 ΔQ,使其产生微小的弯曲变形(图 12 - 3(b)),在干扰力除去后,压杆会自行恢复到原来的直线形状的平衡状态(图 12 - 3(c)),故压杆原来直线平衡状态是稳定的。当压力逐渐增加到某一极限值时,如果再作用一微小的侧向干扰力,使其产生微小的侧向变形,在除去干扰力后,压杆将保持曲线形式平衡状态(图 12 - 3(d)所示虚线),而不能恢复其原来的直线平衡状态,这说明压杆原来直线形状的平衡是不稳定的。上述压力的极限值称为临界压力或临界力,用 F_{cr} 表示。压杆丧失其直线形状平衡而过渡为曲线形状平衡的现象,称为丧失稳定(或简称失稳);如力 F 再稍微增加一点,杆的弯曲变形将显著增加,以致于压杆不能正常工作。所以临界载荷是弹性压杆的直线平衡状态由稳定转变为不稳定的临界值。

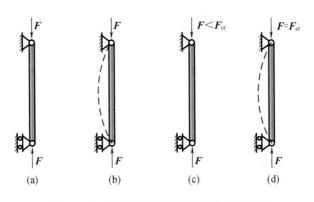

图 12 - 3　弹性压杆的平衡稳定性分析模型

现将上述三种状态总结如下：

当 $F < F_{cr}$ 时，压杆处于稳定的直线形状的平衡状态。

当 $F > F_{cr}$ 时，压杆处于不稳定的直线形状的平衡状态，极易过渡到曲线形状的平衡状态或破坏状态。

当 $F = F_{cr}$ 时，压杆处于临界状态，压杆可能处于直线形状平衡状态，也可能处于很微小的曲线形状的平衡状态。

显然，解决压杆稳定问题的关键是确定其临界载荷。如果将压杆的工作压力控制在由临界载荷所确定的允许范围内，则压杆不致失稳。

12.2 细长压杆的临界载荷

12.2.1 两端铰支细长压杆的临界载荷

由前文所述分析可知，只有当轴向压力 F 等于临界载荷 F_{cr} 时，压杆才可能在微弯状态保持平衡。因此，使压杆在微弯状态保持平衡的最小轴力，即为压杆的临界载荷。

所谓细长压杆，就是当压力等于临界载荷时，直杆横截面上的正应力不超过比例极限 σ_p 的压杆。由于约束的不同，压杆的临界载荷也不同，现以两端铰支细长压杆为例，说明确定临界载荷的基本方法。

如图 12-4 所示，设细长压杆在轴向力 F 作用下处于微弯平衡状态，则当杆内应力不超过材料的比例极限时，压杆的挠曲线方程应满足关系式（12-1）。

$$\frac{d^2y}{dx^2} = \frac{M(x)}{EI} \qquad (12-1)$$

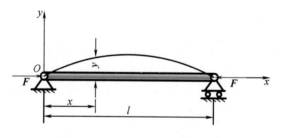

图 12-4 两端铰支的细长压杆

由图 12-4 可知，压杆 x 截面的弯矩为

$$M = -Fy \qquad (12-2)$$

所以，压杆挠曲线的近似微分方程为

$$\frac{d^2y}{dx^2} = \frac{M}{EI} \qquad (12-3)$$

由于两端是铰支座，允许杆件在任意纵向平面内发生弯曲变形，因而杆件的微小弯曲变形一定发生在抗弯能力最小的纵向平面内。故式（12-3）中的 I 应是横截面最小的惯

性矩。将式(12-2)代入式(12-3)得

$$\frac{\mathrm{d}^2 y}{\mathrm{d}x^2} = -\frac{Fy}{EI} \qquad (12-4)$$

$$k^2 = \frac{F}{EI} \qquad (12-5)$$

将式(12-5)代入式(12-4),得

$$\frac{\mathrm{d}^2 y}{\mathrm{d}x^2} + k^2 y = 0 \qquad (12-6)$$

以上微分方程的通解为

$$y = A\sin kx + B\cos kx \qquad (12-7)$$

式中,A 和 B 是积分常数。

压杆的边界条件为:当 $x=0$ 时,$y=0$;当 $x=l$ 时,$y=0$。将此边界条件代入式(12-7),解得

$$B=0, \quad A\sin kl = 0$$

因为 $A\sin kl = 0$,这就要求 $A=0$ 或 $\sin kl = 0$。但若 $A=0$,则 $y=0$,这表示杆件轴线任意点的挠度皆为零,即仍是直线。这与压杆有微小的弯曲变形这一前提假设相矛盾。因此必须是

$$\sin kl = 0$$

于是 kl 是数列 $0,\pi,2\pi,3\pi,\cdots$ 中的任何一个数。或写成

$$kl = n\pi \quad (n=0,1,2,\cdots)$$

由此得 $k = \dfrac{n\pi}{l}$,把 k 值代入式(12-5),求出

$$F = \frac{n^2 \pi^2 EI}{l^2} \qquad (12-8)$$

因为 n 是 $0,1,2,\cdots$ 等整数中的任一整数,故上式表明,使杆件保持为曲线形状平衡的压力,在理论上是多值的。在这些压力中,使杆件保持微小弯曲的最小压力,才是真正的临界载荷 F_{cr},如取 $n=0$,则 $F=0$,表示杆件上并无载荷,自然不是我们所需要的。这样只有取 $n=1$,才使载荷为最小值。于是得临界载荷为

$$F_{cr} = \frac{\pi^2 EI}{l^2} \qquad (12-9)$$

这是两端铰支细长压杆临界力的计算公式,也称为两端铰支细长压杆临界载荷的欧拉公式。

【例12-1】 某柴油机的挺杆是钢制空心圆管,外径和内径分别为 12 mm 和 10 mm,杆长 0.357 m,钢材的弹性模量 $E=210$ GPa。假定挺杆为细长压杆,试求挺杆的临界载荷。

解 挺杆横截面的惯性矩为

$$I = \frac{\pi}{64}(D^4 - d^4) = \frac{\pi}{64}(0.012^4 - 0.01^4) = 5.27 \times 10^{-10} \text{ m}^4$$

因为挺杆可简化为两端铰支的压杆,故挺杆的临界载荷为

$$F_{cr} = \frac{\pi^2 EI}{l^2} = \frac{3.14^2 \times 210 \times 10^9 \times 5.27 \times 10^{-10}}{0.357^2} \text{ N} = 8.57 \text{ kN}$$

12.2.2　其他支座条件下细长压杆的临界应力

在工程实际中,除了前文所述的两端铰支压杆外,还存在其他支持方式的压杆。例如,一端自由,另一端固定的压杆;一端铰支,另一端固定的压杆等。这些压杆的临界载荷,同样可按前文所述的方法确定,现将计算结果汇集在表 12 – 1 中。

表 12 – 1　压杆的长度系数

杆端支承情况	一端自由,另一端固定	两端铰支	一端铰支,另一端固定	两端固定
挠曲线形状				
F_{cr}	$F_{cr} = \dfrac{\pi^2 EI}{(2l)^2}$	$F_{cr} = \dfrac{\pi^2 EI}{l^2}$	$F_{cr} = \dfrac{\pi^2 EI}{(0.7l)^2}$	$F_{cr} = \dfrac{\pi^2 EI}{(0.5l)^2}$
长度系数 u	2	1	0.7	0.5

从表 12 – 1 中可以看出,几种细长压杆的临界载荷公式基本相似,只是分母中 l 前的系数不同。为了应用方便,将表 12 – 1 中各计算式统一写成如下形式:

$$F_{cr} = \frac{\pi^2 EI}{(ul)^2} \tag{12 – 10}$$

这就是欧拉公式的普遍形式。式中 ul 表示把压杆折算成两端铰支压杆的长度,称为相当长度,u 称为长度系数。

【例 12 – 2】　图 12 – 5 所示的细长压杆,已知材料的弹性模量 $E = 200 \text{ GPa}$,压杆的长度 $l = 3 \text{ m}$。压杆的横截面为圆形,其直径 $d = 40 \text{ mm}$。求该压杆的临界载荷。

解　本题的压杆为两端固定的细长压杆,$u = 0.5$。压杆横截面的惯性矩为

$$I = \frac{\pi d^4}{64} = \frac{\pi \times 0.04^4}{64} \text{ m}^4 = 1.26 \times 10^{-7} \text{ m}^4$$

由式(12 – 3)计算压杆的临界载荷为

$$F_{cr} = \frac{\pi^2 EI}{(ul)^2} = \frac{\pi^2 \times 200 \times 10^9 \times 1.26 \times 10^{-7}}{(0.5 \times 3)^2} \text{ N} = 110.5 \text{ kN}$$

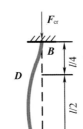

图 12 - 5 例 12 - 2 图

【例 12 - 3】 有一矩形截面压杆如图 12 - 6 所示,一端固定,另一端自由,材料为钢,已知弹性模量 $E = 200$ GPa,杆长 $l = 2.5$ m。

(1)当截面尺寸为 $b = 40$ mm、$h = 90$ mm 时,试计算此压杆的临界载荷;

(2)若截面尺寸为 $b = h = 60$ mm,此压杆的临界载荷又为多少?

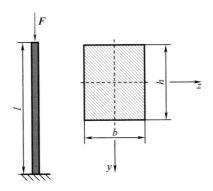

图 12 - 6 例 12 - 3 图

解 由于杆一端固定,一端自由,查表 12 - 1 得 $u = 2$。

(1)截面对 y、z 轴的惯性矩分别为

$$I_y = \frac{hb^3}{12} = \frac{90 \times 40^3}{12} \text{ mm}^4 = 4.8 \times 10^{-7} \text{ m}^4$$

$$I_z = \frac{bh^3}{12} = \frac{40 \times 90^3}{12} \text{ mm}^4 = 2.43 \times 10^{-6} \text{ m}^4$$

因为 $I_y < I_z$,应按 I_y 计算临界载荷,于是将 I_y 代入欧拉公式得

$$F_{cr} = \frac{\pi^2 EI}{(ul)^2} = \frac{\pi^2 \times 200 \times 10^9 \times 4.8 \times 10^{-7}}{(2 \times 2.5)^2} \text{ N} = 37.9 \text{ kN}$$

(2)$b = h = 60$ mm 时,截面的惯性矩为

$$I_y = I_z = \frac{bh^3}{12} = \frac{60^4}{12} \text{ mm}^4 = 1.08 \times 10^{-6} \text{ m}^4$$

代入欧拉公式得临界载荷为

$$F_{cr} = \frac{\pi^2 EI}{(ul)^2} = \frac{\pi^2 \times 200 \times 10^9 \times 1.08 \times 10^{-6}}{(2 \times 2.5)^2} \text{ N} = 85.3 \text{ kN}$$

比较上述计算结果,两杆所用材料相同,长度相同,截面面积相等,但临界压力后者是前者的 2.25 倍。

12.3 欧拉公式及经验公式

12.3.1 临界应力与柔度

压杆处于临界状态时,将压杆的临界载荷除以横截面面积,得到横截面上的应力,称为临界应力,用 σ_{cr} 表示。

$$\sigma_{cr} = \frac{F_{cr}}{A} = \frac{\pi^2 EI}{(ul)^2 A} \qquad (12-11)$$

式中,I 与 A 都是与压杆横截面的尺寸和形状有关的量,令 $I/A = i^2$,i 称为压杆截面的惯性半径,代入式(12-11)得

$$\sigma_{cr} = \frac{\pi^2 Ei^2}{(ul)^2} = \frac{\pi^2 E}{\left(\dfrac{ul}{i}\right)^2} \qquad (12-12)$$

令 $\lambda = \dfrac{ul}{i}$,则式(12-12)可写成

$$\sigma_{cr} = \frac{\pi^2 E}{\lambda^2} \qquad (12-13)$$

式(12-13)是临界应力形式的欧拉公式,式中 λ 称为压杆的柔度或长细比,是一个无量纲的量,它综合反映了压杆的长度、杆端的约束以及截面尺寸对临界应力的影响。对于一定材料的压杆,其临界应力仅与柔度 λ 有关,λ 值越大,则压杆越细长,临界应力 σ_{cr} 值也越小,压杆越容易失稳。所以柔度 λ 是压杆稳定计算中的一个重要参数。

12.3.2 欧拉公式的适用范围

欧拉公式是在材料符合胡克定律条件下,由挠曲线近似微分方程 $d^2y/dx^2 = M/EI$ 推导出来的。因此只有当压杆内的应力不超过材料的比例极限时,才能用欧拉公式来计算压杆的临界力。这说明欧拉公式的应用是有条件的,根据这一条件可以确定欧拉公式的适用范围。

当压杆的临界应力不超过材料的比例极限时,欧拉公式才能成立,因此由式(12-13)可得欧拉公式适用范围为

$$\sigma_{cr} = \frac{\pi^2 E}{\lambda^2} \leqslant \sigma_p \text{ 或 } \lambda \geqslant \pi \sqrt{\frac{E}{\sigma_p}}$$

式中,$\pi \sqrt{\dfrac{E}{\sigma_p}}$ 是压杆的临界应力等于比例极限 σ_p 时的柔度值,以 λ_p 表示,即

$$\lambda_{\mathrm{p}} = \pi \sqrt{\frac{E}{\sigma_{\mathrm{p}}}} \qquad (12-14)$$

所以,仅当 $\lambda \geqslant \lambda_{\mathrm{p}}$ 时,欧拉公式才成立。柔度 $\lambda \geqslant \lambda_{\mathrm{p}}$ 的压杆,称为大柔度杆。前面经常提到的细长杆,实际上即大柔度杆。

由式(12-14)可知,λ_{p} 值取决于材料的弹性模量 E 和比例极限 σ_{p},所以,λ_{p} 值仅随材料不同而异。

12.3.3 经验公式

工程中常用的压杆,其柔度往往小于 λ_{p}。这种压杆的临界力已不能再按欧拉公式来计算。对于此类压杆,通常采用建立在实验基础上的经验公式来计算其临界应力。

1. 直线型经验公式

直线型经验公式把临界应力 σ_{cr} 与柔度 λ 表示为以下直线公式,即

$$\sigma_{\mathrm{cr}} = a - b\lambda \qquad (12-15)$$

式中,λ 为具体压杆的柔度,a、b 为与材料有关的常数,单位为 MPa。表 12-2 中列出了几种常用材料的 a、b 的值。

表 12-2 几种常用材料的 a、b 的值

材料(强度极限 σ_{b}/MPa,屈服极限 σ_{s}/MPa)	a/MPa	b/MPa
Q235A $\quad \sigma_{\mathrm{b}} \geqslant 372, \sigma_{\mathrm{s}} = 235$	304	1.12
优质碳钢 $\quad \sigma_{\mathrm{b}} \geqslant 471, \sigma_{\mathrm{s}} = 306$	461	2.568
硅钢 $\quad \sigma_{\mathrm{b}} \geqslant 510, \sigma_{\mathrm{s}} = 353$	578	3.744
铬钼钢	980	5.296
铸铁	332.2	1.454
硬铝	373	2.15
松木	28.7	0.19

上述经验公式也有其适用范围,使用式(10-27)计算的临界应力不允许超过压杆材料的极限应力 σ^0(对于塑性材料 $\sigma^0 = \sigma_{\mathrm{s}}$;对于脆性材料 $\sigma^0 = \sigma_{\mathrm{b}}$)。因为当应力达到 σ^0 时,压杆因强度不够而发生破坏,故应按强度问题来考虑,所以对于塑性材料制成的压杆,临界应力公式为

$$\sigma_{\mathrm{cr}} = a - b\lambda \leqslant \sigma_{\mathrm{s}} \qquad (12-16)$$

由式(12-16)得到对应于屈服极限 σ_{s} 的柔度为

$$\lambda_{\mathrm{s}} = \frac{a - \sigma_{\mathrm{s}}}{b} \qquad (12-17)$$

由此可知,只有当压杆的柔度 $\lambda \geqslant \lambda_{\mathrm{s}}$ 时才能用式(12-15)求解,所以式(12-15)的适用范围为 $\lambda_{\mathrm{s}} \leqslant \lambda \leqslant \lambda_{\mathrm{p}}$。

综上所述,对于由合金钢、铝合金、铸铁等制作的压杆,根据其柔度可将压杆分为三类,并分别按不同方式处理。

(1)$\lambda \geqslant \lambda_p$ 的压杆属于细长杆或大柔度杆,按欧拉公式 $\sigma_{cr} = \pi^2 E/\lambda^2$ 计算其临界应力。

(2)$\lambda_s \leqslant \lambda \leqslant \lambda_p$ 的压杆,称为中柔度杆,按经验公式 $\sigma_{cr} = a - b\lambda$ 计算其临界应力。

(3)$\lambda < \lambda_s$ 的压杆属于短粗杆,称为小柔度杆,应按强度问题处理,$\sigma_{cr} = \sigma_s$。

上述三种情况下,临界应力随柔度变化的曲线如图12-7所示,称为临界应力总图。

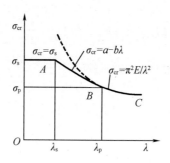

图12-7 临界应力总图

2. 抛物线型经验公式

在工程实际中,对于中、小柔度压杆的临界应力计算,也有建议采用抛物线型经验公式的,此公式为

$$\sigma_{cr} = a_1 - b_1 \lambda^2 \qquad (12-18)$$

式中,a_1 与 b_1 是与材料有关的常数,它们的单位是 MPa。

根据欧拉公式与上述抛物线经验公式,得到低合金结构钢等压杆的临界应力总图(图12-8)。

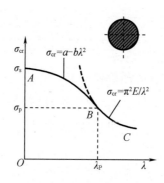

图12-8 低合金结构钢等压杆的临界应力总图

【例12-4】 三根材料相同的圆形截面压杆,皆由 Q235 钢制成,材料 $E = 200$ GPa,$\sigma_p = 200$ MPa,$\sigma_s = 240$ MPa,$a = 304$ MPa,$b = 1.12$ MPa。三根压杆的两端均为铰支,直径均为 $d = 0.16$ m,第一根压杆长 $l_1 = 6.0$ m,第二根压杆的长 $l_2 = 3.0$ m,第三根压杆长 $l_3 = 1.$

5 m,试求各杆的临界载荷。

解 三根压杆的材料相同,杆的直径相同,约束条件也相同,所以三根杆相同的参数为

$$\lambda_{p} = \pi \sqrt{\frac{E}{\sigma_{p}}} = 3.14 \sqrt{\frac{200 \times 10^{9}}{200 \times 10^{6}}} = 99.3$$

$$\lambda_{s} = \frac{a - \sigma_{s}}{b} = \frac{304 - 240}{1.12} = 57.1$$

$$A = \frac{\pi d^{2}}{4} = \frac{\pi \times 0.16^{2}}{4} \ \text{m}^{2} = 0.02 \ \text{m}^{2}$$

$$i = \sqrt{\frac{I}{A}} = \frac{d}{4} = \frac{0.16}{4} \ \text{m} = 0.04 \ \text{m}$$

$$u = 1$$

(1)求第一根压杆的临界载荷

$$\lambda = \frac{ul_{1}}{i} = \frac{1 \times 6}{0.04} = 150 > \lambda_{p} = 99.3$$

$$\sigma_{cr} = \frac{\pi^{2} E}{\lambda^{2}} = \frac{\pi^{2} \times 200 \times 10^{9}}{150^{2}} = 87.7 \ \text{MPa}$$

$$F_{cr} = \sigma_{cr} A = 87.7 \times 10^{6} \times 0.02 \ \text{N} = 1.75 \times 10^{3} \ \text{kN}$$

(2)求第二根压杆的临界载荷

$$\lambda = \frac{\mu l_{2}}{i} = \frac{1 \times 3}{0.04} = 75$$

柔度 $\lambda_{s} \leqslant \lambda \leqslant \lambda_{p}$,故使用直线公式(12 - 15)求临界应力

$$\sigma_{cr} = a - b\lambda = 304 - 1.12 \times 75 \ \text{MPa} = 220 \ \text{MPa}$$

$$F_{cr} = \sigma_{cr} A = 220 \times 10^{6} \times 0.02 \ \text{N} = 4.4 \times 10^{3} \ \text{kN}$$

(3)求第三根压杆的临界载荷

$$\lambda = \frac{\mu l_{3}}{i} = \frac{1 \times 1.5}{0.04} = 37.5 < \lambda_{s} = 57.1$$

该杆为小柔度压杆,临界应力应选取材料的屈服极限

$$\sigma_{cr} = \sigma_{s} = 240 \ \text{MPa}$$

$$F_{cr} = \sigma_{cr} A = 240 \times 10^{6} \times 0.02 \ \text{N} = 4.8 \times 10^{3} \ \text{kN}$$

12.4 压杆稳定条件

在掌握了各种柔度压杆的临界载荷和临界应力的计算方法以后,就可以在此基础上建立压杆的稳定条件,进行压杆的稳定计算。

由临界载荷的定义可知,$\boldsymbol{F}_{cr}$相当于稳定性方面的破坏载荷,因此,为了保证压杆正常工作,不致发生失稳,必须使压杆所承受的工作压力 $\boldsymbol{F}$ 小于该杆的临界载荷。不仅如此,还应使压杆具有足够的稳定安全储备,用一个大于 1 的数(规定的稳定安全系数为[n_{w}])去除临界载荷这一极限,得到一个工作载荷的许用值。据此,压杆的稳定条件可表示为

$$F \leqslant \frac{F_{cr}}{[n_w]} \tag{12-19}$$

式中, F 为压杆的工作压力。

在工程计算中,常把式(12-19)改写成

$$n = \frac{F_{cr}}{F} \geqslant [n_w] \tag{12-20}$$

若设压杆的工作应力为 $\sigma = F/A$, 则由 $F = \sigma A$ 和 $F_{cr} = \sigma_{cr} A$, 可得到压杆稳定条件的另一种形式:

$$n = \frac{\sigma_{cr}}{\sigma} \geqslant [n_w] \tag{12-21}$$

考虑到压杆的初曲率,以及加载偏心及材料的不均匀等因素,因此 $[n_w]$ 值一般比强度安全系数大,下面列出几种常用零件的 $[n_w]$ 的参考数值。

- 金属结构中的压杆: $[n_w] = 1.8 \sim 3$。
- 机床进给丝杆: $[n_w] = 2.5 \sim 4$。
- 高速发动机挺杆: $[n_w] = 2 \sim 5$。
- 低速发动机挺杆: $[n_w] = 4 \sim 6$。
- 磨床液压缸活塞杆: $[n_w] = 4 \sim 6$。
- 起重螺旋: $[n_w] = 3.5 \sim 5$。

必须指出,截面有局部削弱(如油孔、螺孔等)的压杆,除校核稳定外,还需做强度校核。在强度校核时, A 为考虑了削弱后的横截面净面积。而压杆的稳定,是对压杆的整体而言的,截面的局部削弱,对临界力数值的影响很小,可以不必考虑,所以在稳定计算中, A 为不考虑削弱的横截面面积。

【例 12-5】 已知千斤顶丝杆长度 $l = 0.4$ mm, 内径 $d = 0.04$ m, 材料为 Q235 钢, 最大顶起重力 $F = 80$ kN, 规定稳定安全系数 $[n_w] = 3$, 试校核丝杆的稳定性。

解 (1)计算压杆的柔度

千斤顶的丝杆可简化为下端固定上端自由的压杆,其长度系数 $u = 2$, $i = \sqrt{\dfrac{I}{A}} = \dfrac{d}{4} = 0.01$。丝杆的柔度为

$$\lambda = \frac{ul}{i} = \frac{2 \times 0.4}{0.01} = 80$$

由例 12-4 计算可知, Q235 钢的 $\lambda_p = 99.3$, $\lambda_s = 57.1$, 故本题中 $\lambda_s \leqslant \lambda \leqslant \lambda_p$, 丝杆为中柔度杆,采用直线型经验公式计算其临界应力。

(2)计算临界应力

对 Q235 钢 $a = 304$ MPa, $b = 1.12$ MPa, 故丝杆的临界应力为

$$\sigma_{cr} = a - b\lambda = 304 - 1.12 \times 80 \text{ MPa} = 214.4 \text{ MPa}$$

临界压力为

$$F_{cr} = \sigma_{cr} A = 214.4 \times 10^6 \times \frac{\pi \times (0.04)^2}{4} \text{ N} = 269.4 \text{ kN}$$

（3）校核稳定性

$$n = \frac{F_{cr}}{F} = \frac{269.4}{80} = 3.37 > [n_w]$$

故丝杆的稳定性是足够的。

【例12-6】 图12-9所示的杆系中 AB 杆为刚性杆，CD 杆是可变形的受压杆件，A、C 两点为铰支座，D 点为固定端支座，各杆长度及 CD 杆横截面尺寸如图所示。CD 杆的材料为Q235钢，其中 $E = 200$ GPa，$\sigma_s = 240$ MPa，$\sigma_p = 200$ MPa，$a = 304$ MPa，$b = 1.12$ MPa，假设 CD 杆只能在图示平面内失稳，试按照只考虑 CD 杆的稳定性来确定结构的临界载荷 F_{cr}。若给定的稳定安全系数为 $[n_w] = 8$，求杆系的许用载荷 $[F]$。

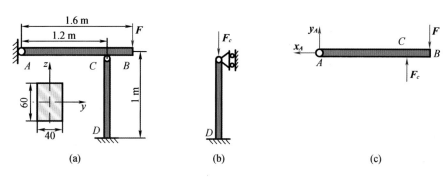

图12-9 例12-6图

解 先求压杆的 λ_p 和 λ_s

$$\lambda_p = \pi \sqrt{\frac{E}{\sigma_p}} = 3.14 \times \sqrt{\frac{200 \times 10^9}{200 \times 10^6}} = 99.3$$

$$\lambda_s = \frac{a - \sigma_s}{b} = \frac{304 - 240}{1.12} = 57.1$$

由于结构只能在图12-9所示的平面内失稳，所以只需求 λ_z。

压杆 CD 关于 z 轴的惯性矩及惯性半径分别为

$$I_z = \frac{60 \times 40^3}{12} \text{ mm}^4 = 320 \times 10^3 \text{ mm}^4$$

$$i_z = \sqrt{\frac{I_z}{A}} = \sqrt{\frac{320 \times 10^3}{40 \times 60}} = 11.5 \text{ mm}$$

由 CD 杆支撑形式可知其长度系数取 $u = 0.7$，因此压杆绕 z 轴的柔度计算为

$$\lambda_z = \frac{ul}{i} = \frac{0.7 \times 1000}{11.5} = 60.9$$

可见，$\lambda_s < \lambda_z < \lambda_p$，$\lambda_s = 57.1$，$\lambda_p = 99.3$，所以用直线经验公式计算临界应力

$$\sigma_{cr} = a - b\lambda_z = 304 - 1.12 \times 60.9 \text{ MPa} = 236 \text{ MPa}$$

压杆 CD 的临界载荷为

$$F_{cr} = \sigma_{cr} A = 236 \times 10^6 \times 0.04 \times 0.06 \text{ N} = 566.4 \text{ kN}$$

根据稳定条件 $n = \dfrac{F_{cr}}{F_C} \geqslant [n_w]$，得到

$$F_C \leqslant \frac{F_{cr}}{[n_w]} = \frac{566.4}{8} = 70.8 \text{ kN}$$

下面，再考虑 AB 杆的平衡，AB 杆的受力如图 12 – 9(c)所示。当压杆 CD 所受载荷为临界载荷时，结构上作用的载荷 F 达到临界值。

由平衡方程 $\sum M_A = 0$，得

$$F_C \times 1.2 - F \times 1.6 = 0$$

$$F = \frac{1.2}{1.6} F_C \leqslant \frac{1.2}{1.6} \times 70.8 \text{ kN} = 53.1 \text{ kN}$$

所以结构许用载荷为 $[F] = 53.1 \text{ kN}$。

应指出：

第一，和强度问题类似，稳定计算也存在三个方面的问题：进行稳定校核；求稳定时的许可载荷；设计压杆的横截面面积。

第二，由于临界应力的大小和柔度有关，或者说和横截面的惯性半径有关，即和横截面面积的大小和形状有关，因此设计截面时要用试凑法，需要经过反复多次的试凑才能得到合适的横截面面积。

第三，由于杆件丧失稳定是一种整体性行为，在进行稳定性计算时，横截面的局部削弱（如在杆上打小孔等），对临界应力影响较小。因此在稳定性计算中，采用横截面的毛面积计算，而不是用局部削弱处的净面积计算。

第四，在小变形的前提下进行强度计算时，横截面上的内力按未变形时的位置来计算，而计算临界载荷时是按变形以后的位置计算横截面上内力，这是强度问题和稳定问题的一个很大不同。

12.5　提高压杆稳定性的措施

所谓提高压杆稳定性，就是在给定面积大小的条件下，提高压杆的临界力。临界力 $F_{cr} = A\sigma_{cr}$，当面积一定时，提高临界力的关键在于提高临界应力 σ_{cr}。由欧拉公式和经验公式可知，压杆的临界应力与材料的力学性能及压杆的柔度有关，所以要提高压杆的稳定性，就必须从这两方面考虑。

12.5.1　合理选用材料

对于大柔度杆（$\lambda > \lambda_P$），其临界应力 $\sigma_{cr} = \pi^2 E/\lambda^2$ 与材料的弹性模量 E 成正比，由于钢材的 E 比其他材料（如铝合金）大，所以大柔度杆多用钢材制造，而各种钢材的 E 值差别不大，用高强度钢时 σ_{cr} 的提高不显著，所以细长压杆用普通钢制造，既合理又经济。

对于中、小柔度压杆，由经验公式看出，临界应力与材料的强度有关，σ_{cr} 随 σ_s 的提高而增大，因此，对于中、小柔度的压杆可用高强度钢制造以提高稳定性（对柔度很小的短粗

压杆,本身就是强度问题,优质钢材强度高,其优越性自然是明显的)。

12.5.2 减小压杆的柔度

由压杆的临界应力总图可知,压杆的柔度越大,临界应力就越小,稳定性越差;反之,压杆的柔度越小,临界应力就越大,稳定性越好。短粗杆(即小柔度杆)的临界应力最大,但是,结构中的压杆、柱或机器零件中的压杆不可能都是短粗型压杆,如发动机的挺杆,就不能制成短粗型的。所以要提高压杆的稳定性,即提高压杆的承载能力,可行的措施是使压杆的柔度尽可能地小。由于压杆的柔度为 $\lambda = ul/i$,所以应从增强约束(与 u 有关),增大截面的惯性半径 i,减小压杆的长度 l 等方面来考虑。

1. 选择合理的截面形状,增大截面的惯性矩,减小 λ

从欧拉公式看出,截面的惯性矩越大,临界载荷 F_{cr} 就越大。因为 $i = \sqrt{I/A}$,所以在横截面面积不变的情况下,增加惯性矩就是增大了惯性半径 i 的值,从而减小了柔度 λ,使压杆的临界应力增大。因此,增大惯性矩可提高压杆的稳定性。

在截面面积不变的情况下,增大惯性矩的办法是尽可能地把材料放在离形心较远的地方,现以圆形截面为例,图 12 - 10(a) 所示为实心圆形截面,设截面面积为 A。按上述方法,若把离形心较近处的材料搬到离形心较远处,如图 12 - 10(b) 所示,得到空心环形截面。下面比较一下截面的惯性半径和惯性矩。

设横截面面积为 A,则实心圆直径 $d_0 = \sqrt{4A/\pi}$,其惯性矩

$$I_1 = \frac{\pi d_0^4}{64} = \frac{\pi}{64} \times \frac{16A^2}{\pi^2} = \frac{A^2}{4\pi}$$

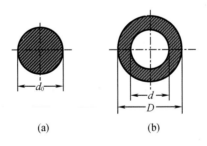

(a)   (b)

图 12 - 10 截面积相同的圆形界面和环形截面

对相同横截面面积的空心环形截面,令外径为 D,内径 $d = \alpha D$,则 $D = \sqrt{\dfrac{4A}{\pi(1-\alpha)^2}}$,截面惯性矩

$$I_2 = \frac{\pi D^4}{64}(1 - \alpha^4) = \frac{\pi}{64} \cdot \frac{16A^2}{\pi^2(1-\alpha^2)^2} \cdot (1 - \alpha^4) = \frac{(1+\alpha^2)A^2}{4\pi(1-\alpha^2)}$$

于是,两个惯性矩之比为

$$\frac{I_2}{I_1} = \frac{1+\alpha^2}{1-\alpha^2} > 1$$

由此可见,截面惯性矩增大了。此时惯性半径的比为

$$\frac{i_2}{i_1} = \frac{\sqrt{I_2/A}}{\sqrt{I_1/A}} = \sqrt{\frac{I_2}{I_1}} = \sqrt{\frac{1+\alpha^2}{1-\alpha^2}}$$

当 $\alpha = 0.5$ 时,$\frac{i_2}{i_1} = 1.29$;当 $\alpha = 0.7$ 时,$\frac{i_2}{i_1} = 1.71$;当 $\alpha = 0.8$ 时,$\frac{i_2}{i_1} = 2.13$。也就是说,当 $\alpha > 0.5$ 时,截面的惯性半径有显著的增加。

2. 减小压杆的长度 l

减小压杆的长度,可降低柔度 λ,从而提高稳定性。工程中常用增加中间支座的办法来减小压杆长度,如在压杆中间部分增加铰支座等。

3. 改变压杆的约束条件,改善杆端支承,降低长度系数 u 的数值

由表 12-1 可知,加固杆端支承,u 值可以降低,使压杆柔度 λ 减小,从而使临界应力提高,即提高了压杆的稳定性。约束条件对压杆的临界载荷的影响较大,在其他条件不变的情况下,支座对压杆的约束越强,长度系数 u 就越小,因而使压杆的柔度越小,临界载荷提高。如两端铰支细长压杆的临界载荷为 $F_{cr} = \pi^2 EI/l^2$,而两端固定细长压杆临界载荷为 $F_{cr} = 4\pi^2 EI/l^2$。在图 12-11 中,若把长度为 l、两端铰支的细长压杆的中点增加一个中间支座,则相当长度就变成 $ul = l/2$。

其临界载荷变为

$$F_{cr} = \frac{\pi^2 EI}{\left(\dfrac{l}{2}\right)^2} = \frac{4\pi^2 EI}{l^2}$$

从上式可见临界载荷变为原来的 4 倍。一般来说,增加压杆的约束,使其不容易发生弯曲变形,使压杆提高承载能力。

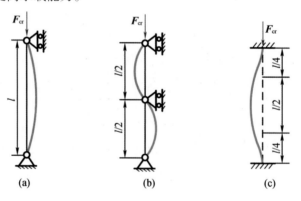

图 12-11 不同约束下压杆的临界载荷分析

习 题

12-1 试述失稳破坏与强度破坏的区别。

12-2 两根材料、长度、截面面积和约束条件都相同的压杆,其临界压力也相同吗?

12-3　何谓压杆的工作柔度,它与哪些因素有关,它对临界压力有什么影响?

12-4　欧拉公式适用范围是什么,如果超过范围继续使用,则计算结果偏于危险还是偏于安全?

12-5　一铸铁压杆的直径 $d=40$ mm,长度 $l=0.7$ mm,弹性模量 $E=108$ GPa,一端固定,一端自由。试求压杆的临界压力。

12-6　如图 12-12 所示,材料相同,直径相等的 3 根细长杆,试判断哪根压杆的临界压力最大,哪根压杆的临界压力最小? 若压杆的弹性模量 $E=200$ GPa,直径 $d=160$ mm,试求各杆的临界力。

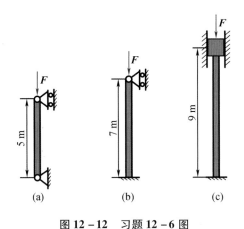

图 12-12　习题 12-6 图

12-7　如图 12-13 所示,一矩形截面木柱,其约束在两相互垂直的纵向平面内分别简化为两端铰支和两端固定,截面尺寸为 40 mm×60 mm,长度 $l=2.4$ m,木材的 $E=10$ GPa,$\lambda_p=110$,试求木柱的临界应力。

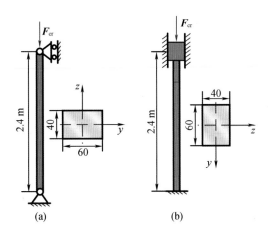

图 12-13　习题 12-7 图

12-8　图 12-14 为正方形铰接桁架,各杆横截面的弯曲刚度 EI 和截面积均相同,且均为细长杆,杆长为 $l(BD=\sqrt{2}l)$,问当达到临界状态时相应的载荷 F 是多少? 如果将

载荷 F 的方向改为向内,则临界载荷又为多少?

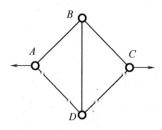

图 12 – 14　习题 12 – 8 图

12 – 9　图 12 – 15 所示托架中,$F = 12$ kN,$a = 500$ mm,杆 AB 的外径 $D = 50$ mm,内径 $d = 40$ mm,两端为球铰,材料为 Q235A,$E = 200$ GPa,规定稳定安全系数 $[n_w] = 3.0$。试校核 AB 杆的稳定性。

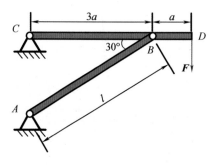

图 12 – 15　习题 12 – 9 图

第 13 章　交变应力与疲劳失效

工程中,大量的机械零件长期在周期性变化的载荷下工作。本章介绍处理交变应力的一般方法以及零件的疲劳失效问题。

13.1　交变应力

在机械与工程结构中,许多构件(如传动轴、齿轮等)常常受到随时间做周期性变化的应力,即所谓的交变应力或循环应力。

如图 13-1(a)所示的火车车轴,车轴承受载荷为 $2F$,分别作用于两端轴颈上,车轴受纯弯曲作用。分析 B—B 截面上最外缘处任一点 A 的应力,如图 13-1(b)所示。轴转动后,当 A 点旋转到 A_1 时,其应力为零;当旋转到 A_2 点时,应力为最大值;当旋转到 A_3 时,应力为零;当旋转到 A_4 时,应力变为负的最大值,最后又回到初始位置,应力为零。如此周期性地随时间变化而变化,如图 13-1(c)所示,其特点是最大应力与最小应力的数值相等、正负符号相反,即 $\sigma_{\max} = -\sigma_{\min}$,称为对称循环应力。

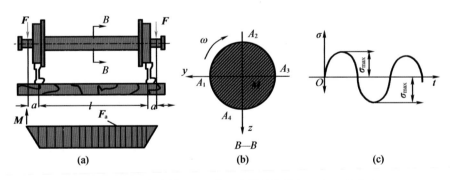

图 13-1　火车车轴 B—B 截面上最外缘处任一点 A 的应力

再如动力装置齿轮箱内的齿轮上每一齿的齿根处 A 点的应力,如图 13-2(a),在传动过程中,轴旋转一周,这个齿啮合一次,每一次啮合 A 点的弯曲正应力就由零变化到某一最大值,然后再回到零。轴不断地旋转,A 点的应力也就不断地重复上述过程。若以时间 t 为横坐标,弯曲正应力 σ 为纵坐标,应力随时间变化的曲线如图 13-2(b)所示,其特点是最小应力为零,称为脉动循环应力。

又如,当空气压缩机的活塞往复方向都压缩空气时(图 13-3),其活塞杆就受到拉、压交替变化的载荷。

图 13-4 为一般情况下交变应力随时间变化的曲线,应力每重复变化一次的过程,称为一个应力循环,重复变化的次数称为循环次数。曲线上的最高点为最大应力 $\sigma_{\max}$,最低

点为最小应力 σ_{min}。每个循环中应力在最大应力与最小应力之间变化着。

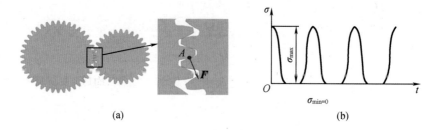

图 13 - 2   齿轮齿根应力

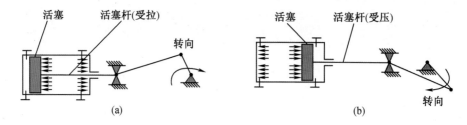

图 13 - 3   活塞杆受拉、压交替变化的载荷

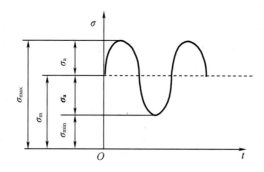

图 13 - 4   一般情况下交变应力随时间变化的曲线

通常把最小应力与最大应力之比称为交变应力的循环特性，用 r 来表示，即

$$r = \frac{\sigma_{min}}{\sigma_{max}}$$

用 σ_a 表示应力变化的幅度，称为应力循环中的应力幅度。由图 13 - 4 可以看出

$$\sigma_a = \frac{1}{2}(\sigma_{max} - \sigma_{min}) \tag{13 - 1}$$

图 13 - 4 中 σ_m 表示 σ_{max} 和 σ_{min} 的平均值，称为应力循环中的平均应力，即

$$\sigma_m = \frac{1}{2}(\sigma_{max} + \sigma_{min}) \tag{13 - 2}$$

由式(13 - 1)和式(13 - 2)可得

$$\sigma_{max} = \sigma_m + \sigma_a \tag{13 - 3}$$

$$\sigma_{min} = \sigma_m - \sigma_a \tag{13 - 4}$$

平均应力 σ_m 相当于应力的不变部分,而应力幅度 σ_a 相当于应力的变动部分。可见,任何一种应力循环,都可看成由一个不变的静载荷应力 σ_m 与一个对称循环的应力幅 σ_a (变动部分)迭加而成。

在交变应力中,如果最大应力与最小应力的数值相等、正负符号相反,例如 $\sigma_{max} = -\sigma_{min}$,则称为对称交变应力,其应力比 $r = -1$。在交变应力中,如果最小应力 σ_{min} 为 0,则称为脉动交变应力,其应力比 $r = 0$。此外,所有应力比 $r \neq -1$,均属于非对称交变应力。所以脉动交变应力也是一种非对称交变应力。

上述关于交变应力的概念,均采用正应力 σ 表示。当构件承受循环切应力时,上述概念仍然适用,只需将正应力 σ 改成切应力 τ 即可。

13.2　疲劳失效

实践表明,在交变应力作用下的构件,虽然所受应力小于材料的静强度极限,但经过应力的多次重复后,构件将产生裂纹或完全断裂,而且,即使是塑性很好的材料,断裂时也往往无显著的塑性变形。在交变应力作用下,构件产生可见裂纹或完全断裂的现象,称为疲劳失效,简称疲劳。

图 13-5 所示为传动轴疲劳失效断口,可以看出,断裂面一般都有明显的两个区域,一个光滑区,另一个粗糙区。由于近代测试技术的发展,人们还发现,产生疲劳失效的原因,一般是由于构件外部形状尺寸的突变以及材料不均匀等,构件某些局部的应力特别高。在长期交变应力的作用下,当应力值超过一定限度时,首先在零件应力高度集中的部位或材料有缺陷的部位产生细微裂纹,形成疲劳源。在裂纹根部随即产生高度应力集中,并随应力循环次数增加而出现宏观裂纹。在扩展过程中,应力循环变化,裂纹两表面的材料时而互相挤压,时而分离,或时而正向错动,时而反向错动,从而形成断面。由于裂纹不断扩展,使构件承受载荷的有效面积不断减小,当达到其临界长度时,构件不能承受外加载荷的作用时,构件即发生突然断裂。断口的粗粒状区就是突然断裂造成的。因此,在交变应力下构件的疲劳失效,实质上就是指裂纹的发生、发展和构件最后断裂的全部过程。

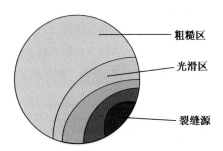

图 13-5　传动轴疲劳失效断口

以上分析表明,构件发生疲劳破坏前,无明显塑性变形,而裂纹的形成与扩展又不易及时发生。因此,疲劳破坏常常带有突发性,往往造成严重后果。据统计,在机械领域,大部分损伤事故是由疲劳破坏造成的。因此,对于承受交变应力的机械设备和结构,应该十分重视其疲劳问题。

13.3　材料的疲劳极限及影响因素

13.3.1　材料的疲劳极限及其测定

大量实践表明,在交变应力作用下,材料是否产生疲劳失效,不仅与最大应力 σ_{max} 值有关,还与循环特性 r 及循环次数 N 有关。在给定的交变应力下,必须经过一定次数的循环,才可能发生破坏。在一定的循环特性下,交变应力的最大值越大,破坏前经历的循环次数越少;反之,降低交变应力中的最大应力,则破坏前经历的循环次数就增加。当最大应力不超过某一极限值时,材料经受无穷多次循环而不发生疲劳失效,这个应力的极限值称为材料在循环特性 r 下的疲劳极限,以 σ_r 表示,下标 r 表示交变应力的循环特性。

对于同一材料,其交变应力的循环特性不同,疲劳极限的数值也不同。实验结果还表明,在各种循环特性下,对称循环($r = -1$)的疲劳极限最小。而且已知对称循环下材料的疲劳极限后,经过简化,可以求出非对称循环下的疲劳极限。所以,它是表示材料疲劳强度的一个重要参数。此外,实际工程中承受弯曲交变应力的构件较多,而且在弯曲变形下测定疲劳极限,技术上也比较简单,所以,弯曲疲劳实验是最常采用的测定疲劳极限的方法。

现在以弯曲对称循环($r = -1$)为例,说明疲劳极限(σ_{-1})的测定方法。

为了确定疲劳极限,需利用光滑小试件在专用的疲劳实验机(图 13-6)上进行实验。测定时取直径 $d = 7 \sim 10$ mm 表面磨光的标准试样 $6 \sim 10$ 根,逐根依次置于弯曲疲劳实验机上(图 13-7)。试件通过心轴随电机转动(转速约为 3 000 r/min),在载荷的作用下,试件中部受纯弯曲作用。试件最小直径横截面上的最大弯曲应力为 $\sigma_{max} = M/W_Z$。试件每旋转一周,其横截面周边各点经受一次对称的应力循环。

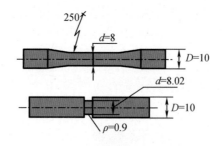

图 13-6　常见疲劳式样

实验时,第一根试件承受的载荷可按最大应力为($0.5 \sim 0.6$)σ_b 来估计,σ_b 为材料的强度极限。该最大应力一般都超过疲劳极限,所以经过一定次数的循环后,试件即发生疲劳断裂,循环次数由计数器读出。然后对第二根试件进行测定,使其最大应力略低于第一根试件的最大应力,再记下第二根试件断裂时的循环次数。以同样的方式测定其余试件,逐次降低其最大应力,并记下断裂时相应的循环次数。以试件的最大应力 σ_{max} 为纵坐标,循环次数 N 为横坐标,将实验结果描成一条曲线,该曲线称为疲劳曲线,如图 13-8 所示。从曲线图中可看出,当 σ_{max} 降至一定值时,曲线趋近于水平,水平渐近线的纵坐标 σ_{-1} 即材料的对称疲劳极限。

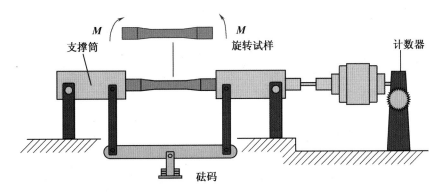

图 13-7　弯曲疲劳实验机

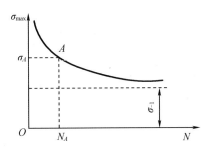

图 13-8　疲劳曲线

对于钢及铸铁材料,当循环次数 N 达到 $2 \times 10^6 \sim 2 \times 10^7$ 次时曲线接近水平,循环次数再增加,材料不发生疲劳断裂。因此,取横坐标 $N_0 = 2 \times 10^6 \sim 2 \times 10^7$ 次对应的最大应力为材料的疲劳极限,N_0 称为循环基数。某些有色金属及其合金材料,它们的疲劳曲线不明显趋于水平。例如某些含铝或镁的有色金属,甚至当循环次数超过 5×10^8 次,疲劳曲线仍未趋于水平。对于这类材料,通常根据实际需要取一个有限循环次数作为循环基数,例如可选定 $N_0 = 10^8$ 次,把它所对应的最大应力作为疲劳极限,称为条件疲劳极限。

同样,也可以通过试验测量材料在轴向拉-压或扭转等交变应力下的疲劳极限。

试验发现,钢材的疲劳极限与其静强度 σ_b 之间存在下面的关系:

①弯曲:$\sigma_{-1} \approx (0.4 \sim 0.5)\sigma_b$。

②拉压:$\sigma_{-1} \approx (0.33 \sim 0.59)\sigma_b$。

③扭转:$\sigma_{-1} \approx (0.23 \sim 0.29)\sigma_b$。

由上述关系可以看出,在交变应力作用下,材料抵抗破坏的能力显著降低。

13.3.2　影响疲劳极限的因素

实际构件的疲劳极限,受到的影响因素较多,它不但与材料有关,还受到构件的几何形状、尺寸大小、表面质量等因素的影响。因此,用光滑小试件(6~10 mm)测定的材料的疲劳极限并不能代表实际构件的疲劳极限,在计算构件的疲劳极限时,必须综合考虑这些因素对疲劳极限的影响。

1. 构件外形的影响

在工程实际中,有的构件截面尺寸由于工作需要会发生急剧的变化,例如构件上轴肩、槽、孔等,在这些地方将引起应力集中,使局部应力增高,显著降低构件的疲劳极限。用 σ_{-1} 表示光滑试件对称循环时的疲劳极限,$(\sigma_{-1})_K$ 表示有应力集中的试件的疲劳极限,比值 K_σ 称为有效应力集中系数。

$$K_\sigma = \frac{\sigma_{-1}}{(\sigma_{-1})_K} \qquad (13-5)$$

因为 σ_{-1} 大于 $(\sigma_{-1})_K$,所以 K_σ 大于 1。式(13-5)中,把正应力 σ 改成切应力 τ 同样成立。有效应力集中系数 K_σ 和 K_τ 均可从有关手册中查到。

前面曾经提到,在静载荷作用下应力集中程度用理论应力集中系数来表示。它与材料性质无关,只与构件的形状有关;而有效应力集中系数不但与构件的形状变化有关,而且与材料的强度极限 σ_b,即与材料的性质有关。

2. 构件尺寸对疲劳极限的影响

在测定材料的疲劳极限时,一般用直径 $d = 7 \sim 10$ mm 的小试件。随着试件横截面尺寸的增大,疲劳极限会相应地降低。这是因为构件尺寸越大,材料包含的缺陷越多,产生疲劳裂纹的可能性就越大,因而降低了疲劳极限。

用 σ_{-1} 表示光滑标准试件的疲劳极限,$(\sigma_{-1})_\varepsilon$ 表示光滑大试件的疲劳极限,则比值 ε_σ 称为尺寸系数。表 13-1 为钢材在弯曲和扭转循环应力下的尺寸系数(ε_σ 和 ε_τ)。

$$\varepsilon_\sigma = \frac{(\sigma_{-1})_\varepsilon}{\sigma_{-1}} \qquad (13-6)$$

表 13-1　尺寸系数 ε_σ 和 ε_τ

直径/mm	ε_σ(弯曲)		ε_τ(扭转)
	碳钢	合金钢	
>20~30	0.91	0.83	0.89
>30~40	0.88	0.77	0.81
>40~50	0.84	0.73	0.78
>50~60	0.81	0.70	0.76
>60~70	0.78	0.68	0.74
>70~80	0.75	0.66	0.73
>80~100	0.73	0.64	0.72
>100~120	0.70	0.62	0.70
>120~150	0.68	0.60	0.68
>150~500	0.60	0.54	0.60

因为 $(\sigma_{-1})_\varepsilon$ 小于 σ_{-1},所以 ε_σ 是小于 1 的系数。式(13-6)中正应力 σ 改成切应力

τ 同样成立。

由表 13 - 1 可知,构件尺寸越大,尺寸系数越小,即疲劳极限越低。

3. 构件表面加工质量的影响

构件表面的加工质量对疲劳极限有很大的影响。如果构件表面粗糙、存在工具刻痕,就会引起应力集中,因而降低了疲劳极限。若构件表面经强化处理,其疲劳极限可得到提高。表面质量对疲劳极限的影响,常用表面质量系数 β 来表示。

$$\beta = \frac{(\sigma_{-1})_\beta}{\sigma_{-1}} \qquad (13-7)$$

式中,σ_{-1} 为表面磨光标准试件的疲劳极限,$(\sigma_{-1})_\beta$ 为其他加工情况的构件的疲劳极限。当构件表面质量低于磨光的试件时,$\beta < 1$;若表面经强化处理后,$\beta > 1$。

不同表面粗糙度的表面质量系数见表 13 - 2。从表中可以看出,不同的表面加工质量,对高强度钢疲劳极限的影响更为明显。表面加工质量越低,疲劳极限降低越多。高强度构件要有较高的表面加工质量,才能充分发挥其高强度的作用。

表 13 - 2 不同表面粗糙度的表面质量系数 β

加工方法	轴表面粗糙度/μm	σ_b/MPa		
		400	800	1 200
磨削	$Ra0.20 \sim 0.10$	1.00	1.00	1.00
车削	$Ra1.60 \sim 0.40$	0.95	0.90	0.80
粗车	$Ra12.5 \sim 3.2$	0.85	0.80	0.65
未加工表面	—	0.75	0.65	0.45

各种强化方法的表面质量系数见表 13 - 3。

表 13 - 3 各种强化方法的表面质量系数 β

强化方法	心部强度 σ_b/MPa	β		
		光轴	低应力集中的轴 $K_\sigma \leq 1.5$	高应力集中的轴 $K_\sigma \geq 1.8 \sim 2$
高频淬火	600 ~ 800	1.5 ~ 1.7	1.5 ~ 1.7	2.4 ~ 2.8
	800 ~ 1000	1.3 ~ 1.5		
氮化	900 ~ 1200	1.1 ~ 1.25	1.5 ~ 1.7	1.7 ~ 2.1
渗碳	400 ~ 600	1.8 ~ 2.0	3	3.5
	700 ~ 800	1.4 ~ 1.5	2.3	2.7
	1 000 ~ 1 200	1.2 ~ 1.3	2	2.3
喷丸硬化	600 ~ 1 500	1.1 ~ 1.25	1.5 ~ 1.6	1.7 ~ 2.1
滚子滚压	600 ~ 1 500	1.1 ~ 1.3	1.3 ~ 1.5	1.6 ~ 2.0

综合考虑上述三种因素的影响,得到构件在对称循环交变应力下的疲劳极限为

$$(\sigma_{-1})^0 = \frac{\varepsilon_\sigma \beta}{K_\sigma} \sigma_{-1} \qquad (13-8)$$

除了上述三种影响因素外,还有其他的因素影响疲劳极限。例如受腐蚀的构件,其表面日渐粗糙,产生应力集中,从而降低构件的疲劳极限;高温也会降低构件的疲劳极限,它们的具体影响此处不再详述,需要时可查阅有关手册。

13.4 交变应力作用下的疲劳强度校核

13.4.1 对称循环的疲劳强度校核

对构件在对称循环下的疲劳极限(式(13-8)),选定适当的安全疲劳系数 n 后,得到构件的疲劳许用应力为

$$[\sigma_{-1}] = \frac{\varepsilon_\sigma \beta}{K_\sigma} \frac{\sigma_{-1}}{n} \qquad (13-9)$$

构件的强度条件应为

$$\sigma_{max} \leqslant [\sigma_{-1}] \qquad (13-10)$$

式中,σ_{max} 是构件危险点上交变应力的最大应力。

除了上面由应力表示的强度条件外,在疲劳强度计算中,常常采用由安全系数表示的强度条件。

实际工作安全系数 n_σ 是指构件的疲劳极限与它的实际最大工作应力之比,即

$$n_\sigma = \frac{(\sigma_{-1})^0}{\sigma_{max}} = \frac{\varepsilon_\sigma \beta \sigma_{-1}}{K_\sigma \sigma_{max}} \qquad (13-11)$$

于是由安全系数表示的强度条件为

$$n_\sigma \geqslant n \qquad (13-12)$$

同理,轴在对称循环扭转切应力下的安全因数为

$$n_\tau = \frac{\varepsilon_\tau \beta \tau_{-1}}{K_\tau \tau_{max}} \qquad (13-13)$$

相应的疲劳强度条件为

$$n_\tau = \frac{\varepsilon_\tau \beta \tau_{-1}}{K_\tau \tau_{max}} \geqslant n \qquad (13-14)$$

式中,τ_{max} 代表轴横截面上的最大扭转切应力。

注意,n_σ 或 n_τ 是构件实际工作安全系数,n 为规定的疲劳安全系数,一般规定如下:

①材质均匀,计算精确时,$n = 1.3 \sim 1.5$。

②材质不均匀,计算精度较低时,$n = 1.5 \sim 1.8$。

③材质差,计算精度很低时,$n = 1.8 \sim 2.5$。

【例13-1】 在图13-9所示旋转阶梯轴上,作用一不变的弯矩 M。轴材料为碳钢,表面经精车加工,$\sigma_b = 600$ MPa,$\sigma_{-1} = 250$ MPa。试求此轴的疲劳极限。

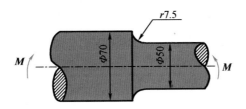

图 13 - 9　旋转阶梯轴

解　由于轴在不变弯矩 M 作用下旋转,所以是弯曲变形下的对称循环。

首先,确定有效应力集中系数。根据轴的尺寸

$$\frac{D}{d} = \frac{70}{50} = 1.4, \quad \frac{r}{d} = \frac{7.5}{50} = 0.15$$

从机械设计手册中查得当 $\sigma_b = 600$ MPa 时,$K_\sigma = 1.41$。

其次,确定尺寸系数 ε_σ。由表 13 - 1 查得,当轴的直径在 50～60 mm、60～70 mm 时,碳钢的尺寸系数分别为 0.81、0.78。取 $\varepsilon_\sigma = 0.78$。

最后,确定表面质量系数。由表 13 - 2 查出:材料 $\sigma_b = 400$ MPa,精车加工,$\beta = 0.95$;材料 $\sigma_b = 800$ MPa,精车加工,$\beta = 0.90$。用插入法求出,当 $\sigma_b = 600$ MPa 时,$\beta = 0.925$。

求出以上三个系数后,按公式(13 - 8)计算 $(\sigma_{-1})^0$,

$$(\sigma_{-1})^0 = \frac{\varepsilon_\sigma \beta}{K_\sigma} \sigma_{-1} = \frac{0.78 \times 0.925}{1.41} \times 250 \text{ MPa} = 128 \text{ MPa}$$

【例 13 - 2】　某减速器第一轴如图 13 - 10 所示。键槽为端铣加工,A—A 截面上的弯矩 $M = 860$ N·m,轴的材料为 45 号钢,$\sigma_b = 520$ MPa,$\sigma_{-1} = 220$ MPa。若规定安全系数 $n = 1.4$,试校核 A—A 截面的强度。

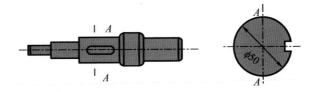

图 13 - 10　某减速器第一轴

解　计算轴在 $A - A$ 截面上的最大工作应力。若不计键槽对抗弯截面模量的影响,则 $A - A$ 截面的抗弯截面系数为

$$W_z = \frac{\pi d^3}{32} = 1.23 \times 10^{-5} \text{ m}^3$$

轴在不变弯矩 M 作用下旋转,故为弯曲变形下的对称循环。

$$\sigma_{max} = \frac{M}{W_z} = \frac{860}{1.23 \times 10^{-5}} \text{ Pa} = 70 \text{ MPa}$$

$$\sigma_{max} = \frac{M}{W_z} = 70 \text{ MPa}$$

$$\sigma_{\min} = -70 \text{ MPa}$$
$$r = -1$$

现在确定轴在 $A-A$ 截面上的系数 K_σ、ε_σ、β。当材料 $\sigma_b = 520$ MPa 时,从机械设计手册查得 $K_\sigma = 1.65$。由表 13-1 查得 $\varepsilon_\sigma = 0.84$。由表 13-2,使用插入法,求得 $\beta = 0.936$。

把以上求得的 $\sigma_{\max}$、K_σ、ε_σ、β 等代入式(13-11),求出截面 A—A 处的工作安全系数为

$$n_\sigma = \frac{\varepsilon_\sigma \beta \sigma_{-1}}{K_\sigma \sigma_{\max}} = \frac{0.84 \times 0.936 \times 220}{1.65 \times 70} = 1.5$$

规定的安全系数 $n = 1.4$,所以满足强度条件

$$n_\sigma > n$$

轴在截面 A—A 处,疲劳强度是足够的。

13.4.2 非对称循环的强度校核

材料在非对称交变应力下的疲劳极限 σ_r 或 τ_r 也由试验测定。对于实际构件,同样应考虑应力集中、截面尺寸与表面加工质量等的影响。根据分析结果,在应力比保持不变的条件下,拉压杆与梁的疲劳强度条件为

$$n_\sigma = \frac{\sigma_{-1}}{\sigma_a \dfrac{K_\sigma}{\varepsilon_a \beta} + \sigma_m \psi_\sigma} \geqslant n \qquad (13-15)$$

轴的疲劳强度条件则为

$$n_\tau = \frac{\tau_{-1}}{\tau_a \dfrac{K_\tau}{\varepsilon_\tau \beta} + \tau_m \psi_\tau} \geqslant n \qquad (13-16)$$

式(13-15)和式(13-16)中,σ_m 与 σ_a(τ_m 或 τ_a)分别代表构件危险点处的平均应力与应力幅,K_σ 与 ε_σ(K_τ 或 ε_τ)与 β 分别代表对称循环时的有效应力集中因数、尺寸因数与表面质量因数;ψ_σ 与 ψ_τ 称为敏感因数,表示材料对于应力循环非对称性的敏感程度,其值分别为

$$\psi_\sigma = \frac{2\sigma_{-1} - \sigma_0}{\sigma_0} \qquad (13-17)$$

$$\psi_\tau = \frac{2\tau_{-1} - \tau_0}{\tau_0} \qquad (13-18)$$

式中,σ_0 与 τ_0 代表材料在脉动交变应力下的疲劳极限。ψ_σ 与 ψ_τ 的值也可从有关手册中查到。

【例 13-3】 图 13-11 所示阶梯形圆截面钢杆承受非对称循环的轴向载荷 F 作用,其最大值与最小值分别为 $F_{\max} = 150$ kN、$F_{\min} = 10$ kN。已知杆件直径分别为 $D = 62.5$ mm,$d = 50$ mm,圆角半径 $R = 6.25$ mm,强度极值 $\sigma_b = 600$ MPa,材料在拉压对称交变应力的疲劳极限 $\sigma_{-1} = 170$ MPa,敏感因数 $\psi_\sigma = 0.05$,疲劳安全因数 $n = 2$,杆表面经精车加工。试校核杆的疲劳强度。

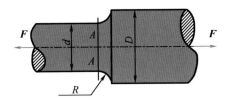

图 13 - 11 阶梯形圆截面钢杆

解 （1）计算工作应力

在非对称循环的轴向载荷作用下，危险截面 A—A 承受非对称循环的交变正应力，其最大值与最小值分别为

$$\sigma_{\max} = \frac{4F_{\max}}{\pi d^2} = \frac{4 \times 150 \times 1\,000}{\pi \times 2\,500} = 76.4 \text{ MPa}$$

$$\sigma_{\min} = \frac{4F_{\min}}{\pi d^2} = \frac{4 \times 10 \times 1\,000}{\pi \times 2\,500} = 5.1 \text{ MPa}$$

由此得到相应的平均应力与应力幅分别为

$$\sigma_m = \frac{\sigma_{\max} + \sigma_{\min}}{2} = 40.7 \text{ MPa}$$

$$\sigma_\alpha = \frac{\sigma_{\max} - \sigma_{\min}}{2} = 35.6 \text{ MPa}$$

（2）确定影响因素

阶梯形杆在粗细过渡处具有以下几何特征：

$$\frac{D}{d} = 1.25, \quad \frac{R}{d} = 0.125$$

从机械设计手册中查得 $K_\sigma = 1.47$（查表得 $K_{\sigma 0}$，ξ 修正后得 K_σ），表面质量因数 $\beta = 0.94$。此外，在轴向受力的情况下，尺寸因数 $\varepsilon \approx 1$。

（3）校核疲劳强度

将以上数据代入式（13 - 15），于是杆件截面 A—A 的工作安全因数为

$$n_\sigma = \frac{\sigma_1}{\sigma_a \dfrac{K_\sigma}{\varepsilon_\sigma} + \sigma_m \psi_\sigma} = \frac{170 \text{ MPa}}{35.6 \text{ MPa} \times \dfrac{1.47}{1 \times 0.94} + 40.7 \text{ MPa} \times 0.05} \approx 2.95 \geqslant n$$

13.4.3 弯扭组合循环的强度校核

按照第三强度理论，构件在弯扭组合变形时的静强度条件为

$$\sqrt{\sigma_{\max}^2 + 4\tau_{\max}^2} \leqslant \frac{\sigma_s}{n} \tag{13 - 19}$$

将（13 - 19）中 ≤ 号两边平方后同时除以 σ_s^2，并将 $\tau_s = \dfrac{\sigma_s}{2}$ 代入，则式（13 - 19）变为

$$\frac{1}{\left(\dfrac{\sigma_{\mathrm{s}}}{\sigma_{\max}}\right)^2} + \frac{1}{\left(\dfrac{\tau_{\mathrm{s}}}{\tau_{\max}}\right)^2} \leqslant \frac{1}{n^2}$$

式中,比值 $\dfrac{\sigma_{\mathrm{s}}}{\sigma_{\max}}$ 与 $\dfrac{\tau_{\mathrm{s}}}{\tau_{\max}}$ 可分别理解为仅考虑弯曲正应力与扭转切应力的工作安全因数,并分别用 n_σ 与 n_τ 表示。试验表明,上述形式的静强度条件可推广应用于弯扭组合交变应力下的构件。在这种情况下,n_σ 与 n_τ 应分别按照式(13 – 11)、式(13 – 13)或式(13 – 15)、式(13 – 16)进行计算,而静强度安全因数则相应改用疲劳安全因数 n 代替。因此,构件在弯曲组合交变应力下的疲劳强度条件为

$$n_{\sigma_\tau} = \frac{n_\sigma n_\tau}{\sqrt{n_\sigma^2 + n_\tau^2}} \geqslant n \tag{13 – 20}$$

式中,n_{σ_τ} 代表构件在弯扭组合交变应力下的工作安全因数。

【例 13 – 4】 图 13 – 12 所示阶梯形圆截面钢杆,在危险截面 A—A 上,内力为同相位的对称循环交变弯矩与交变扭矩,其最大值与最小值分别为 $M_{\max} = 1.5 \ \mathrm{kN \cdot m}$, $T_{\max} = 2.0 \ \mathrm{kN \cdot m}$,设规定的疲劳安全因数 $n = 1.5$。已知杆件直径分别为 $D = 60 \ \mathrm{mm}$, $d = 50 \ \mathrm{mm}$,圆角半径 $R = 5 \ \mathrm{mm}$,强度极值 $\sigma_{\mathrm{b}} = 1\,100 \ \mathrm{MPa}$,材料弯曲疲劳极限 $\sigma_{-1} = 540 \ \mathrm{MPa}$,扭转疲劳极限 $\tau_{-1} = 310 \ \mathrm{MPa}$,杆表面经磨削加工。试校核杆的疲劳强度。

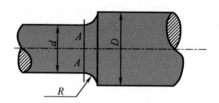

图 13 – 12　阶梯形圆截面钢杆

解　(1)计算工作应力

在对称循环交变弯曲与交变扭矩作用下,危险截面 A—A 承受最大弯曲正应力与最大扭转切应力分别为

$$\sigma_{\max} = \frac{32 M_{\max}}{\pi d^3} = \frac{32 \times 1.5 \times 1\,000\,000}{\pi \times 125\,000} = 122 \ \mathrm{MPa}$$

$$\tau_{\max} = \frac{16 T_{\max}}{\pi d^3} = \frac{16 \times 2 \times 1\,000\,000}{\pi \times 125\,000} = 81.5 \ \mathrm{MPa}$$

(2)确定影响因素

阶梯形杆在粗细过渡处具有以下几何特征:

$$\frac{D}{d} = 1.2, \quad \frac{R}{d} = 0.1$$

从机械设计手册中查得 $K_\sigma = 1.56$, $K_\tau = 1.26$ 表面质量因数 $\beta = 1.0$,尺寸因数 $\varepsilon \approx 0.7$。

(3)校核疲劳强度

将以上数据代入式(13 – 11)、式(13 – 13),于是杆件截面 A—A 的工作安全因数为

$$n_{\sigma} = \frac{\varepsilon_{\sigma}\beta\sigma_{-1}}{K_{\sigma}\sigma_{max}} = \frac{0.7 \times 1.0 \times 540}{1.56 \times 122} = 1.99$$

$$n_{\tau} = \frac{\varepsilon_{\tau}\beta\tau_{-1}}{K_{\tau}\tau_{max}} = \frac{0.7 \times 1.0 \times 310}{1.26 \times 81.5} = 2.11 \qquad (13-21)$$

再将式代入式(13-20),于是得到截面 A—A 在弯扭组合交变应力下的工作安全因数为

$$n_{\sigma\tau} = \frac{n_{\sigma}n_{\tau}}{\sqrt{n_{\sigma}^2 + n_{\tau}^2}} = \frac{1.99 \times 2.11}{\sqrt{1.99^2 + 2.11^2}} = 1.45 < n$$

$(1.5 - 1.45)/1.5 = 3.3\% < 5\%$。所以轴的疲劳强度符合要求。

13.5 提高疲劳强度的措施

疲劳失效是由裂纹扩展引起的,在上一节中叙述了影响疲劳极限的各种因素。这些因素之所以会降低疲劳极限,主要原因是由于它们增加了裂纹形成及扩展的可能性,而裂纹的形成主要在应力集中的部位和材料的表面,所以减缓应力集中或增大表面层材料的强度对提高疲劳强度是很有效的。

13.5.1 减弱形状变化的程度

应力集中是造成疲劳失效的主要原因。因此,在设计构件的外形时,应尽可能降低各种情况下应力集中的影响,以提高构件的疲劳强度。

对于阶梯轴,采用半径足够大的过渡圆角,可降低应力集中。图 13-13(b) 的过渡圆角半径 r 较图 13-13(a) 的大,应力集中程度就轻。随着 r 的增大,有效应力集中系数迅速减小。有时还可以根据结构情况采用退刀槽(图 13-14(a))、间隔环(图 13-14(b))、卸荷槽(图 13-14(c)),以减缓应力集中。

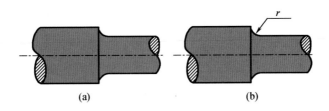

图 13-13 阶梯轴 1

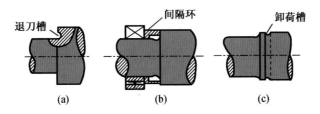

图 13-14 阶梯轴 2

对于轴上开孔处,可将孔打穿,以降低应力集中的影响。如图 13—15(a)所示,销钉孔未打穿时,由于应力集中的影响,出现疲劳断裂;将孔打穿(图 13—15(b)),可减小应力集中系数,从而提高该轴的疲劳强度。

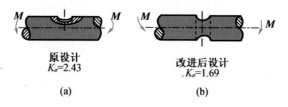

原设计
$K_\sigma = 2.43$

改进后设计
$K_\sigma = 1.69$

(a)

(b)

图 13—15 轴上开孔处图示

在紧配合的轮毂与轴的配合边缘处,有明显的应力集中。若在轮毂上开减荷槽并加粗轴的配合部分(图 13—16),则缩小了轮毂与轴之间的刚度差别,便可改善配合面边缘处应力集中的情况。

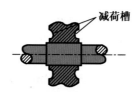

减荷槽

图 13—16 在轮毂上开减荷槽,并加粗轴的配合部分

13.5.2 提高构件表面质量

一般情况下,应力集中大多发生在构件的表面层。而构件表面的刀痕或损伤又将引起应力集中,容易形成疲劳失效。所以,提高构件表面加工质量对提高构件的疲劳极限有显著的作用。尤其是高强度钢对表面粗糙度更为敏感,只有采用精加工方法,才能有利于发挥材料的高强度性能。在使用中也要注意,尽量避免构件表面受到机械碰伤(如刀痕、打记号)和化学损伤(如腐蚀、氧化脱碳、生锈等)。

13.5.3 提高表面层材料的强度

提高表面层材料的强度可采用表面热处理和化学热处理,如表面高频淬火、渗碳、氮化等,都可显著提高构件的疲劳强度。操作时应严格控制工艺规程,勿造成表面微细裂纹;否则,反而会降低疲劳极限。另外还可以采用表面滚压和喷丸处理等方法,使构件表面层出现残余压应力,阻碍微裂缝形成及扩展。

13.5.4　加强对缺陷和裂纹的监控

在构件投入使用和服役期间,为防止疲劳断裂,定期检测缺陷和裂纹是非常重要的。尤其某些维系人们生命安全的重要构件,更需要进行经常性的检测,例如火车到站时,工人用小锤敲击车轴,用听力判断车轴是否有裂纹产生,这是一种防止突然事故的简易手段。对构件缺陷和裂纹的监控,目前工程上用得较多的是无损探伤技术。

附　录

附录 A　型　钢　表

1. 热轧等边角钢(附图 A – 1、附表 A – 1)

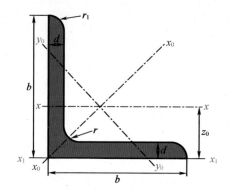

b—边宽度;I—惯性矩;d—边厚度;i—惯性半径;r—内圆弧半径;
W—截面系数;r_1—边端内圆弧半径;z_0—重心距离。

附图 A – 1　热轧等边角钢

2. 热轧不等边角钢(附图 A – 2、附表 A – 2)

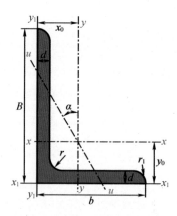

B—长边宽度;I—惯性矩;b—短边宽度;i—惯性半径;d—边厚度;W—截面系数;
r—内圆弧半径;x_0—重心距离;r_1—边端内圆弧半径;y_0—重心距离。

附图 A – 2　热轧不等边角钢

附表 A-1　热轧等边角钢

角钢号数	尺寸/mm b	d	r	截面面积/cm²	理论质量/(kg·m⁻¹)	外表面积/(m²·m⁻¹)	$x\text{—}x$ I_x/cm⁴	i_x/cm	W_x/cm³	$x_0\text{—}x_0$ I_{x0}/cm⁴	i_{x0}/cm	W_{x0}/cm³	$y_0\text{—}y_0$ I_{y0}/cm⁴	i_{y0}/cm	W_{y0}/cm³	$x_1\text{—}x_1$ I_{x1}/cm⁴	z_0/cm
2.0	20	3	3.5	1.132	0.889	0.078	0.40	0.59	0.29	0.63	0.75	0.45	0.17	0.39	0.20	0.81	0.60
		4		1.459	1.145	0.077	0.50	0.58	0.36	0.78	0.73	0.55	0.22	0.38	0.24	1.09	0.64
2.5	25	3	3.5	1.432	1.124	0.098	0.82	0.76	0.46	1.29	0.95	0.73	0.34	0.49	0.33	1.57	0.73
		4		1.859	1.459	0.097	1.03	0.74	0.59	1.62	0.93	0.92	0.43	0.48	0.40	2.11	0.76
3.0	30	3	4.5	1.749	1.373	0.117	1.46	0.91	0.68	2.31	1.15	1.09	0.61	0.59	0.51	2.71	0.85
		4		2.276	1.786	0.117	1.84	0.90	0.87	2.92	1.13	1.37	0.77	0.58	0.62	3.63	0.89
3.6	36	3	4.5	2.109	1.656	0.141	2.58	1.11	0.99	4.09	1.39	1.61	1.07	0.71	0.76	4.68	1.00
		4		2.756	2.163	0.141	3.29	1.09	1.28	5.22	1.38	2.05	1.37	0.70	0.93	6.25	1.04
		5		3.382	2.654	0.141	3.95	1.08	1.56	6.24	1.36	2.45	1.65	0.70	1.00	7.84	1.07
4.0	40	3	5.0	2.359	1.852	0.157	3.59	1.23	1.23	5.69	1.55	2.01	1.49	0.79	0.96	6.41	1.09
		4		3.086	2.422	0.157	4.60	1.22	1.60	7.29	1.54	2.58	1.91	0.79	1.19	8.53	1.13
		5		3.791	2.976	0.156	5.53	1.21	1.96	8.76	1.52	3.10	2.30	0.78	1.39	10.74	1.17
4.5	45	3	5.0	2.659	2.088	0.177	5.17	1.40	1.58	8.20	1.76	2.58	2.14	0.89	1.24	9.12	1.22
		4		3.486	2.736	0.177	6.65	1.38	2.05	10.56	1.74	3.32	2.75	0.89	1.54	12.18	1.26
		5		4.292	3.369	0.176	8.04	1.37	2.51	12.74	1.72	4.00	3.33	0.88	1.81	15.25	1.30
		6		5.076	3.985	0.176	9.33	1.36	2.95	14.76	1.70	4.64	3.89	0.88	2.06	18.36	1.33

附表 A-1（续1）

角钢号数	尺寸/mm			截面面积/cm²	理论质量/(kg·m⁻¹)	外表面积/(m²·m⁻¹)	参考数值												
							$x-x$			x_0-x_0			y_0-y_0			x_1-x_1	z_0	
	b	d	r				I_x/cm⁴	i_x/cm	W_x/cm³	I_{x0}/cm⁴	i_{x0}/cm	W_{x0}/cm³	I_{y0}/cm⁴	i_{y0}/cm	W_{y0}/cm³	I_{x1}/cm⁴	/cm	
5	50	3	5.5	2.971	2.332	0.197	7.18	1.55	1.96	11.37	1.96	3.22	2.98	1.00	1.57	12.50	1.34	
		4		3.897	3.059	0.197	9.26	1.54	2.56	14.70	1.94	4.16	3.82	0.99	1.96	16.69	1.38	
		5		4.803	3.770	0.196	11.21	1.53	3.13	17.79	1.92	5.03	4.64	0.98	2.31	20.90	1.42	
		6		5.688	4.465	0.196	13.05	1.52	3.68	20.68	1.91	5.85	5.42	0.98	2.63	25.14	1.46	
5.6	56	3	6	3.343	2.624	0.221	10.19	1.75	2.48	16.14	2.20	4.08	4.24	1.13	2.02	17.56	1.48	
		4		4.390	3.446	0.220	13.18	1.73	3.24	20.92	2.18	5.28	5.46	1.11	2.52	23.43	1.53	
		5		5.415	4.251	0.220	16.02	1.72	3.97	25.42	2.17	6.42	6.61	1.10	2.98	29.33	1.57	
		8		8.367	6.568	0.219	23.63	1.68	6.03	37.37	2.11	9.44	9.89	1.09	4.16	47.24	1.68	
6.3	63	4	7	4.978	3.907	0.248	19.03	1.96	4.13	30.17	2.46	6.78	7.89	1.26	3.29	33.35	1.70	
		5		6.143	4.822	0.248	23.17	1.94	5.08	36.77	2.45	8.25	9.57	1.25	3.90	41.73	1.74	
		6		7.288	5.721	0.247	27.12	1.93	6.00	43.03	2.43	9.66	11.20	1.24	4.46	50.14	1.78	
		8		9.515	7.469	0.247	34.46	1.90	7.75	54.56	2.40	12.25	14.33	1.23	5.47	67.11	1.85	
		10		11.657	9.151	0.246	41.09	1.88	9.39	64.85	2.36	14.56	17.33	1.22	6.36	84.31	1.93	
7	70	4	8	5.570	4.372	0.275	26.39	2.18	5.14	41.80	2.74	8.44	10.99	1.40	4.17	45.74	1.86	
		5		6.875	5.367	0.275	32.21	2.16	6.32	51.08	2.73	10.32	13.34	1.39	4.95	57.21	1.91	
		6		8.160	6.406	0.275	37.77	2.15	7.48	59.93	2.71	12.11	15.61	1.38	5.67	68.73	1.95	
		7		9.424	7.398	0.275	43.09	2.14	8.59	68.35	2.69	13.81	17.82	1.38	6.34	80.29	1.99	
		8		10.667	8.373	0.274	48.17	2.12	9.68	76.37	2.68	15.43	19.98	1.37	6.98	91.92	2.03	

附表 A - 1（续 2）

角钢号数	尺寸/mm b	d	r	截面面积/cm²	理论质量/(kg·m⁻¹)	外表面积/(m²·m⁻¹)	$x-x$ I_x/cm⁴	i_x/cm	W_x/cm³	x_0-x_0 I_{x0}/cm⁴	i_{x0}/cm	W_{x0}/cm³	y_0-y_0 I_{y0}/cm⁴	i_{y0}/cm	W_{y0}/cm³	x_1-x_1 I_{x1}/cm⁴	z_0/cm
7.5	75	5	9	7.412	5.818	0.295	39.97	2.33	7.32	63.30	2.92	11.94	16.63	1.50	5.77	70.56	2.04
		6		8.797	6.905	0.294	46.95	2.31	8.64	74.38	2.90	14.02	19.51	1.49	6.67	84.55	2.07
		7		10.160	7.976	0.294	53.57	2.30	9.93	84.96	2.89	16.02	22.18	1.48	7.44	98.71	2.11
		8		11.503	9.030	0.294	59.96	2.28	11.20	95.07	2.88	17.93	24.86	1.47	8.19	112.97	2.15
		10		14.126	11.089	0.293	71.98	2.26	13.64	113.92	2.84	21.48	30.05	1.46	9.56	141.71	2.22
8	80	5	9	7.912	6.211	0.315	48.79	2.48	8.34	77.33	3.13	13.67	20.25	1.60	6.66	85.36	2.15
		6		9.397	7.376	0.314	57.35	2.47	9.87	90.98	3.11	16.08	23.72	1.59	7.65	102.50	2.19
		7		10.860	8.525	0.314	65.58	2.46	11.37	104.07	3.10	18.40	27.09	1.58	8.58	119.70	2.23
		8		12.303	9.658	0.314	73.49	2.44	12.83	116.60	3.08	20.61	30.39	1.57	9.46	136.97	2.27
		10		15.126	11.874	0.313	88.43	2.42	15.64	140.09	3.04	24.76	36.77	1.56	11.08	171.74	2.35
9	90	6	10	10.637	8.350	0.354	82.77	2.79	12.61	131.26	3.51	20.63	34.28	1.80	9.95	145.87	2.44
		7		12.301	9.656	0.354	94.83	2.78	14.54	150.47	3.50	23.64	39.18	1.78	11.19	170.30	2.48
		8		13.944	10.946	0.353	106.47	2.76	16.42	168.97	3.48	26.55	43.97	1.78	12.35	194.80	2.52
		10		17.167	13.476	0.353	128.58	2.74	20.07	203.90	3.45	32.04	53.26	1.76	14.52	244.07	2.59
		12		20.306	15.940	0.352	149.22	2.71	23.57	236.21	3.41	37.12	62.22	1.75	16.40	293.76	2.67
10	100	6	12	11.932	9.366	0.393	114.95	3.10	15.68	181.98	3.90	25.74	47.92	2.00	12.69	200.07	2.67
		7		13.796	10.830	0.393	131.86	3.09	18.10	208.97	3.89	29.55	54.74	1.99	14.26	233.54	2.71
		8		15.638	12.276	0.393	148.24	3.08	20.47	235.07	3.88	33.24	61.41	1.98	15.75	267.09	2.76

参考数值

附表 A-1(续3)

角钢号数	尺寸/mm			截面面积/cm²	理论质量/(kg·m⁻¹)	外表面积/(m²·m⁻¹)	参考数值											
	b	d	r				$x-x$			x_0-x_0			y_0-y_0			x_1-x_1	z_0	
							I_x /cm⁴	i_x /cm	W_x /cm³	I_{x0} /cm⁴	i_{x0} /cm	W_{x0} /cm³	I_{y0} /cm⁴	i_{y0} /cm	W_{y0} /cm³	I_{x1} /cm⁴	/cm
10	100	10	12	19.261	15.120	0.392	179.51	3.05	25.06	284.68	3.84	40.26	74.35	1.96	18.54	334.48	2.84
		12		22.800	17.898	0.391	208.90	3.03	29.48	330.95	3.81	46.80	86.84	1.95	21.08	402.34	2.91
		14		26.256	20.611	0.391	236.53	3.00	33.73	374.06	3.77	52.90	99.00	1.94	23.44	470.75	2.99
		16		29.627	23.257	0.390	262.53	2.98	37.82	414.16	3.74	58.57	110.89	1.94	25.63	539.80	3.06
11	110	7		15.196	11.928	0.433	177.16	3.41	22.05	280.94	4.30	36.12	73.38	2.20	17.51	310.64	2.96
		8		17.238	13.532	0.433	199.46	3.40	24.95	316.49	4.28	40.69	82.42	2.19	19.39	355.20	3.01
		10	12	21.261	16.690	0.432	242.19	3.38	30.60	384.39	4.25	49.42	99.98	2.17	22.91	444.65	3.09
		12		25.200	19.782	0.431	282.55	3.35	36.05	448.17	4.22	57.62	116.93	2.15	26.15	534.60	3.16
		14		29.056	22.809	0.431	320.71	3.32	41.31	508.01	4.18	65.31	133.40	2.14	29.14	625.16	3.24
12.5	125	8		19.750	15.504	0.492	297.03	3.88	32.52	470.89	4.88	53.28	123.16	2.50	25.86	521.01	3.37
		10	14	24.373	19.133	0.491	361.67	3.85	39.97	573.89	4.85	64.93	149.46	2.48	30.62	651.93	3.45
		12		28.912	22.696	0.491	423.16	3.83	41.17	671.44	4.82	75.96	174.88	2.46	35.03	783.42	3.53
		14		33.367	26.193	0.490	481.65	3.80	54.16	763.73	4.78	86.41	199.57	2.45	39.13	915.61	3.61
14	140	10		27.373	21.488	0.551	514.65	4.34	50.58	817.27	5.46	82.56	212.04	2.78	39.20	915.11	3.82
		12	14	32.512	25.522	0.551	603.68	4.31	59.80	958.79	5.43	96.85	248.57	2.76	45.02	1099.28	3.90
		14		37.567	29.490	0.550	688.81	4.28	68.75	1093.56	5.40	110.47	284.06	2.75	50.45	1284.22	3.98
		16		42.539	33.393	0.549	770.24	4.26	77.46	1221.81	5.36	123.42	318.67	2.74	55.55	1470.07	4.06

附表 A－1(续4)

角钢号数	尺寸/mm			截面面积/cm²	理论质量/(kg·m⁻¹)	外表面积/(m²·m⁻¹)	参考数值												
							$x-x$			x_0-x_0			y_0-y_0			x_1-x_1	z_0/cm
	b	d	r				I_x/cm⁴	i_x/cm	W_x/cm³	I_{x0}/cm⁴	i_{x0}/cm	W_{x0}/cm³	I_{y0}/cm⁴	i_{y0}/cm	W_{y0}/cm³	I_{x1}/cm⁴	
16	160	10	16	31.502	24.729	0.630	779.53	4.98	66.70	1237.30	6.27	109.36	321.76	3.20	52.76	1365.33	4.31
		12		37.441	29.391	0.630	916.58	4.95	78.98	1455.68	6.24	128.67	377.49	3.18	60.74	1639.57	4.39
		14		43.296	33.987	0.629	1048.36	4.92	90.95	1665.02	6.20	147.17	431.70	3.16	68.24	1917.68	4.47
		16		49.067	38.518	0.629	1175.08	4.89	102.63	1865.57	6.17	164.89	484.59	3.14	75.31	2190.82	4.55
18	180	12	16	42.241	33.159	0.710	1321.35	5.59	100.82	2100.10	7.05	165.00	542.61	3.58	78.41	2332.80	4.89
		14		48.896	38.383	0.709	1514.48	5.56	116.25	2407.42	7.02	189.14	621.53	3.56	88.38	2723.48	4.97
		16		55.467	43.542	0.709	1700.99	5.54	131.13	2703.37	6.98	212.40	698.60	3.55	97.83	3115.29	5.05
		18		61.955	48.634	0.708	1875.12	5.50	145.64	2988.24	6.94	234.78	762.01	3.51	105.14	3502.43	5.13
20	200	14	18	54.642	42.894	0.788	2103.55	6.20	144.70	3343.26	7.82	236.40	863.83	3.98	111.82	3734.10	5.46
		16		62.013	48.680	0.788	2366.15	6.18	163.65	3760.89	7.79	265.93	971.43	3.96	123.96	4270.39	5.54
		18		69.301	54.401	0.787	2620.64	6.15	182.22	4164.54	7.75	294.48	1076.74	3.94	135.52	4808.13	5.62
		20		76.505	60.056	0.787	2867.30	6.12	200.42	4554.55	7.72	322.06	1180.04	3.93	146.55	5347.51	5.69
		24		90.661	71.168	0.785	3338.25	6.07	236.17	5294.97	7.64	374.41	1381.53	3.90	166.65	6457.16	5.87
22	220	16	21	68.664	53.901	0.866	3187.36	6.81	199.55	5063.73	8.59	325.51	1310.99	4.37	153.81	5681.62	6.03
		18		76.752	60.250	0.866	3534.30	6.79	222.37	5615.32	8.55	360.97	1453.27	4.35	168.29	6395.93	6.11
		20		84.756	66.533	0.865	3871.49	6.76	244.77	6150.08	8.52	395.34	1592.90	4.34	182.16	7112.04	6.18
		22		92.676	72.751	0.865	4199.23	6.78	266.78	6668.37	8.48	428.66	1730.10	4.32	195.45	7830.19	6.26
		24		100.512	78.902	0.864	4517.83	6.70	288.39	7170.55	8.45	460.94	1865.11	4.31	208.21	8550.57	6.33
		26		108.264	84.987	0.864	4827.58	6.68	309.62	7656.98	8.41	492.21	1998.17	4.30	220.49	9273.39	6.41

附表 A – 1（续 5）

角钢号数	尺寸/mm			截面面积/cm²	理论质量/(kg·m⁻¹)	外表面积/(m²·m⁻¹)	参考数值												
	b	d	r				$x-x$			x_0-x_0			y_0-y_0			x_1-x_1	z_0
							I_x /cm⁴	i_x /cm	W_x /cm³	I_{x0} /cm⁴	i_{x0} /cm	W_{x0} /cm³	I_{y0} /cm⁴	i_{y0} /cm	W_{y0} /cm³	I_{x1} /cm⁴	/cm
25	250	18	24	87.842	68.956	0.985	5268.22	7.74	290.12	8369.04	9.76	473.42	2167.41	4.97	224.03	9379.11	6.84
		20		97.045	76.180	0.984	5779.34	7.72	319.66	9181.94	9.73	519.41	2376.74	4.95	242.85	10426.97	6.92
		24		115.201	90.433	0.983	6763.93	7.66	377.34	10742.67	9.66	607.70	2785.19	4.92	278.38	12529.74	7.07
		26		124.154	97.461	0.982	7238.08	7.63	405.50	11491.33	9.62	650.05	2984.84	4.90	295.19	13585.18	7.15
		28		133.022	104.422	0.982	7709.60	7.61	433.22	12219.39	9.58	691.23	3181.81	4.89	311.42	14643.62	7.22
		30		141.807	111.318	0.981	8151.80	7.58	460.51	12927.26	9.55	731.28	3376.34	4.88	327.12	15705.30	7.30
		32		150.508	118.149	0.981	8592.01	7.56	487.39	13615.32	9.51	770.20	3568.71	4.87	342.33	16770.41	7.37
		35		163.402	128.271	0.980	9232.44	7.52	526.97	14611.16	9.46	826.53	3853.72	4.86	364.30	18374.95	7.48

注：截面图中的 $r_1=1/3d$ 及表中 r 值的数据用于孔型设计，不做交货条件。

附表 A-2　热轧不等边角钢

角钢号数	尺寸/mm				截面面积/cm²	理论质量/(kg·m⁻¹)	外表面积/(m²·m⁻¹)	参考数值													
								$x-x$			$y-y$			x_1-x_1		y_1-y_1		$u-u$			
	B	b	d	r				I_x/cm⁴	i_x/cm	W_x/cm³	I_y/cm⁴	i_y/cm	W_y/cm³	I_{x1}/cm⁴	y_0/cm	I_{y1}/cm⁴	x_0/cm	I_u/cm⁴	i_u/cm	W_u/cm³	$\tan\alpha$
2.5/1.6	25	16	3	3.5	1.162	0.912	0.080	0.70	0.78	0.43	0.22	0.44	0.19	1.56	0.86	0.43	0.42	0.14	0.34	0.16	0.392
			4		1.499	1.176	0.079	0.88	0.77	0.55	0.27	0.43	0.24	2.09	0.90	0.59	0.46	0.17	0.34	0.20	0.381
3.2/2	32	20	3		1.492	1.171	0.102	1.53	1.01	0.72	0.46	0.55	0.30	3.27	1.08	0.82	0.49	0.28	0.43	0.25	0.382
			4		1.939	1.522	0.101	1.93	1.00	0.93	0.57	0.54	0.39	4.37	1.12	1.12	0.53	0.35	0.42	0.32	0.374
4/2.5	40	25	3	4	1.890	1.484	0.127	3.08	1.28	1.15	0.93	0.70	0.49	5.39	1.32	1.59	0.59	0.56	0.54	0.40	0.385
			4		2.467	1.936	0.127	3.93	1.26	1.49	1.18	0.69	0.63	8.53	1.37	2.14	0.63	0.71	0.54	0.52	0.381
4.5/2.8	45	28	3	5	2.149	1.687	0.143	4.45	1.44	1.47	1.34	0.79	0.62	9.10	1.47	2.23	0.64	0.80	0.61	0.51	0.383
			4		2.806	2.203	0.143	5.69	1.42	1.91	1.70	0.78	0.80	12.13	1.51	3.00	0.68	1.02	0.60	0.66	0.380
5/3.2	50	32	3	5.5	2.431	1.908	0.161	6.24	1.60	1.84	2.02	0.91	0.82	12.49	1.60	3.31	0.73	1.20	0.70	0.68	0.404
			4		3.177	2.494	0.160	8.02	1.59	2.39	2.58	0.90	1.06	16.65	1.65	4.45	0.77	1.53	0.69	0.87	0.402
5.6/3.6	56	36	3	6	2.743	2.153	0.181	8.88	1.80	2.32	2.92	1.03	1.05	17.54	1.78	4.70	0.80	1.73	0.79	0.87	0.408
			4		3.590	2.813	0.180	11.45	1.79	3.03	3.76	1.02	1.37	23.39	1.82	6.33	0.85	2.23	0.79	1.13	0.408
			5		4.415	3.466	0.180	13.86	1.77	3.71	4.49	1.01	1.65	29.25	1.87	7.94	0.88	2.67	0.78	1.36	0.404
6.3/4	63	40	4	7	4.058	3.185	0.202	16.49	2.02	3.87	5.23	1.14	1.70	33.30	2.04	8.63	0.92	3.12	0.88	1.40	0.398
			5		4.993	3.920	0.202	20.02	2.00	4.74	6.31	1.12	2.71	41.63	2.08	10.86	0.95	3.76	0.87	1.71	0.396
			6		5.908	4.638	0.201	23.36	1.96	5.59	7.29	1.11	2.43	49.98	2.12	13.12	0.99	4.34	0.86	1.99	0.393
			7		6.802	5.339	0.201	26.53	1.98	6.40	8.24	1.10	2.78	58.07	2.15	15.47	1.03	4.97	0.86	2.29	0.389

附表 A-2（续1）

角钢号数	尺寸/mm |||| 截面面积/cm²	理论质量/(kg·m⁻¹)	外表面积/(m²·m⁻¹)	参考数值															
								x—x			y—y			x_1—x_1		y_1—y_1		u—u			
	B	b	d	r				I_x/cm⁴	i_x/cm	W_x/cm³	I_y/cm⁴	i_y/cm	W_y/cm³	I_{x1}/cm⁴	y_0/cm	I_{y1}/cm⁴	x_0/cm	I_u/cm⁴	i_u/cm	W_u/cm³	tan α
7/4.5	70	45	4	7.5	4.547	3.570	0.226	23.17	2.26	4.86	7.55	1.29	2.17	45.92	2.24	12.26	1.02	4.40	0.98	1.77	0.410
			5		5.609	4.403	0.225	27.95	2.23	5.92	9.13	1.28	2.65	57.10	2.28	15.39	1.06	5.40	0.98	2.19	0.407
			6		6.647	5.218	0.225	32.54	2.21	6.95	10.62	1.26	3.12	68.35	2.32	18.58	1.09	6.35	0.98	2.59	0.404
			7		7.657	6.011	0.225	37.22	2.20	8.03	12.01	1.25	3.57	79.99	2.36	21.84	1.13	7.16	0.97	2.94	0.402
7.5/5	75	50	5	8	6.125	4.808	0.245	34.86	2.39	6.83	12.61	1.44	3.30	70.00	2.40	21.04	1.17	7.41	1.10	2.74	0.435
			6		7.260	5.699	0.245	41.12	2.38	8.12	14.70	1.42	3.88	84.30	2.44	25.37	1.21	8.54	1.08	3.19	0.435
			8		9.467	7.431	0.244	52.39	2.35	10.52	18.53	1.40	4.99	112.50	2.52	34.23	1.29	10.87	1.07	4.10	0.429
			10		11.590	9.098	0.244	62.71	2.33	12.79	21.96	1.38	6.04	140.80	2.60	43.43	1.36	13.10	1.06	4.99	0.423
8/5	80	50	5	8	6.357	5.005	0.255	41.96	2.56	7.78	12.82	1.42	3.32	85.21	2.60	21.06	1.14	7.66	1.10	2.74	0.383
			6		7.560	5.935	0.255	49.49	2.56	9.25	14.95	1.41	3.91	102.53	2.65	25.41	1.18	8.85	1.08	3.20	0.387
			7		8.724	6.848	0.255	56.16	2.54	10.58	16.96	1.39	4.48	119.32	2.69	29.82	1.21	10.18	1.08	3.70	0.384
			8		9.867	7.745	0.254	62.83	2.52	11.92	18.85	1.38	5.03	136.41	2.73	34.32	1.25	11.38	1.07	4.16	0.381
9/5.6	90	56	5	9	7.212	5.661	0.287	60.45	2.90	9.92	18.32	1.59	4.21	121.32	2.91	29.53	1.25	10.98	1.23	3.49	0.385
			6		8.557	6.717	0.286	71.03	2.88	11.74	21.42	1.58	4.96	145.59	2.95	35.58	1.29	12.90	1.23	4.13	0.384
			7		9.880	7.756	0.286	81.01	2.86	13.49	24.36	1.57	5.70	169.60	3.00	41.71	1.33	14.67	1.22	4.72	0.382
			8		11.183	8.779	0.286	91.03	2.85	15.27	27.15	1.56	6.41	194.17	3.04	47.93	1.36	16.34	1.21	5.29	0.380

附表 A－2（续2）

角钢号数	B	b	d	r	截面面积 /cm²	理论质量 /(kg·m⁻¹)	外表面积 /(m²·m⁻¹)	I_x /cm⁴	i_x /cm	W_x /cm³	I_y /cm⁴	i_y /cm	W_y /cm³	I_{x1} /cm⁴	y_0 /cm	I_{y1} /cm⁴	x_0 /cm	I_u /cm⁴	i_u /cm	W_u /cm³	$\tan\alpha$
10/6.3	100	63	6	10	9.617	7.550	0.320	99.06	3.21	14.64	30.94	1.79	6.35	199.71	3.24	50.50	1.43	18.42	1.38	5.25	0.394
			7		11.111	8.722	0.320	113.45	3.20	16.88	35.26	1.78	7.29	233.00	3.28	59.14	1.47	21.00	1.38	6.02	0.394
			8		12.584	9.878	0.319	127.37	3.18	19.08	30.39	1.77	8.21	266.32	3.32	67.88	1.50	23.50	1.37	6.78	0.391
			10		15.467	12.142	0.319	153.81	3.15	28.32	47.12	1.74	9.98	333.06	3.40	85.73	1.58	28.33	1.35	8.24	0.387
10/8	100	80	6	10	10.637	8.350	0.354	107.04	3.17	15.19	61.24	2.40	10.16	199.83	2.95	102.68	1.97	31.65	1.72	8.37	0.627
			7		12.301	9.656	0.354	122.73	3.16	17.52	70.08	2.39	11.71	233.20	3.00	119.98	2.01	36.17	1.72	9.60	0.626
			8		13.944	10.946	0.353	137.92	3.14	19.81	78.58	2.37	13.21	266.61	3.04	137.37	2.05	40.58	1.71	10.08	0.625
			10		17.167	13.476	0.353	166.87	3.12	24.24	94.65	2.35	16.12	333.63	3.12	172.48	2.13	49.10	1.69	13.12	0.622
11/7	110	70	6	10	10.637	8.350	0.354	133.37	3.54	17.85	42.92	2.01	7.90	265.78	3.53	69.08	1.57	25.36	1.54	6.53	0.403
			7		12.301	9.656	0.354	153.00	3.53	20.60	49.01	2.00	9.09	310.07	3.57	80.82	1.61	28.95	1.53	7.50	0.402
			8		13.944	10.946	0.353	172.04	3.51	23.30	54.87	1.98	10.25	354.39	3.62	92.70	1.65	32.45	1.53	8.45	0.401
			10		17.167	13.476	0.353	208.39	3.43	28.54	65.88	1.96	12.48	443.13	3.70	116.83	1.72	39.20	1.51	10.29	0.397
12.5/8	125	80	7	11	14.096	11.066	0.403	227.98	4.02	26.86	74.42	2.30	12.01	454.99	4.01	120.32	1.80	43.81	1.76	9.92	0.408
			8		15.989	12.551	0.403	256.77	4.01	30.41	83.49	2.28	13.56	519.99	4.06	137.85	1.84	49.15	1.75	11.18	0.407
			10		19.712	15.474	0.402	312.04	3.98	37.33	100.67	2.26	16.56	650.99	4.14	173.40	1.92	59.45	1.74	13.64	0.404
			12		23.351	18.330	0.402	364.41	3.95	44.01	116.67	2.24	19.43	780.39	4.22	209.67	2.00	69.35	1.72	16.01	0.400

附表 A-2（续3）

角钢号数	尺寸/mm				截面面积/cm²	理论质量/(kg·m⁻¹)	外表面积/(m²·m⁻¹)	参考数值														
	B	b	d	r				x—x			y—y			x_1—x_1		y_1—y_1		u—u				
								I_x/cm⁴	i_x/cm	W_x/cm³	I_y/cm⁴	i_y/cm	W_y/cm³	I_{x1}/cm⁴	y_0/cm	I_{y1}/cm⁴	x_0/cm	I_u/cm⁴	i_u/cm	W_u/cm³	tan α	
14/9	140	90	8	12	18.038	14.160	0.453	365.64	4.50	38.48	120.69	2.59	17.34	730.53	4.50	195.79	2.04	70.83	1.98	14.31	0.411	
			10		22.261	17.475	0.452	445.50	4.47	47.31	140.03	2.56	21.22	913.20	4.58	245.92	2.12	85.82	1.96	17.48	0.409	
			12		26.400	20.724	0.451	521.59	4.44	55.87	169.79	2.54	24.95	1096.09	4.66	296.89	2.19	100.21	1.95	20.54	0.406	
			14		30.456	23.908	0.451	594.10	4.42	64.18	192.10	2.51	28.54	1279.26	4.74	348.82	2.27	114.13	1.94	23.52	0.403	
16/10	160	100	10	13	25.315	19.872	0.512	668.69	5.14	62.13	205.03	2.85	26.56	1362.89	5.24	336.59	2.28	121.74	2.19	21.92	0.390	
			12		30.0554	23.592	0.511	784.91	5.11	73.49	239.06	2.82	31.28	1635.56	5.32	405.94	2.36	142.33	2.17	25.79	0.388	
			14		34.709	27.247	0.510	896.30	5.08	84.56	271.20	2.80	35.83	1908.50	5.40	476.42	2.43	162.23	2.16	29.56	0.385	
			16		39.281	30.835	0.510	1003.04	5.05	95.33	301.60	2.77	40.24	2181.79	5.48	548.2	2.51	182.57	2.16	33.44	0.382	
18/11	180	110	10	14	28.373	22.273	0.571	956.25	5.80	78.96	278.11	3.13	32.49	1940.40	5.89	447.22	2.44	166.50	2.42	26.88	0.376	
			12		33.712	26.464	0.571	1124.72	5.78	93.53	325.03	3.10	38.32	2328.38	5.98	538.94	2.52	194.87	2.40	31.66	0.374	
			14		38.967	30.589	0.570	1286.91	5.75	107.76	369.55	3.08	43.97	2716.60	6.06	631.95	2.59	222.30	2.39	36.32	0.372	
			16		44.139	34.649	0.569	1443.06	5.72	121.64	411.85	3.06	49.44	3105.15	6.14	726.46	2.67	248.94	2.38	40.87	0.369	
20/12.5	200	125	12	14	37.912	29.761	0.641	1570.90	6.44	116.73	483.16	3.57	49.99	3193.85	6.54	787.74	2.83	285.79	2.74	41.23	0.392	
			14		43.867	34.867	0.640	1800.97	6.41	134.65	550.83	3.54	57.44	3726.17	6.62	922.47	2.91	326.58	2.73	47.34	0.390	
			16		49.739	39.045	0.639	22023.35	6.38	152.18	615.18	3.52	64.69	4258.86	6.70	10558.86	2.99	366.21	2.71	53.32	0.388	
			18		55.526	43.588	0.639	2238.30	6.35	169.33	677.19	3.49	71.74	4792.00	6.78	1197.13	3.06	404.83	2.70	59.18	0.385	

注：截面图中的 $r_1 = 1/3d$ 及表中 r 值的数据用于孔型设计，不做交货条件。

3. 热轧普通槽钢(附图 A – 3、附表 A – 3)

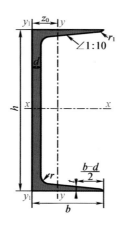

h—高度;r_1—腿端圆弧半径;b—腿宽度;I—惯性矩;d—腰厚度;i—惯性半径;

t—平均腿厚度;W—截面系数;r—内圆弧半径;x_0—重心距离;z_0—y—y 轴与 y_1—y_1 轴间距。

附图 A – 3　热轧普通槽钢

4. 热轧普通工字钢

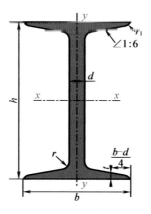

h—高度;r_1—腿端圆弧半径;b—腿宽度;I—惯性矩;

d—腰厚度;i—惯性半径;t—平均腿厚度;W—截面系数;r—内圆弧半径。

附图 A – 4　热轧普通工字钢

附表 A – 3　热轧普通槽钢

型号	尺寸/mm h	b	d	t	r	r_1	截面面积 /cm²	理论质量 /(kg·m⁻¹)	x—x I_x /cm⁴	i_x /cm	W_x /cm³	y—y I_y /cm⁴	i_y /cm	W_y /cm³	y_1—y_1 I_{y1} /cm⁴	z_0 /cm
5	50	37	4.5	7	7.0	3.5	6.928	5.438	26.0	1.94	10.4	8.30	1.10	3.55	20.9	1.35
6.3	63	40	4.8	7.5	7.5	3.8	8.451	6.634	50.8	2.45	16.1	11.9	1.19	4.50	28.4	1.36
8	80	43	5.0	8	8.0	4.0	10.248	8.045	101	3.15	25.3	16.6	1.27	5.79	37.4	1.43
10	100	48	5.3	8.5	8.5	4.2	12.748	10.007	198	3.95	39.7	25.6	1.41	7.8	54.9	1.52
12.6	126	53	5.5	9	9.0	4.5	15.692	12.318	391	4.95	62.1	38.0	1.57	10.2	77.1	1.59
14a	140	58	6.0	9.5	9.5	4.8	18.516	14.535	564	5.52	80.5	53.2	1.70	13.0	107	1.71
14b	140	60	8.0	9.5	9.5	4.8	21.316	16.733	609	5.35	87.1	61.1	1.60	14.1	121	1.67
16a	160	63	6.5	10	10.0	5.0	21.962	17.240	866	6.28	108	73.3	1.83	16.3	144	1.80
16	160	65	8.5	10	10.0	5.0	25.162	19.752	935	6.10	117	83.4	1.82	17.6	161	1.75
18a	180	68	7.0	10.5	10.5	5.2	25.699	20.174	1270	7.04	141	98.6	1.96	20.0	190	1.88
18	180	70	9.0	10.5	10.5	5.2	29.299	23.000	1370	6.84	152	111	1.95	21.5	210	1.84
20a	200	73	7.0	11	11.0	5.5	28.837	22.637	1780	7.86	178	128	2.11	24.2	244	2.01
20	200	75	9.0	11	11.0	5.5	32.837	25.777	1910	7.64	191	144	2.09	25.9	268	1.95
22a	220	77	7.0	11.5	11.5	5.8	31.846	24.999	2390	8.67	218	158	2.23	28.2	298	2.10
22	220	79	9.0	11.5	11.5	5.8	36.246	28.453	2570	8.42	234	176	2.21	30.1	326	2.03
25a	250	78	7.0	12	12.0	6.0	34.917	27.410	3370	9.82	270	176	2.24	30.6	322	2.07
25b	250	80	9.0	12	12.0	6.0	39.917	31.335	3530	9.41	282	196	2.22	32.7	353	1.98
25c	250	82	11.0	12	12.0	6.0	44.917	35.260	3690	9.07	295	218	2.21	35.9	384	1.92

附表 A-3（续）

型号	尺寸/mm						截面面积 /cm²	理论质量 /(kg·m⁻¹)	参考数值							
									x—x			y—y			y₁—y₁	
	h	b	d	t	r	r_1			I_x /cm⁴	i_x /cm	W_x /cm³	I_y /cm⁴	i_y /cm	W_y /cm³	I_{y1} /cm⁴	z_0 /cm
28a	280	82	7.5	12.5	12.5	6.2	40.034	31.427	4760	10.9	340	218	2.33	35.7	388	2.10
28b	280	84	9.5	12.5	12.5	6.2	45.634	35.823	5130	10.6	366	242	2.30	37.9	423	2.02
28c	280	86	11.5	12.5	12.5	6.2	51.234	40.219	5500	10.4	393	268	2.29	40.3	463	1.95
32a	320	88	8.0	14	14.0	7.0	48.513	38.083	7600	12.5	475	305	2.50	46.5	552	2.24
32b	320	90	10.0	14	14.0	7.0	54.913	43.107	8140	12.2	509	336	2.47	49.2	593	2.16
32c	320	92	12.0	14	14.0	7.0	61.313	48.131	8690	11.9	543	374	2.47	52.6	643	2.09
36a	360	96	9.0	16	16.0	8.0	60.910	47.814	11900	14.0	660	455	2.73	63.5	818	2.44
36b	360	98	11.0	16	16.0	8.0	68.110	53.466	12700	13.6	703	497	2.70	66.9	880	2.37
36c	360	100	13.0	16	16.0	8.0	75.310	59.118	13400	13.4	746	536	2.67	70.0	948	3.34
40a	400	100	10.5	18	18.0	9.0	75.068	58.928	17600	15.3	879	592	2.81	78.8	1070	2.49
40b	400	102	12.5	18	18.0	9.0	83.068	65.208	18600	15.0	932	640	2.78	82.5	1140	2.44
40c	400	104	14.5	18	18.0	9.0	91.068	71.488	19700	14.7	986	688	2.75	86.2	1220	2.42

注：截面图中的 r、r_1 数据用于孔型设计，不做交货条件。

附表 A-4　热轧普通工字钢

型号	尺寸/mm h	b	d	t	r	r₁	截面面积 /cm²	理论质量 /(kg·m⁻¹)	参考数值 x—x I_x /cm⁴	W_x /cm³	i_x /cm	y—y I_y /cm⁴	W_y /cm³	i_y /cm
10	100	68	4.5	7.6	6.5	3.3	14.345	11.261	245	49.0	4.14	33.0	9.72	1.52
12.6	126	74	5.0	8.4	7.0	3.5	18.118	14.223	488	77.5	5.20	46.9	12.7	1.61
14	140	80	5.5	9.1	7.5	3.8	21.516	16.890	712	102	5.76	64.4	16.1	1.73
16	160	88	6.0	9.9	8.0	4.0	26.131	20.513	1130	141	6.58	93.1	21.2	1.89
18	180	94	6.5	10.7	8.5	4.3	30.756	24.143	1660	185	7.36	122	26.0	2.00
20a	200	100	7.0	11.4	9.0	4.5	35.578	27.929	2370	237	8.15	158	31.5	2.12
20b	200	102	9.0	11.4	9.0	4.5	39.578	31.069	2500	250	7.96	169	33.1	2.06
22a	220	110	7.5	12.3	9.5	4.8	42.128	33.070	3400	309	8.99	225	40.9	2.31
22b	220	112	9.5	12.3	9.5	4.8	46.528	36.524	3570	325	8.78	239	42.7	2.27
25a	250	116	8.0	13.0	10.0	5.0	48.541	38.105	5020	402	10.2	280	48.3	2.40
25b	250	118	10.0	13.0	10.0	5.0	53.541	42.030	5280	423	9.94	300	52.4	2.40
28a	280	122	8.5	13.7	10.5	5.3	55.404	43.402	7110	508	11.3	345	56.6	2.50
28b	280	124	10.5	13.7	10.5	5.3	61.004	47.888	7480	534	11.1	379	61.2	2.49
32a	320	130	9.5	15.0	11.5	5.8	67.156	52.717	11100	602	12.8	460	70.8	2.62
32b	320	132	11.5	15.0	11.5	5.8	73.556	57.741	11600	726	12.6	502	76.0	2.61
32c	320	134	13.5	15.0	11.5	5.8	79.956	62.765	12200	760	12.3	544	81.2	2.61
36a	360	136	10.0	15.8	12.0	6.0	76.480	60.037	15800	875	14.4	552	81.2	2.69
36b	360	138	12.0	15.8	12.0	6.0	83.680	65.689	16500	919	14.1	582	84.3	2.64
36c	360	140	14.0	15.8	12.0	6.0	90.880	71.341	17300	962	13.8	612	87.4	2.60

附表 A-4（续）

型号	尺寸/mm						截面面积 /cm²	理论质量 /(kg·m⁻¹)	参考数值					
	h	b	d	t	r	r_1			x—x			y—y		
									I_x /cm⁴	W_x /cm³	i_x /cm	I_y /cm⁴	W_y /cm³	i_y /cm
40a	400	142	10.5	16.5	12.5	6.3	86.112	67.598	21700	1090	15.9	660	93.2	2.77
40b		144	12.5				94.112	73.878	22800	1140	15.6	692	96.2	2.71
40c		146	14.5				102.112	80.158	23900	1190	15.2	727	99.6	2.65
45a	450	150	11.5	18.0	13.5	6.8	102.446	80.420	32200	1430	17.7	855	114	2.89
45b		152	13.5				111.446	87.485	33800	1500	17.4	894	118	2.84
45c		154	15.5				120.446	94.550	35300	1570	17.1	938	122	2.79
50a	500	158	12.0	20.0	14.0	7.0	119.304	93.654	46500	1860	19.7	1120	142	3.07
50b		160	14.0				129.304	101.504	48600	1940	19.4	1170	146	3.01
50c		162	16.0				139.304	109.354	50600	2080	19.0	1220	151	2.96
56a	560	166	12.5	21.0	14.5	7.3	135.435	106.316	65600	2340	22.0	1370	165	3.18
56b		168	14.5				146.635	115.108	68500	2450	21.6	1490	174	3.16
56c		170	16.5				157.835	123.900	71400	2550	21.3	1560	183	3.16
63a	630	176	13.0	22.0	15.0	7.5	154.658	121.407	93900	2980	24.5	1700	193	3.31
63b		178	15.0				167.258	131.298	93100	3160	24.2	1810	204	3.29
63c		180	17.0				179.858	141.189	102000	3300	23.8	1920	214	3.27

注：截面图中的 r、r_1 数据用于孔型设计，不做交货条件。

附录 B 习题答案

第 1 章

1-1 判断题

1. √   2. √   3. √

1-2 填空题

1. 运动效应,变形效应

2. 力系,等效力系

3. 转动,移动

1-3 计算作图题

1. (a) 0   (b) Fl (c) Fa (d) $Fl\sin\theta$

第 2 章

2-1

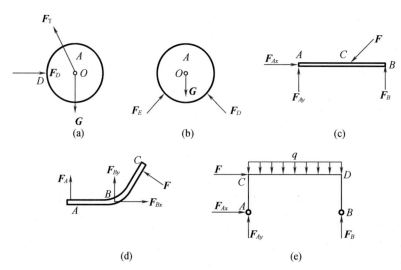

2-2

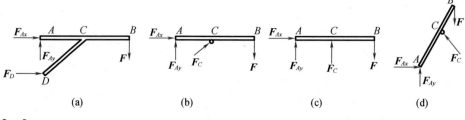

2-3

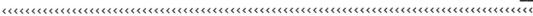

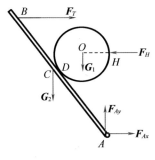

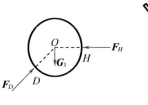
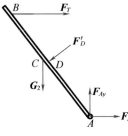

2 – 4　　$F_{Rx} = F_1 \cos 30° - F_2 \cos 60° - F_3 \cos 45° + F_4 \cos 45° = 129.3$ N

　　　　$F_{Ry} = F_1 \sin 30° + F_2 \sin 60° - F_3 \sin 45° - F_4 \sin 45° = 112.3$ N

$$F_R = \sqrt{F_{Rx}^2 + F_{Ry}^2} = \sqrt{129.3^2 + 112.3^2} = 171.3 \text{ N}$$

$$\cos \alpha = \frac{F_{Rx}}{F_R} = \frac{129.3}{171.3} = 0.755$$

$$\cos \beta = \frac{F_{Ry}}{F_R} = \frac{112.3}{171.3} = 0.656$$

$$\alpha = \arccos 0.755 = 41.0°$$

$$\beta = \arccos 0.656 = 49.0°$$

2 – 5

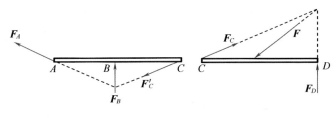

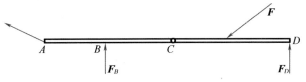

2 – 6　　$F_t = F_n \cdot \cos \alpha \cdot \cos \beta = 1\ 000 \times \cos 20° \times \cos 15° = 907.7$ N

　　　　　$F_r = F_n \cdot \sin \alpha = 1\ 000 \times \sin 20° = 342$ N

　　$F_a = F_n \cdot \cos \alpha \cdot \sin \beta = 1\ 000 \times \cos 20° \times \sin 15° = 243.2$ N

第3章

3 – 1

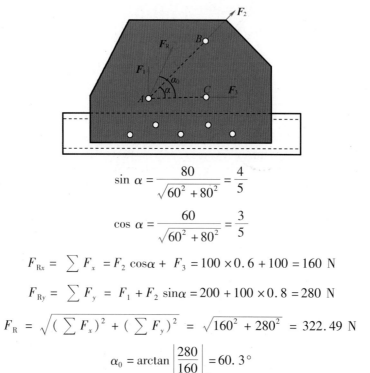

$$\sin \alpha = \frac{80}{\sqrt{60^2 + 80^2}} = \frac{4}{5}$$

$$\cos \alpha = \frac{60}{\sqrt{60^2 + 80^2}} = \frac{3}{5}$$

$$F_{Rx} = \sum F_x = F_2 \cos\alpha + F_3 = 100 \times 0.6 + 100 = 160 \text{ N}$$

$$F_{Ry} = \sum F_y = F_1 + F_2 \sin\alpha = 200 + 100 \times 0.8 = 280 \text{ N}$$

$$F_R = \sqrt{(\sum F_x)^2 + (\sum F_y)^2} = \sqrt{160^2 + 280^2} = 322.49 \text{ N}$$

$$\alpha_0 = \arctan\left|\frac{280}{160}\right| = 60.3°$$

3 – 2 如图所示,将力 F_{p1}、F_{p2}、F_{p3}、F_{p4} 和 M_1、M_2 向 A 点简化。图中

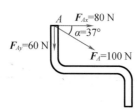

$$F_{p1} = 30 \text{ N}, F_{p2} = -85 \text{ N}, F_{p3} = 25 \text{ N}, F_{p4} = 50 \text{ N}$$

$$M_1 = -2 \text{ N} \cdot \text{m}$$

$$M_2 = -4 \text{ N} \cdot \text{m}$$

$$M_3 = F_{p3} \times 120 = 25 \times 120 = 3 \text{ N} \cdot \text{m}$$

$$M_4 = F_{p4} \times 60 = 50 \times 60 = 3 \text{ N} \cdot \text{m}$$

得
$$F_{Ax} = F_{p1} + F_{p4} = 80 \text{ N}$$

$$F_{Ay} = F_{p2} + F_{p3} = (-85 + 25) = -60 \text{ N}$$

$$M_A = M_1 + M_2 + M_3 + M_4 = 0 \text{ N} \cdot \text{m}$$

所有的力和力偶向 A 点的简化结果为:

$$F_A = \sqrt{80^2 + 60^2} = 100 \text{ N}$$

$$\alpha = \arctan \frac{F_{Ay}}{F_{Ax}} = \arctan \frac{60}{80} = 37°,$$

$$M_A = 0 \text{ N} \cdot \text{m}$$

3－3　先将力 $\boldsymbol{F}$ 分解为两个正交分力 $\boldsymbol{F}_x$ 与 $\boldsymbol{F}_y$,然后利用合力矩定理来计算。

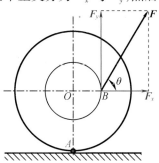

$$M_A(F) = M_A(F_x) + M_A(F_y)$$
$$= -F_x \cdot R + F_y \cdot r$$
$$= F(r\sin\theta - R\cos\theta)$$

3－4　选取折杆 AB 为研究对象,画受力图,列平衡方程

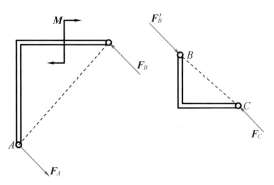

$$\sum M_i = 0, F_A \times 2\sqrt{2}\,a - M = 0$$

$$F_A = F_B = \frac{\sqrt{2}M}{4a}$$

$$F_C = F_B' = F_B = \frac{\sqrt{2}M}{4a}$$

3－5　(a) $F_A = 10/3$ kN　$F_B = 8/3$ kN

(b) $F_A = -4$ kN　$F_B = 10$ kN

(c) $F_A = 0$　$F_B = 10$ kN

(d) $F_A = 5$ kN　$F_B = 7$ kN

(e) $F_A = 8$ kN　$M_A = -11$ kN·m

(f) $F_A = 10$ kN　$M_A = 14$ kN·m

3－6　(a) $\sum M_B(F) = 0$　$-F_A a + Fa + M = 0$

$F_A = 2F$

$\sum F_x = 0$　$-F_{Bx} + F_A = 0$

$$F_{Bx} = F_A = 2F$$
$$\sum F_y = 0 \quad F_{By} - F = 0 \quad F_{By} = F$$

（b）、（c）略

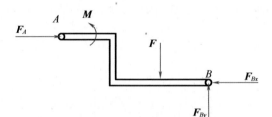

3-7　首先研究曲柄 AO 与套筒 A 组合，画受力图，列平衡方程

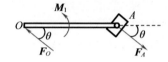

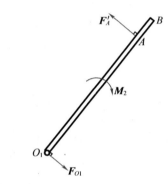

$$\sum M_i = 0, M_1 - F_A \cdot r\sin 30° = 0$$

解得

$$F_A = F_O = \frac{2M_1}{r}$$

再选取摆杆 BO_1 为研究对象，画受力图，列平衡方程

$$\sum M_i = 0, -M_2 + F'_A \cdot AO_1 = 0$$

式中 $F'_A = F_A = \dfrac{2M_1}{r}$

$$AO_1 = 2r$$

解得 $M_2 = 4M_1$

3-8　选取梁 AB（包括电机）为研究对象，画出受力分析图，列平衡方程

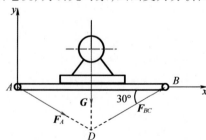

$$\sum F_{ix} = 0, F_A\cos 30° + F_{BC}\cos 30° = 0$$

$$\sum F_{iy} = 0, -F_A\sin 30° - G + F_{BC}\sin 30° = 0$$

$$F_{BC} = 5\ \text{kN}$$

$$F_A = -5\ \text{kN}$$

3-9　对 A 点列力矩方程

$$\sum M_A(F) = 0,\quad G \cdot l/2 - q \times 6 \times 21 = 0$$

$$l = \frac{2 \times q \times 6 \times 21}{G} = \frac{2 \times 16 \times 6 \times 21}{160} = 25.2\ \text{m}$$

3-10　选取销钉 A 为研究对象,作受力图,取图示坐标系,列平衡方程,

$$\sum F_{ix} = 0, -F_C - F_D\cos 30°\sin 45° = 0$$

$$\sum F_{iy} = 0, -F_B - F_D\cos 30°\cos 45° = 0$$

$$\sum F_{iz} = 0, F_D\sin 30° - F_T = 0$$

式中,$F_T = G = 1\ 000\ \text{N}$

解方程得各杆受力分别为

$$F_D = 2\ 000\ \text{N(拉力)}$$

$$F_B = F_C = -1\ 225\ \text{N(压力)}$$

3-11　列平衡方程

$$\sum M_y(F_i) = 0, -M + F\cos 20° \times \frac{d}{2} = 0$$

$$\sum M_x(F_i) = 0, F\sin 20° \times 220 + F_{Bz} \times 332 = 0$$

$$\sum M_z(F_i) = 0, -F_{Bx} \times 332 + F\cos 20° \times 220 = 0$$

$$\sum F_{ix} = 0, F_{Ax} + F_{Bx} - F\cos 20° = 0$$

$$\sum F_{iz} = 0, F_{Az} + F_{Bz} + F\sin 20° = 0$$

代入已知数值,解得

$$F = 12.67\ \text{kN}$$

$$F_{Bz} = -2.87\ \text{kN}$$

$$F_{Bx} = 7.89 \text{ kN}$$

$$F_{Ax} = 4.02 \text{ kN}$$

$$F_{Az} = -1.46 \text{ kN}$$

第 4 章

4-1 静定问题:(b) (d) (e);静不定问题:(a) (c) (f)

4-2 $F_B = \dfrac{3}{4}P + \dfrac{1}{2}qa, F_{A_y} = \dfrac{P}{4} + \dfrac{3}{2}qa, F_{A_x} = 0$

4-3 $F_T = \dfrac{G}{2\sin(\beta-\alpha)}, F_{A_x} = -\dfrac{G\cos\beta}{2\sin(\beta-\alpha)}, F_{A_y} = G - \dfrac{G\sin\beta}{2\sin(\beta-\alpha)}$

4-4 $M = 90 \text{ N} \cdot \text{m}$

4-5 绳子拉力 $T = 231\text{N}, F_{C_x}^{CA} = -231, F_{C_y}^{CA} = -250$

4-6 $F_{A_x} = -23 \text{ kN}, F_{A_y} = 10 \text{ kN}, F_{B_x} = 23 \text{ kN}, F_{B_y} = 10 \text{ kN}$

4-7 $F_A = -48.33 \text{ kN}, F_B = 100 \text{ kN}, F_D = 8.333 \text{ kN}$

4-8 $F_1 = 0, F_2 = F_3 = -F, F_4 = 0, F_5 = \sqrt{2}F$

4-9 $F_1 = 3.46 \text{ kN}(压力), F_2 = 0, F_3 = 3.46 \text{ kN}(拉力)$

4-10 $F_1 = 13.5 \text{ kN}(拉力), F_2 = 15 \text{ kN}(压力), F_3 = 4.5 \text{ kN}(压力)$

第 6 章

6-1
$$N_1 = F_2 = 20 \text{ kN}$$
$$N_2 = F_2 - F_1 = 15 - 40 = -25 \text{ kN}$$
$$N_3 = F_2 - F_1 + F_3 = 15 - 40 + 20 = -5 \text{ kN}$$

6-2
$$\sigma_{AB} = \dfrac{N_{AB}}{A_1} = \dfrac{-40 \times 10^3}{200 \times 10^{-6}} = -200 \text{ MPa}(压应力)$$

$$\sigma_{BC} = \dfrac{N_{BC}}{A_2} = \dfrac{20 \times 10^3}{100 \times 10^{-6}} = 200 \text{ MPa}(拉应力)$$

6-3 $\sum F_y = 0: \quad F_{CB} = \dfrac{2\sqrt{3}}{3}G; \quad \sum F_x = 0: \quad F_{BA} = \dfrac{\sqrt{3}}{3}G$

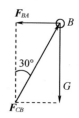

$\left.\begin{array}{l} \sigma_{max} = \dfrac{F_{BA}}{A_1} \leqslant [\sigma_1] \\[4mm] \sigma_{max} = \dfrac{F_{CB}}{A_2} \leqslant [\sigma_2] \end{array}\right\} \quad G \leqslant 27.7 \text{ kN}$

6-4 $N = p\pi D^2/4 = 30\pi \text{kN}; \sigma_{max} = \dfrac{N}{6A} = 200 \text{ MPa} > [\sigma]$,螺栓强度不满足。

6-5 $N_1 = -40 \text{ kN}, N_2 = 20 \text{ kN}; \Delta L = \dfrac{N_1 \cdot l}{EA_1} + \dfrac{N_2 \cdot l}{EA_2} = \dfrac{l}{E}\left(\dfrac{N_1}{A_1} + \dfrac{N_2}{A_2}\right) = 0$

6-6 $E = \dfrac{\sigma}{\varepsilon} = \dfrac{F/A}{\Delta l/l_0} = \dfrac{F \cdot l_0 \cdot 4}{\Delta l \cdot \pi \cdot d^2} = \dfrac{10 \times 10^3 \times 0.05 \times 4}{0.025 \times 10^{-3} \times \pi \times 0.01^2} = 254.6 \text{ GPa}$

$$\sigma_{\mathrm{S}} = \frac{F_s}{A} = \frac{20 \times 10^3}{\pi \times 0.01^2/4} = 254.6 \text{ MPa}$$

$$\sigma_b = \frac{F_b}{A} = \frac{35 \times 10^3}{\pi \times 0.01^2/4} = 445.6 \text{ MPa}$$

$$\delta = \frac{l_1 - l_0}{l_0}\% = \frac{62 - 50}{50}\% = 24\%$$

$$\psi = \frac{A - A_1}{A}\% = \frac{d^2 - d_1^2}{d^2}\% = \frac{10^2 - 7^2}{10^2}\% = 51\%$$

6－7　$$\sigma_{\max} = \frac{N}{A} = \frac{F}{A} \leqslant [\sigma] \Rightarrow A \geqslant \frac{F}{[\sigma]} = \frac{25 \times 10^3}{125 \times 10^6} = 200 \text{ mm}^2$$

$$\Delta L = \frac{NL}{EA} = \frac{FL}{EA} \leqslant [\Delta L] \Rightarrow A \geqslant \frac{FL}{E[\Delta L]} = \frac{25 \times 10^3 \times 5}{200 \times 10^9 \times 2.5 \times 10^{-3}} = 250 \text{ mm}^2$$

所以,钢索的截面面积至少应为 250 mm²

第 7 章

7－5　$F = 56.5$ kN

7－6　$\tau_0 = 89.1$ MPa

7－7　$M_{\max} = 145.3$ N・m

7－8　$\dfrac{d}{h} = 2.8$

7－9　$t = 10.4$ mm

7－10　活塞销的切应力和挤压应力均小于许用应力,满足强度要求

其中活塞销两端挤压应力为 27.9MPa,中间段挤压应力为 44.6MPa

第 8 章

8－1

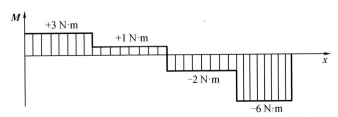

8－2　$\tau_{AB\max} = 50.93$ MPa,$\tau_{BC\max} = 59.39$ MPa,满足强度需求。

8－3　$$\tau_{\max} = \frac{m}{W_p} = \frac{10 \times 10^3}{\frac{\pi}{16} \times 0.1^3} = 50.93 \text{ MPa}$$

$$\varphi = \frac{ml}{GI_p} = \frac{10 \times 10^3 \times 1}{100 \times 10^9 \times \frac{\pi}{32} \times 0.1^4} = 0.0102 \text{ rad} = 0.58°$$

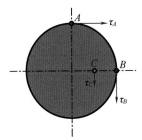

$$\tau_A = \tau_B = \tau_{\max} = 50.93 \text{ MPa}$$

$$\tau_C = \frac{\tau_{max}}{2} = 25.47 \text{ MPa}$$

8 – 4

$$\tau_{max} = \frac{m}{W_p} = \frac{1\ 000}{\frac{\pi}{16} \times 0.1^3 \times \left[1 - \left(\frac{80}{100}\right)^4\right]} = 8.63 \text{ MPa}$$

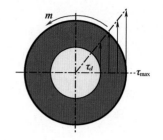

$$\tau_d = \frac{d}{D}\tau_{max} = 6.9 \text{ MPa}$$

$$\theta = \frac{m}{GI_p} = \frac{1\ 000}{100 \times 10^9 \times \frac{\pi}{32} \times 0.1^4 \times \left[1 - \left(\frac{80}{100}\right)^4\right]}$$

$$= 1.73 \times 10^{-3} \text{ rad/m}$$

8 – 5

$$\tau_{max} = \frac{M_{max}}{W_p} \leqslant [\tau] \Rightarrow d \geqslant \sqrt[3]{\frac{16M_{max}}{[\tau]\pi}} = 9.14 \times 10^{-2} \text{ m} = 91.4 \text{ mm}$$

$$\theta_{max} = \frac{M_{max}}{GI_p} \cdot \frac{180}{\pi} \leqslant [\theta] \Rightarrow d \geqslant \sqrt[4]{\frac{32M_{max} \cdot 180}{G[\theta]\pi^2}} = 9.67 \times 10^{-2} \text{ m} = 96.7 \text{ mm}$$

因此,$d \geqslant 96.7 \text{ mm}$。

8 – 6

$$W_P = \frac{\pi D^3}{16}(1 - \alpha^4)$$

$$m_{max} = m$$

$$\tau_{max} = \frac{m_{max}}{W_p} \leqslant [\tau] \Rightarrow \tau_{max} = 74.0 \text{ MPa} \leqslant [\tau] = 80 \text{ MPa}$$

所以该轴满足强度需求;

$$W_P = W_P' \Rightarrow \frac{\pi D^3}{16}(1 - \alpha^4) = \frac{\pi D'^3}{16} \Rightarrow D' = 70.1 \text{ mm}$$

$$\frac{G}{G'} = \frac{D^2 - d^2}{D'^2} = 0.39$$

显然,空心轴比实心轴节省材料。

8 – 7

$$m = 9\ 549\ \frac{P}{n} (\text{N} \cdot \text{m})$$

$$m_A = 477.45 \text{ N} \cdot \text{m}, m_A = 286.47 \text{ N} \cdot \text{m}, m_A = 190.98 \text{ N} \cdot \text{m};$$

$$\tau_{max} = \frac{m_{max}}{W_p} = \frac{m_{max}}{\frac{\pi D^3}{16}} \leqslant [\tau] \Rightarrow D \geqslant \sqrt[3]{\frac{16m_{max}}{\pi[\tau]}} = \sqrt[3]{\frac{16 \times 477.45}{\pi \times 40 \times 10^6}} = 39.3 \text{ mm}$$

$$\theta_{max} = \frac{m_{max}}{GI_P} \frac{180}{\pi} \leqslant [\theta]$$

$$I_p = \frac{\pi D^4}{32} \Rightarrow D \geqslant \sqrt[4]{\frac{32m_{max} \cdot 180}{G\pi^2[\theta]}} = \sqrt[4]{\frac{32 \times 477.45 \times 180}{100 \times 10^9 \times \pi^2 \times 1}} = 40.9 \text{ mm}$$

所以 $D \geqslant 40.9 \text{ mm}$。

8 − 8

$$m_{ABmax} = m_A$$

$$\tau_{ABmax} = \frac{m_A}{W_{PAB}} = \frac{m_A}{\dfrac{\pi d_1^3}{16}} = 7.6 \text{ MPa} < [\tau]$$

$$\theta_{AB} = \frac{m_A}{GI_{PAB}} \cdot \frac{180}{\pi} = \frac{m_A}{G \dfrac{\pi d_1^4}{32}} \cdot \frac{180}{\pi} = 0.1° < [\theta]$$

$$m_{CDmax} = m_C$$

$$\tau_{CDmax} = \frac{m_C}{W_{PCD}} = \frac{m_C}{\dfrac{\pi d_2^3}{16}} = 20.4 \text{ MPa} < [\tau]$$

$$\theta_{CD} = \frac{m_C}{GI_{PCD}} \cdot \frac{180}{\pi} = \frac{m_C}{G \dfrac{\pi d_2^4}{32}} \cdot \frac{180}{\pi} = 0.6° < [\theta]$$

此轴刚度和强度均满足需求。

第 9 章

9 − 1

$$Q_1 = Q_2 = -\frac{1}{2}F$$

$$Q_3 = F$$

$$M_1 = -\frac{Fl}{2}$$

$$M_2 = -Fl$$

$$M_3 = -Fl$$

9 − 2

$$Q_1 = Q_2 = F$$

$$Q_3 = 0$$

$$M_1 = 0$$

$$M_2 = Fl$$

$$M_3 = 0$$

9 − 3　剪力方程　OA 段：$Q_1 = N_1, M_1 = N_1 a$；AB 段：$Q_2 = -N_2, M_2 = N_2(l - a)$

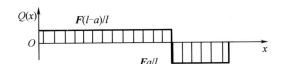

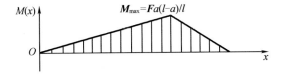

剪力图和弯矩图

9 – 4

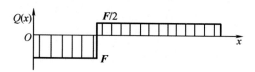

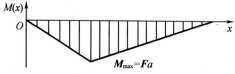

9 – 5

$$N_1 = \frac{ql \cdot 3l/2 + 2ql^2}{2l} = \frac{7ql}{4}$$

$$N_2 = 3ql - F_A = \frac{5ql}{4}$$

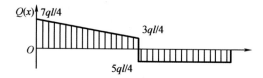

9 – 6

$$M_{max} = Fl$$

$$\sigma_{max} = \frac{M_{max}}{W_z} = \frac{Fl}{W_z} \leqslant [\sigma]$$

得

$$F \leqslant \frac{[\sigma] \cdot bh^2/6}{l} = 15 \text{ kN}$$

即

$$[F] = 15 \text{ kN}$$

9 – 7

$$M_{max} = m = 1.5 \text{ kN} \cdot \text{m}$$

$$\sigma_{max} = \frac{M_{max}}{W_z} = \frac{m}{\frac{\pi}{32}D^3(1 - \alpha^4)} \leqslant [\sigma]$$

得

$$\alpha = \frac{d}{D} \leqslant \sqrt[4]{1 - \frac{m}{\frac{\pi}{32}D^3[\sigma]}} = 0.853, d \leqslant 51.2 \text{ mm}$$

9 – 8

$$M_{max} = \frac{ql^2}{8} = 25 \text{ kN} \cdot \text{m}$$

$$\sigma_{max} = \frac{M_{max}}{W_z} \leqslant [\sigma]$$

得

$$W_z \geqslant \frac{M_{\max}}{[\sigma]} = 125 \text{ cm}^3$$

查型钢表,选 16 号工字钢,$W_z = 141 \text{ cm}^3$

9 – 9　　　　　　　　　　　$M_{\max} = Fl$

$$\sigma_{t\max} = \frac{M_{\max}}{W_z} = \frac{Fl}{I_z/y_1} = \frac{10 \times 10^3 \times 400}{2 \times 10^6/25} = 50 \text{ MPa} < [\sigma^+]$$

$$\sigma_{\max}^- = \frac{M_{\max}}{W_z} = \frac{Fl}{I_z/y_2} = \frac{10 \times 10^3 \times 400}{2 \times 10^6/75} = 150 \text{ MPa} < [\sigma^-]$$

托架强度满足

9 – 10　当钢坯 D 移到 OA 中点时,升降台有最大弯矩 $M_{OA\max} = \dfrac{Gx}{4}$

当钢坯 D 移到外伸端 B 点时,升降台有最大弯矩 $M_{AB\max} = G(l - x)$

由题意知,只有钢坯 D 移到 OA 中点处和移到外伸端 B 点处的最大弯矩相等,才是支座 A 安放的合理位置。即

$$\frac{Gx}{4} = G(l - x) \Rightarrow x = \frac{4l}{5}$$

9 – 11　参考表 9　3 序号 1、3 项,可求得 $y_B = \dfrac{7Fa^3}{6EI}$

9 – 12　载荷移至中点时,梁中间截面有最大挠度

查型钢表 32a 工字钢,$I_z = 11\ 100 \text{ cm}^4$,$q = 516.6 \text{N/m}$,参考表 9 – 3 序号 8、9 项

$$y_{\max} = -\frac{Gl^3}{48EI} - \frac{5ql^4}{384EI} = -18.77 - 3.03 = -21.8 \text{ mm}$$

$$|y_{\max}| = 21.8 \text{ mm} > [y] = 20 \text{ mm}$$

梁的刚度不满足。

9 – 13　从 A 处拆开,分析两悬臂梁受力:

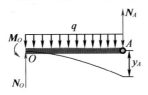 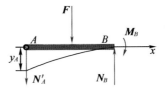

OA 梁:$y_A = -\dfrac{q \times 4^4}{8EI} + \dfrac{N_A \times 4^3}{3EI}$

BA 梁:$y_A = -\dfrac{F \times 2^2}{6EI}(3 \times 4 - 2) - \dfrac{N'_A \times 4^3}{3EI}$

$N_A = 8.75 \text{ kN}$,$N_O = 71.25 \text{ kN}$,$M_O = 125 \text{ kN} \cdot \text{m}$,$N_B = 48.75 \text{ kN}$,$M_B = 115 \text{ kN} \cdot \text{m}$。

第 10 章

10 – 1　(a) $\sigma_{30°} = 25 \text{ MPa}$,$\tau_{30°} = 43.3 \text{ MPa}$;

(b) $\sigma_{30°} = 33.84$ MPa, $\tau_{30°} = 0.67$ MPa;

(c) $\sigma_{60°} = 67.32$ MPa, $\tau_{60°} = 27.32$ MPa;

(d) $\sigma_{150°} = -2.5$ MPa, $\tau_{150°} = 47.63$ MPa。

10-2 (a) $\sigma_1 = 0$ MPa, $\sigma_2 = -15.86$ MPa, $\sigma_3 = -44.14$ MPa, $\alpha_0 = -22.5°$或$67.5°$, $\tau_{\max} = 22.07$ MPa

(b) $\sigma_1 = 132.11$ MPa, $\sigma_2 = 0$, $\sigma_3 = -12.11$ MPa, $\alpha_0 = 73.15°$或$163.15°$, $\tau_{\max} = 72.11$ MPa

(c) $\sigma_1 = 50$ MPa, $\sigma_2 = 0$, $\sigma3 = -50$ MPa, $\alpha_0 = 45°$或$135°$, $\tau_{\max} = 50$ MPa

(d) $\sigma_1 = 96.06$ MPa, $\sigma_2 = 23.94$ MPa, $\sigma_3 = 0$, $\alpha_0 = 61.84°$或$151.84°$, $\tau_{\max} = 48.03$ MPa

10-3 $\sigma_x = 40$ MPa, $\tau_x = 69.28$ MPa

10-4 $\sigma_{-30°} = 75$MPa, $\sigma_{60°} = 25$MPa, 由广义胡克定律, $\varepsilon_\alpha = \dfrac{1}{E}(\sigma_\alpha - \mu\sigma_{\alpha+90°})$, 可得 $\mu = 0.27$。

10-5 (1) 钢制属塑性材料, $\sigma_{r3} = \sigma_1 - \sigma_3 = 135$ MPa $< [\sigma] = 160$ MPa, 安全;

$\sigma_{r4} = 119.06$ MPa $< [\sigma] = 160$ MPa, 安全。

(2) 脆性铸铁材料, 根据第一强度理论, 有: $\sigma_{r1} = \sigma_1 = 30$ MPa $= [\sigma] = 30$ MPa, 安全。

第 11 章

11-1 危险截面位于固定端面处:

$$|M_z| = 3 \text{ kN} \cdot \text{m}$$

$$|M_y| = 2 \text{ kN} \cdot \text{m}$$

$$W_z = \frac{bh^2}{6} = 81 \times 10^{-6} \text{ m}^3$$

$$W_y = \frac{hb^2}{6} = 54 \times 10^{-6} \text{ m}^3$$

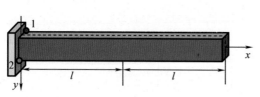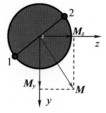

最大弯曲正应力发生在点 1(最大拉应力)、2(最大压应力), 二者值相等:

$$\sigma_{\max} = \frac{|M_z|}{W_z} + \frac{|M_y|}{W_y} = 74.1 \text{ MPa}$$

换为圆轴, 危险截面扔位于固定端面处。因两个弯矩引起的最大应力点不重合, 不能按上述方法计算。须将弯矩合成后按对称弯曲计算:

$$M = \sqrt{M_z^2 + M_y^2} = 3.6 \text{ kN} \cdot \text{m}$$

$$\sigma_{\max} = \frac{M}{W_z} = \frac{M}{\dfrac{\pi d^3}{32}} = 71.6 \text{ MPa}$$

危险点分布于图示1、2两点(与合成弯矩方向垂直的直径端点)

11-2　对 **F** 作如下分解,将变形分解成两个平面弯曲的组合,危险截面仍处于固定端面。

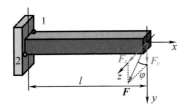

$$F_y = F\cos\varphi \Rightarrow M_{z\max} = Fl\cos\varphi$$

$$F_z = F\sin\varphi \Rightarrow M_{y\max} = Fl\sin\varphi$$

最大弯曲正应力发生在点1(最大拉应力)、2(最大压应力),二者值相等:

$$\sigma_{\max} = \frac{M_{z\max}}{W_z} + \frac{M_{y\max}}{W_y}$$

对有棱角的截面,危险点一定发生在外棱角上

11-3　斜梁 *OA* 发生压弯组合变形

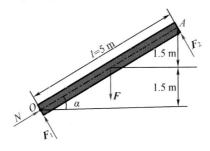

$$\sin\alpha = \frac{3}{5}, \cos\alpha = \frac{4}{5}$$

$$N = F\sin\alpha = 3\ \text{kN}$$

$$F_1 = F_2 = \frac{1}{2}F\cos\alpha = 2\ \text{kN}$$

$$M_{\max} = F_1\frac{l}{2} = 5\ \text{kN} \cdot \text{m}$$

$$\sigma_{t\max} = -\frac{N}{A} + \frac{M_{\max}}{W_z} = -\frac{3\times10^3}{0.1^2} + \frac{5\times10^3}{0.1^3/6} = 29.7\ \text{MPa}$$

$$\sigma_{c\max} = -\frac{N}{A} - \frac{M_{\max}}{W_z} = -\frac{3\times10^3}{0.1^2} - \frac{5\times10^3}{0.1^3/6} = -30.3\ \text{MPa}$$

11-4　将 *G* 平移轴线,平移力使 *AB* 绞车轴发生弯曲,附加力偶使轴发生扭转。

$$M_{b\max} = Gl/4$$

$$M_t = GD/2$$

$$\sigma_{r4} = \frac{\sqrt{M_{b\max}^2 + 0.75M_{t\max}^2}}{W_z} = \frac{\sqrt{(Gl/4)^2 + 0.75\left(\dfrac{GD}{2}\right)^2}}{W_z}$$

$$W_z = \frac{\pi d^3}{32}, \sigma_{r4} \leq [\sigma] \Rightarrow G \leq \frac{W_z[\sigma]}{\sqrt{(l/4)^2 + 0.75\left(\frac{D}{2}\right)^2}} = 3.8 \text{ kN}$$

11 – 5　$F_A = 14$ kN, $F_C = 28$ kN, $M_A = M_C = 1.2$ kN·m, 圆轴受力简化为

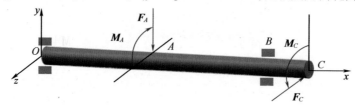

$$F_A \Rightarrow M_z, F_C \Rightarrow M_y, M_A \setminus M_C \Rightarrow M_x$$

扭矩、弯矩图如图所示：

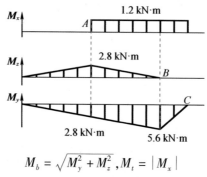

$$M_b = \sqrt{M_y^2 + M_z^2}, M_t = |M_x|$$

$$\sigma_{r3} = \frac{\sqrt{M_{b\max}^2 + M_{t\max}^2}}{W_z}$$

所以 B 截面为危险截面

$$\sigma_{r3} = \frac{\sqrt{M_{b\max}^2 + M_{t\max}^2}}{\dfrac{\pi d^3}{32}} \leq [\sigma] = 160 \text{ MPa}$$

$$d^3 \geq \frac{32\sqrt{M_{b\max}^2 + M_{t\max}^2}}{\pi[\sigma]} \Rightarrow d \geq 71.4 \text{ mm}$$

第 12 章

12 – 1 ~ 12 – 4　略

12 – 5　$F_{cr} = 68$ kN

12 – 6　$F_{cr(a)} = 2\,540$ kN, $F_{cr(b)} = 2\,644$ kN, $F_{cr(c)} = 3\,135$ kN; $F_{cr(a)} < F_{cr(b)} < F_{cr(c)}$

12 – 7　木柱临界应力 $\sigma_{cr} = 5.14$ MPa

12 – 8　$F_{cr} = \dfrac{\pi^2 EI}{2l^2}$; $F_{cr} = \dfrac{\sqrt{2}\,\pi^2 EI}{l^2}$

12 – 9　AB 杆 $n_w = 3.72 > [n_w]$, 满足稳定性要求。

参考文献

[1]　刘荣梅,蔡新,范钦珊.工程力学:工程静力学与材料力学[M].3 版.北京:机械工业出版社,2018.

[2]　郭光林,何玉梅,张慧玲,等.工程力学[M].北京:机械工业出版社,2014.

[3]　邓训,许远杰.材料力学[M].武汉:武汉大学出版社,2002.

[4]　王永廉,汪云祥,方建士.工程力学:静力学与材料力学:学习指导与题解[M].北京:机械工业出版社,2014.

[5]　HIBBELER R C.工程力学:静力学与材料力学[M].4 版.范钦珊,王晶,翟建明,译.北京:机械工业出版社,2017.

[6]　顾晓勤,刘申全.工程力学Ⅰ[M].北京:机械工业出版社,2006.

[7]　何培玲,邵国建,许成祥.工程力学[M].北京:机械工业出版社,2019.